普通高等教育系列教材

AutoCAD 2019 中文版
基础与应用教程

郭朝勇　主编

机械工业出版社

本书系统介绍了大众化的 CAD 软件 AutoCAD 2019 中文版的主要功能、使用方法及其在机械、建筑等工程设计领域中的具体应用。全书主要内容包括：AutoCAD 概述、二维绘图与编辑命令、绘图辅助命令、文字及尺寸标注、三维绘图及实体造型，以及 AutoCAD 在机械、建筑绘图中的具体应用方法与实例。

全书以"轻松上手""系统性与实用性并重"为编写理念，使具有一定工程制图知识的人员，能够方便地利用 AutoCAD 绘制工程图样及进行三维造型设计，并通过典型示例的学习，快速掌握 AutoCAD 在工程绘图中的应用技巧。全书内容翔实，结构清晰，实例丰富，方法具体，紧密联系机械和建筑绘图实际，具有良好的可操作性。

本书可作为高等院校工程类各专业计算机绘图或 CAD 课程的教材，也可供 AutoCAD 机械和建筑绘图方面的初学者使用。

本书配有电子教案和素材文件，需要的教师可登录 www.cmpedu.com 免费注册，审核通过后下载，或联系编辑索取（微信：15910938545，电话：010-88379739）。

图书在版编目（CIP）数据

AutoCAD 2019 中文版基础与应用教程 / 郭朝勇主编. —北京：机械工业出版社，2019.1（2024.1 重印）

普通高等教育系列教材

ISBN 978-7-111-61814-0

Ⅰ. ①A⋯　Ⅱ. ①郭⋯　Ⅲ. ①AutoCAD 软件—高等学校—教材

Ⅳ. ①TP391.72

中国版本图书馆 CIP 数据核字（2019）第 009274 号

机械工业出版社（北京市百万庄大街 22 号　邮政编码 100037）
策划编辑：和庆娣　责任编辑：胡　静
责任校对：张艳霞　责任印制：张　博
北京建宏印刷有限公司印刷

2024 年 1 月第 1 版·第 6 次印刷
184mm×260mm·17.5 印张·429 千字
标准书号：ISBN 978-7-111-61814-0
定价：55.00 元

电话服务　　　　　　　　　网络服务
客服电话：010-88361066　　机 工 官 网：www.cmpbook.com
　　　　　010-88379833　　机 工 官 博：weibo.com/cmp1952
　　　　　010-68326294　　金 书 网：www.golden-book.com
封底无防伪标均为盗版　　　机工教育服务网：www.cmpedu.com

前　言

党的二十大提出，"加快建设制造强国"。实现制造强国，智能制造是必经之路。计算机辅助设计技术是智能制造的重要支撑技术之一，其推广和使用缩短了产品的设计周期，提高了企业的生产率，从而使生产成本得到了降低，增强了企业的市场竞争力，所以掌握计算机辅助设计对高等院校的学生来说是十分必要的。

AutoCAD 是 Autodesk 公司推出的通用计算机辅助设计和绘图软件，随着 CAD 应用技术的普及，作为目前国内外最为大众化的 CAD 软件，AutoCAD 在机械、建筑、轻工、化工、电子等众多行业中都得到了广泛的应用。AutoCAD 2019 中文版作为该软件的最新本地化版本，在总体性能、绘图效率、网上协同设计、数据共享能力、管理工具、开发手段等方面都有了不同程度的改进、增强和提高。

随着 CAD 技术的日益普及，越来越多的单位和个人将 AutoCAD 广泛应用于不同专业和领域的工程设计与绘图工作，能够熟练应用 AutoCAD 软件已成为不少单位技术岗位新员工入职的必备条件。然而由于 AutoCAD 功能强大，命令繁多，许多初学者不得要领，把大量的时间和精力花费在学习众多并不常用的绘图命令及选项上，投入大而收效微，虽然学习了很多的命令，但仍不能熟练地综合运用来解决工程设计和绘图应用中的具体问题。

本书共 10 章，前 7 章 AutoCAD 基础部分系统介绍了 AutoCAD 2019 的各种命令及主要功能，使读者对软件及其使用方法有一个全面的了解和学习；后 3 章及附录结合大量工程实例，较为系统地介绍了 AutoCAD 在机械、建筑绘图中的具体应用方法和技巧。使具有一定工程制图知识的人员，能够利用 AutoCAD 2019 所提供的绘图功能，方便、快捷地绘制工程图样和进行三维造型。每章末提供有较为丰富的思考题及上机练习题目供读者进行自我检测和练习。

本书以"轻松上手""系统性与实用性并重"为编写理念，在内容取舍上不求面面俱到，强调实用、需要；在说明方法和示例上，尽量做到简单明了、通俗易懂并侧重于工程设计实际应用，同时注意遵守我国制图国家标准的有关规定。每一章后均附有思考题和上机练习，以帮助读者加深对所学内容的理解和掌握。上机练习中的题目，大多源自国家有关考试的全真试题，包括："全国 CAD 技能考试"一级（计算机绘图师）工业产品类试题、国家职业技能鉴定统一考试"制图员"（机械类）计算机绘图试题，以及"全国计算机信息高新技术考试"（中高级绘图员）试题，从一个侧面客观和直接地反映了工程设计和生产中对 AutoCAD 应用方面的要求。上机练习题号后带"*"号的题目，表示所涉图形在电子教学参考包中提供有相应的基础图形电子图档（DWG 格式的图形文件），以方便学生上机实践时直接引用。

本书由郭朝勇主编，参与本书编写的还有段红梅、郭学信、杨世彦、段忠太、郭虹、郭栋、许静、段勇。

限于编者水平，书中若有不当之处，恳请读者批评指正。

编　者

目　录

第1章 AutoCAD 概述

AutoCAD 是美国 Autodesk 公司推出的，集二维绘图、三维设计、渲染及关联数据库管理和互联网通信功能为一体的计算机辅助设计与绘图软件。自 1982 年推出，30 多年来，经20 余次版本更新和性能完善，现已发展到 AutoCAD 2019，在机械、建筑、电气、化工等工程设计领域得到了广泛的应用，目前已成为国内外微型计算机 CAD 系统中应用广泛的图形软件。

本章以 AutoCAD 2019 中文版为蓝本，对 AutoCAD 的主要功能、软硬件需求、软件安装与启动、用户界面、基本操作等作一概略的介绍，使读者对该软件有一个整体的认识。

1.1 AutoCAD 的主要功能

1. 强大的二维绘图功能

AutoCAD 提供了一系列的二维图形绘制命令，可以方便地用各种方式绘制二维基本图形对象，如点、直线、圆、圆弧、正多边形、椭圆、组合线、样条曲线等。并可对指定的封闭区域填充以图案，如剖面线、非金属材料、涂黑、砖、砂石、渐变色填充等。

2. 灵活的图形编辑功能

AutoCAD 提供了强大的图形编辑和修改功能，如移动、旋转、缩放、延长、修剪、倒角、倒圆角、复制、阵列、镜像、删除等，可以灵活方便地对选定的图形对象进行编辑和修改。

3. 实用的辅助绘图功能

为了绘图的方便、规范和准确，AutoCAD 提供了多种绘图辅助工具，包括绘图区光标点的坐标显示、用户坐标系、栅格、捕捉、目标捕捉、自动捕捉、正交方式等功能。

4. 方便的尺寸标注功能

利用 AutoCAD 提供的尺寸标注功能，用户可以定义尺寸标注的样式，为绘制的图形标注尺寸、尺寸公差、几何公差，注写中文和西文字体。

图 1-1 所示为利用 AutoCAD 绘制的机械和建筑工程图样。

5. 显示控制功能

AutoCAD 提供了多种方法来显示和观看图形。缩放及鹰眼功能可改变当前视口中图形的视觉尺寸，以便清晰地观察图形的全部或某一局部的细节；扫视功能相当于窗口不动，在窗口中上、下、左、右移动一张图纸，以便观看图形上的不同部分；三维视图控制功能可选择视点和投射方向，显示轴测图、透视图或平面视图，消除三维显示中的隐藏线，实现三维动态显示等；多视口控制功能可将屏幕分成几个窗口，每个窗口可以单独进行各种显示并能定义独立的用户坐标系以及重画或重新生成图形等。

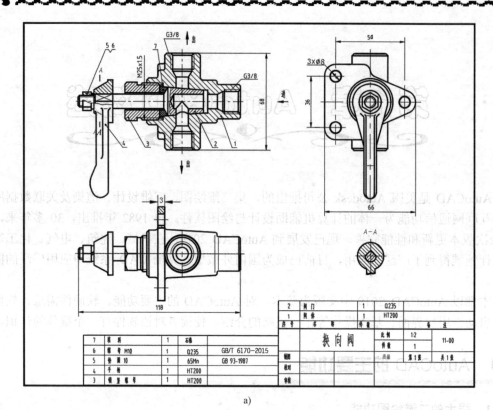

a)

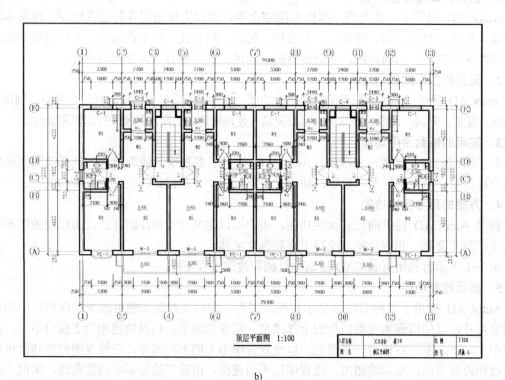

顶层平面图 1:100

b)

图 1-1　用 AutoCAD 绘制的机械和建筑图样

a) 机械装配图　b) 建筑平面图

6．图层、颜色和线型设置管理功能

为了便于对图形的组织和管理，AutoCAD 提供了图层、颜色、线型、线宽及打印样式设置功能，可以为绘制的图形对象赋予不同的图层、用户喜欢的颜色、所要求的线型、线宽及打印控制等对象特性，并且图层可以被打开或关闭、冻结或解冻、锁定或解锁。

7．图块和外部参照功能

为了提高绘图效率，AutoCAD 提供了图块和对非当前图形的外部参照功能。利用该功能，可以将需要重复使用的图形定义成图块，在需要时依不同的基点、比例、转角插入到新绘制的图形中，或将外部及局域网上的图形文件以外部参照的方式链接到当前图形中。

8．三维实体造型功能

AutoCAD 提供了多种三维绘图命令，如创建长方体、圆柱体、球、圆锥、圆环、楔形体等，以及将平面图形经回转和平移分别生成回转扫描体和平移扫描体等，通过在立体间进行交、并、差等布尔运算，可以进一步生成更为复杂的形体。图 1-2 所示为利用 AutoCAD 完成的手枪三维造型示例。AutoCAD 提供的三维实体编辑功能可以完成对实体的多种编辑，如倒角、倒圆角、生成断面图和剖视图等。实体的查询功能可以方便地自动完成三维实体的质量、体积、质心、惯性矩等物理特性计算。此外，借助于对三维图形的消隐或阴影处理，可以帮助增强三维显示效果。若为三维造型设置光源、并赋以材质，经渲染处理后，可获得像照片一样非常逼真的三维真实感效果图。图 1-3 所示为用 AutoCAD 完成的建筑三维造型及渲染效果。

图 1-2　用 AutoCAD 完成的手枪三维造型及不同视角的显示效果

图 1-3　用 AutoCAD 完成的建筑三维造型及渲染效果

9．幻灯演示和批量执行命令功能

在 AutoCAD 中可以将图形的某些显示画面生成幻灯片，从而可以对其进行快速显示和演播。还可以建立脚本文件，如同 DOS 系统下的批处理文件一样，自动地执行在脚本文件中预定义的一组 AutoCAD 命令及其选项和参数序列，从而提高绘图的自动化能力。

10．用户定制功能

AutoCAD 本身是一个通用的绘图软件，不针对某个行业、专业和领域，但其提供了多种用户化定制途径和工具，允许将其改造为一个适用于某一行业、专业或领域并满足用户个人习惯和喜好的专用设计和绘图系统。可以定制的内容包括：为 AutoCAD 的内部命令定义用户便于记忆和使用的命令别名、建立满足用户特殊需要的线型和填充图案、重组或修改系统的用户界面、通过形文件（*.SHP 文件）建立用户符号库和特殊字体等。

11．数据交换功能

在图形数据交换方面，AutoCAD 提供了多种图形图像数据交换格式和相应的命令，通过 DXF、IGES 等规范的图形数据转换接口，可以与其他 CAD 系统或应用程序进行数据交换。利用 Windows 环境的剪贴板和对象链接嵌入（OLE）技术，可以极为方便地与其他 Windows 应用程序交换数据。此外，还可以直接对光栅图像进行插入和编辑。

12．连接外部数据库

AutoCAD 能够将图形中的对象与存储在外部数据库（如 Microsoft Access、SQL Server 等）中的非图形信息连接起来，从而能够减小图形的大小、简化报表并可编辑外部数据库。这一功能特别适合于大型项目的协同设计工作。

13．用户二次开发功能

AutoCAD 提供有多种编程接口，支持用户使用内嵌或外部编程语言对其进行二次开发，以扩充 AutoCAD 的系统功能。可以使用的开发语言包括：AutoLISP、Visual LISP、Visual C++（ObjectARX）和 Visual Basic（VBA）等。

14．网络支持功能

利用 AutoCAD 绘制的图形，可以在互联网上进行图形的发布、访问及存取，为异地设计小组的网上协同工作提供了强有力的支持。

15．图形输出功能

在 AutoCAD 中可以以任意比例将所绘图形的全部或部分输出到图纸或文件中，从而获得图形的硬拷贝或电子拷贝。

16．完善而友好的帮助功能

AutoCAD 提供了方便的在线帮助功能，可以指导用户进行相关的使用和操作，并帮助解决软件使用中遇到的各种技术问题。

1.2　AutoCAD 软件的安装与启动

1.2.1　软件的安装

AutoCAD 2019 的安装界面如图 1-4 所示，风格与其他 Windows 应用软件相似。安装程序具有智能化的安装向导，用户只需一步一步按照屏幕上的提示操作即可完成整个安装过程。

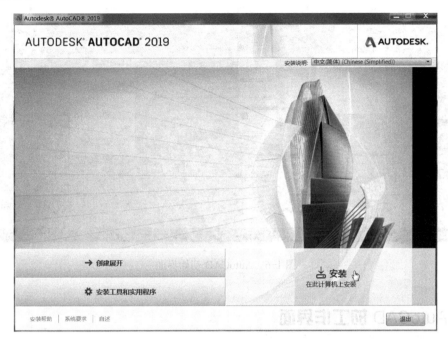

图 1-4　安装界面

正确安装 AutoCAD 2019 中文版后，会在计算机的桌面上自动生成 AutoCAD 2019 中文版快捷图标，如图 1-5 所示。

图 1-5　AutoCAD 2019 中文版快捷图标

1.2.2　启动 AutoCAD 2019

启动 AutoCAD 2019 的方法很多，本节介绍几种常用的方法：

1）在 Windows 桌面上双击 AutoCAD 2019 中文版快捷图标。

2）单击 Windows 桌面左下角的"开始"按钮，在弹出的菜单中选择"AutoCAD 2019-简体中文（Simplified Chinese）"。

3）双击已经存盘的任意一个 AutoCAD 图形文件（*.dwg 文件）。

启动后，默认情况下，AutoCAD 2019 将显示如图 1-6 所示初始界面，从中可进行 AutoCAD 功能学习，以及打开或新建图形文件等操作。

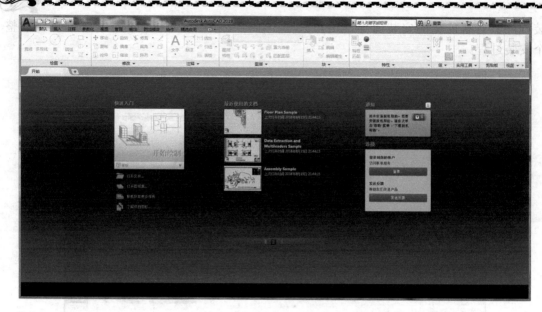

图 1-6   AutoCAD 初始界面

1.3   AutoCAD 的工作界面

1.3.1   初始工作界面

进入 AutoCAD 2019 后，即出现如图 1-7 所示的 AutoCAD 2019 工作界面，包括标题栏、功能区、绘图窗口、命令窗口、坐标系图标及状态栏、导航栏等内容，下面分别介绍。

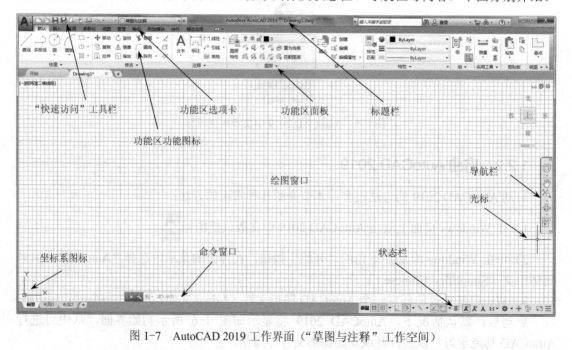

图 1-7   AutoCAD 2019 工作界面（"草图与注释"工作空间）

　　针对不同类型绘图任务的需要，AutoCAD 2019 提供了 3 种工作空间环境（草图与注释、三维基础、三维建模）。图 1-7 所示为默认的"草图与注释"工作空间界面；三维工作空间界面（三维基础和三维建模）如图 1-8 所示。三种工作空间之间的主要区别在于所对应的功能区和工具选项板有所不同。此处不逐一详述。

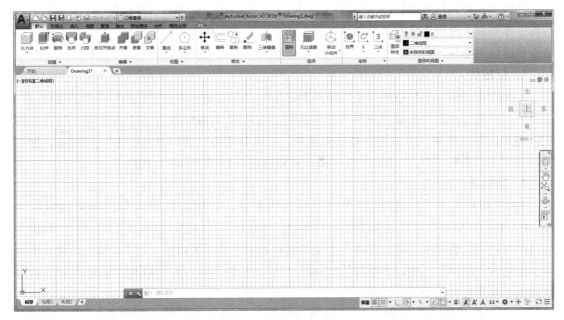

a)

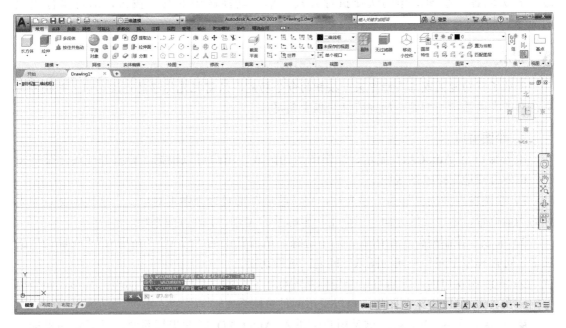

b)

图 1-8　三维工作空间界面

a)　"三维基础"界面　b)　"三维建模"界面

提示

切换工作空间的方法有两种：一是单击状态栏中的图标按钮■，在弹出的菜单中选择欲设置的工作空间；二是选择菜单"工具"→"工作空间"，选择欲设置的工作空间。

考虑到 3 种风格界面设计出发点的不同，为方便叙述和初学者学习起见，本书的后续内容均以布局和条理较为清晰的草图与注释工作空间为主。待读者对草图与注释工作空间下的命令和操作熟悉后，也可以很快适应三维工作空间下的有关操作。

1. 标题栏

AutoCAD 2019 的标题栏位于工作界面的顶部，左边显示该程序的图标及"快速访问"工具栏，中间显示当前所操作图形文件的名称。与其他 Windows 应用程序相似，单击按钮▲，将弹出系统菜单，可以进行相应的操作。右边分别为：窗口"最小化"按钮■、窗口"最大化"按钮■、窗口"关闭"按钮■，可以实现对程序窗口状态的调节。

2. 功能区

AutoCAD 2019 的功能区位于绘图窗口的上方，以图标的方式分门别类地组织起 AutoCAD 的主要命令。其包括"默认""插入""注释""参数化""视图""管理""输出"等 10 个功能区选项卡，每一选项卡下又设置有若干个功能区面板（如"默认"功能区选项卡下就包含"绘图""修改""注释""图层""块""特性"等 10 个功能区面板），每一功能区面板中安排有若干个工具按钮。

工具按钮是集成在功能区的一系列按钮型工具的集合，它为用户提供了一种调用命令和实现各种绘图操作的快捷执行方式。单击功能区中的某一按钮，即可执行相应的命令。

 提示

若欲了解功能区或工具栏中某一按钮的命令功能，只需把光标移动到该按钮上并稍停片刻，即可在该图标一侧显示的伴随说明框中获得。

3. 绘图窗口

绘图窗口是 AutoCAD 显示、编辑图形的区域，用户可以根据需要打开或关闭某些窗口，以便合理地安排绘图区域。

1）绘图窗口中的光标为十字光标，用于绘制图形及选择图形对象。十字线的交点为光标的当前位置，十字线的方向与当前用户坐标系的 X 轴、Y 轴方向平行。

2）选项卡控制栏位于绘图窗口的下边缘，单击其中的"模型""布局 1""布局 2"选项卡，可在模型空间和不同的图纸空间之间进行切换。

3）在绘图窗口的左下角有一个坐标系图标，它反映了当前所使用的坐标系形式和坐标方向。在 AutoCAD 中绘制图形，可以采用两种坐标系。

- 世界坐标系（WCS）：这是用户刚进入 AutoCAD 时的坐标系统，是固定的坐标系统，绘制图形时多数情况都是在这个坐标系统下进行的。
- 用户坐标系（UCS）：这是用户利用 UCS 命令相对于世界坐标系重新定位、定向的坐标系。

默认情况下，当前 UCS 与 WCS 重合。

4．命令窗口

命令窗口是用户输入命令名和显示命令提示信息的区域。默认的命令窗口位于绘图窗口的下方，其中保留最后三次所执行的命令及相关的提示信息。用户可以用改变一般 Windows 窗口的方法来改变命令窗口的大小。

5．文本窗口

AutoCAD 2019 的文本窗口，如图 1-9 所示，显示当前绘图进程中命令的输入和执行过程的相关文字信息。

 提示

绘图窗口和文本窗口之间可以通过按〈F2〉功能键方便地进行切换。

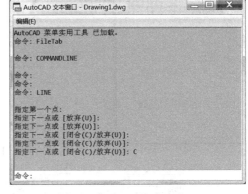

图 1-9　AutoCAD 文本窗口

6．状态栏

状态栏位于整个窗口的最底端，如图 1-10 所示。有"捕捉模式""栅格显示""正交模式""极轴追踪""对象捕捉""对象捕捉追踪""动态输入""模型/图纸空间切换"等 10 余个辅助绘图工具按钮，单击任一按钮，即可打开相应的辅助绘图工具。单击状态栏中最右边的自定义按钮▤，在弹出的菜单中选择前面带对勾✔的菜单项（如"注释监视器"），则将在状态栏中删除相应的功能图标按钮；在弹出的菜单中选择前面无对勾的菜单项（如"线宽"），则将在状态栏中增加相应的功能图标按钮（如▤），如图 1-22 所示。

图 1-10　状态栏

7．导航栏

导航栏中包含有若干个显示控制图标，从中可根据用户当前工作的需要，对图形进行显示设置和控制。

1.3.2　用户界面的修改

1．显示菜单栏

菜单栏是 AutoCAD 最为经典的命令交互方式，它按照命令的功能类型组织菜单，为软件的初学者系统掌握 AutoCAD 的主要命令提供了极大的方便。在 AutoCAD 2019 中，初始情况下，菜单栏处于关闭状态，未显示在界面中。

显示菜单栏的方法是：单击"快速访问"工具栏最右边向下的三角形图标，在弹出的下拉菜单中选择"显示菜单栏"（图 1-11），则在功能区的上方将显示 AutoCAD 的菜单栏，如图 1-12 所示。

图 1-11　显示菜单栏的设置

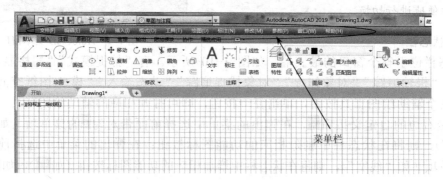

图 1-12　显示菜单栏后的界面

AutoCAD 2019 的菜单栏中共有 12 个菜单，包括："文件""编辑""视图""插入""格式""工具""绘图""标注""修改""参数""窗口"和"帮助"，包含了该软件的主要命令。单击菜单栏中的任意一菜单，即弹出相应的下拉菜单，如图 1-13 所示。下拉菜单中的菜单项说明如下：

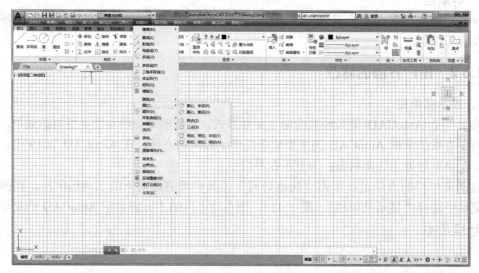

图 1-13　下拉菜单

1）普通菜单项：如图中的"矩形""圆环"等选项，菜单项无任何标记，单击该菜单项即可执行相应的命令。

2）级联菜单项：如图中的"圆""文字"等选项，菜单项右端有一黑色小三角，表示该菜单项中还包含多个菜单选项，单击该菜单项，将弹出下一级菜单，称为级联菜单，可进一步在级联菜单中选取菜单项。

3）对话框菜单项：如图中的"图案填充"等选项，菜单项后带有"…"，表示单击该菜单项将弹出一个对话框，用户可以通过该对话框实施相应的操作。

2．修改环境设置

在 AutoCAD 2019 的菜单栏中，选择"工具"→"选项"，弹出如图 1-14 所示"选项"对话框，单击其中的"显示"标签，将弹出"显示"选项卡，其中包括"窗口元素""显示精度""布局元素""显示性能"以及"十字光标大小"等选项组，分别对其进行操作，即可以实现对原有用户界面中某些内容的修改。下面仅对其中常用内容的修改加以说明：

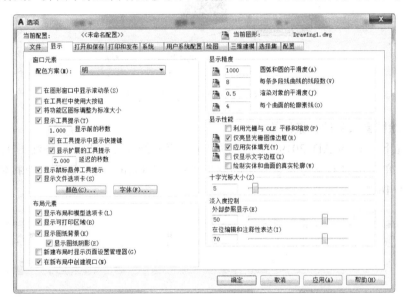

图 1-14　"选项"对话框

（1）修改图形窗口中十字光标的大小

系统预设十字光标的长度为屏幕大小的 5%，用户可以根据绘图的实际需要更改其大小。改变十字光标大小的方法为：在"十字光标大小"选项组中的文本框中直接输入数值，或者拖动文本框后的滑块，即可以对十字光标的大小进行调整。

（2）修改绘图窗口的颜色

在默认情况下，AutoCAD 2019 的绘图窗口是黑色背景、白色线条，利用"选项"对话框，用户同样可以对其进行修改。

修改绘图窗口颜色的步骤为：单击"窗口元素"选项组中的"颜色"按钮，弹出如图 1-15 所示"图形窗口颜色"对话框；单击"颜色"下拉列表框右侧的下拉箭头，在弹出的下拉列表中选择"白"，然后单击"应用并关闭"按钮，则 AutoCAD 2019 的绘图窗口将变成白色背景、黑色线条。

图 1-15　"图形窗口颜色"对话框

3．取消绘图窗口中的背景网格线

默认情况下，AutoCAD 2019 的绘图窗口带有坐标纸模样的背景网格线。关闭背景网格线的方法是，单击屏幕右下方状态栏中的图形"栅格"按钮▦（左数第一个按钮）。关闭后的界面如图 1-16 所示。

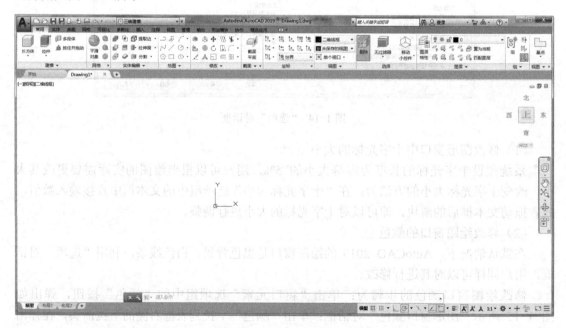

图 1-16　关闭背景网格线

1.4　AutoCAD 命令和系统变量

AutoCAD 的操作过程由 AutoCAD 命令控制，AutoCAD 系统变量是设置与记录 AutoCAD 运行环境、状态和参数的变量。

AutoCAD 命令名和系统变量名均为西文，如命令 LINE（直线）、CIRCLE（圆）等，系统变量 TEXTSIZE（文字高度）、THICKNESS（对象厚度）等。

1.4.1　命令的调用方法

有多种方法可以调用 AutoCAD 命令，以画直线为例：

1）在命令窗口输入命令名。即在命令窗口中输入命令的字符串，命令字符可不区分大、小写。例如：命令：**LINE**。

2）在命令窗口输入命令缩写字。如 L（Line）、C（Circle）、A（Arc）、Z（Zoom）、R（Redraw）、M（More）、CO（Copy）、PL（Pline）、E（Erase）等，例如：命令：**L**。

3）单击下拉菜单中的菜单选项。在状态栏中可以看到对应的命令说明及命令名。

4）单击功能区中的对应按钮。如单击"默认"选项卡下"绘图"面板中的按钮，也可执行画直线命令，同时在伴随说明框中也可以看到对应的命令说明及命令名。

5）在"命令："提示下直接按〈Enter〉键可重复调用已执行的上一命令。

在上述所有调用方法中，在命令窗口输入命令名是最为稳妥的方法。因为 AutoCAD 的所有命令均有其命令名，但却并非所有的命令都有其菜单项、命令缩写字和功能区图标，只有常用的命令才会有；选取下拉菜单中的菜单选项是最为省心的方法，因为这种方法既不需要记住众多命令的命令名，也不需要记住命令图标的形状和所处位置，只需按菜单顺序找取即可；单击功能区中的按钮是最为快捷的方法，它既不用键盘输入，也不需菜单的多级查找，鼠标一键即可。故而在本书后续内容中涉及命令的介绍时，主要给出了命令名、菜单和功能区图标三种方式。具体形式为（以新建文件命令为例）：

命令名：NEW　　　　　　（即在命令窗口中通过键盘输入命令名"NEW"）

菜单："文件"→"新建"　　（即用鼠标选取"文件"下拉菜单中的"新建"菜单项）

图标：　　　　　　　　　（即用鼠标单击功能区中的工具按钮　）

1.4.2　命令及系统变量的有关操作

1．命令的取消

在命令执行的任何时刻都可以按〈Esc〉键取消和终止命令的执行。

2．命令的重复使用

若在一个命令执行完毕后欲再次重复执行该命令，可在命令窗口中直接按〈Enter〉键。

3．命令选项

当输入命令后，AutoCAD 会出现对话框或命令提示，在命令提示中常会出现命令选项，例如：

命令：**ARC**↙

指定圆弧的起点或 [圆心(C)]：

前面不带中括号的提示为默认选项，因此可直接输入起点坐标，若要选择其他选项，则应先输入该选项的标识字符，如圆心选项的"C"，然后按系统提示输入数据。若选项提示行的最后带有尖括号，则尖括号中的数值为默认值。

在 AutoCAD 中，也可通过快捷菜单用鼠标单击命令选项。在上述画圆弧示例中，当出现"指定圆弧的起点或 [圆心(C)]:"提示时，若单击鼠标右键，则弹出如图 1-17 所示快捷菜单，从中可用鼠标快速选择所需选项。右键快捷菜单随不同的命令进程而有不同的菜单选项。

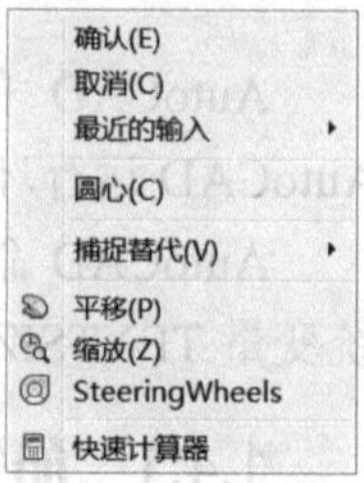

| 确认(E) |
| 取消(C) |
| 最近的输入　▶ |
| 圆心(C) |
| 捕捉替代(V)　▶ |
| 平移(P) |
| 缩放(Z) |
| SteeringWheels |
| 快速计算器 |

图 1-17　快捷菜单

4．透明命令的使用

有的命令不仅可直接在命令窗口中使用，而且可以在其他命令的执行过程中插入执行，该命令结束后系统继续执行原命令，这些命令称为透明命令。

不是所有命令都能透明使用，透明命令在使用时要加前缀"'"，也可以从菜单或功能区中选取。例如：

> 命令: **ARC**↙⊖
> 指定圆弧的起点或 [圆心(C)]: **'ZOOM**↙ （使用"显示缩放"透明命令）
> >> …（执行 ZOOM 命令）
> 正在恢复执行 ARC 命令。
> 指定圆弧的起点或 [圆心(C)]: （继续执行原命令）

5．命令的执行方式

有的命令有两种执行方式，通过对话框或通过命令窗口输入命令选项。如指定使用命令窗口方式，可以在命令名前加一减号来表示用命令窗口方式执行该命令，如"-LAYER"。

6．系统变量的访问方法

访问系统变量可以直接在命令提示下输入系统变量名或选取菜单项，也可以使用专用命令 SETVAR。

1.4.3　数据的输入方法

1．点的输入

绘图过程中,常需要输入点的位置，AutoCAD 提供了如下几种输入点的方式：

1）用键盘直接在命令窗口中输入点的坐标。点的坐标可以用直角坐标、极坐标、球面坐标或柱面坐标表示，其中直角坐标和极坐标最为常用。

直角坐标有两种输入方式: x, y [, z]（点的绝对坐标值，例如：100，50）和@ x, y [, z]（相对于上一点的相对坐标值，例如：@ 50，-30）。坐标值均相对于当前的用户坐标系。

极坐标的输入方式为：长度<角度（其中，长度为点到坐标原点的距离，角度为原点至该点连线与 x 轴的正向夹角，例如：20<45），或@长度<角度（相对于上一点的相对极坐标，例如 @ 50 <-30）。

⊖ 本书用仿宋体编排的内容为软件在命令窗口处的提示，圆括弧中的内容为相应的说明；黑体部分为用户输入的命令或选项。符号"↙"表示按〈Enter〉键。

2）用鼠标等定标设备移动光标单击左键在屏幕上直接选取点。

3）用键盘上的箭头键移动光标按〈Enter〉键选取点。

4）用目标捕捉方式捕捉屏幕上已有图形的特殊点（如端点、中点、中心点、插入点、交点、切点、垂足点等，详见第 4 章）。

5）直接距离输入。先用光标拖拉出橡筋线确定方向，然后用键盘输入距离。

6）使用过滤法得到点。

2．距离值的输入

在 AutoCAD 命令中，有时需要提供高度、宽度、半径、长度等距离值。AutoCAD 提供了两种输入距离值的方式：一种是用键盘在命令窗口中直接输入数值；另一种是在屏幕上选取两点，以两点的距离值定出所需数值。

1.5　AutoCAD 的文件命令

对于 AutoCAD 图形，AutoCAD 提供了一系列图形文件管理命令。

1.5.1　新建图形文件

1．命令

命令名：NEW。

菜单："文件"→"新建"。

图标：。

2．说明

打开如图 1-18 所示"选择样板"对话框，可从中间位置的样板文件"名称"列表框中选择基础图形样板文件[也可以单击"打开"按钮右侧的倒三角按钮，从打开的下拉列表中选择"无样板打开-（公制）"]，然后单击"打开"按钮，则系统以默认的 drawing1.dwg 为文件名开始一幅新图的绘制。

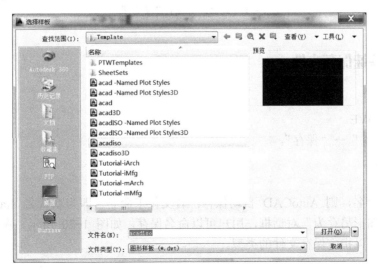

图 1-18　"选择样板"对话框

1.5.2 打开已有图形文件

1．命令

命令名：OPEN。

菜单："文件" → "打开"。

图标： 。

2．说明

打开如图 1-19 所示"选择文件"对话框。在"文件类型"下拉列表中可选择图形文件（.dwg）、dxf 文件、样板文件（.dwt）等。

图 1-19 "选择文件"对话框

1.5.3 快速保存文件

1．命令

命令：QSAVE。

菜单："文件" → "保存"。

图标： 。

2．说明

若文件已命名，则 AutoCAD 自动保存；若文件未命名（即为默认名 drawing1.dwg），则系统弹出"图形另存为"对话框，用户可以命名保存，如图 1-20 所示。在"存为类型"下拉列表框中可以指定保存文件的类型。

图 1-20　"图形另存为"对话框

1.5.4　另存文件

1. 命令

命令：SAVEAS。

菜单："文件"→"另存为"。

2. 说明

调用"图形另存为"对话框，AutoCAD 用另存名保存，并将当前图形更名。

1.5.5　同时打开多个图形文件

在一个 AutoCAD 任务下可以同时打开多个图形文件。方法是在"选择文件"对话框（图 1-19）中，按下〈Ctrl〉键的同时选中几个要打开的文件，然后单击"打开"按钮即可。也可以从 Windows 浏览框把多个图形文件导入 AutoCAD 任务中。

若欲将某一打开的文件设置为当前文件，只需单击该文件的图形区域即可。也可以通过组合键〈Ctrl+F6〉或〈Ctrl+Tab〉在已打开的不同图形文件之间切换。

同时打开多个图形文件的功能为重用过去的设计及在不同图形文件间移动、复制图形对象及其特性提供了方便。

1.5.6　退出 AutoCAD

结束 AutoCAD 作业后应正常地退出 AutoCAD。可以使用菜单："文件"→"退出"、在命令窗口中输入 QUIT 命令或单击 AutoCAD 界面右上角的"关闭"按钮█退出。若用户对图形所做的修改尚未保存，则会出现如图 1-21 所示的系统警告框。

图 1-21　系统警告框

单击"是"按钮系统将保存文件，然后退出；单击"否"按钮系统将不保存文件直接退出。

1.6　带你绘制一幅图形

本节以绘制如图 1-22 所示垫片图形为例，介绍用 AutoCAD 绘图的基本方法和步骤，以使读者对使用 AutoCAD 绘图的全过程有一个概略的直观了解。这一过程中涉及的部分内容可能读者一时还不大清楚，不过没有关系，在后续章节中将陆续对其分别作详细的介绍，在这里只需按所给步骤操作，绘出图形即可。

【分析】：如图 1-22 所示垫片图形由两条互相垂直的对称细点画线、矩形、中间的大圆及环绕大圆的八个小圆组成。

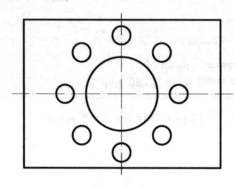

图 1-22　垫片图形

【步骤】：

1. 启动 AutoCAD 2019 中文版

在计算机桌面上双击 AutoCAD 2019 中文版图标，启动 AutoCAD 2019 中文版软件系统，将显示如图 1-23 所示工作界面，可由这里开始进行具体的绘图。

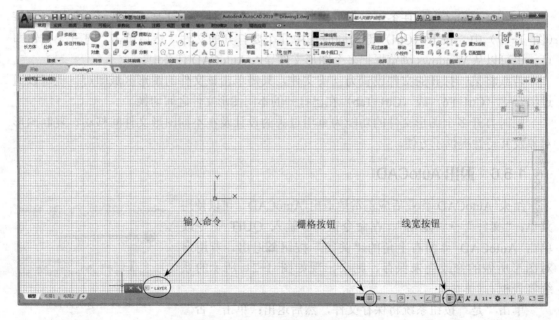

图 1-23　AutoCAD 界面及命令的输入

提示

为简化绘图时的交互显示，可按〈F12〉键以关闭动态输入；为避免如图 1-23 所示绘图区栅格的存在而使得图形不够简捷和清晰，可单击状态栏中的"栅格"按钮 ▦ 以关闭栅格的显示。

2．设置图层、线型、线宽等绘图环境

根据国家标准《机械制图》的有关规定，垫片图形中用到了粗实线和细点画线两种图线线型，其宽度之比为 2:1。在 AutoCAD 下，这些都是通过图层的设置来实现。图层好像透明纸重叠在一起一样，每一图层对应一种线型、颜色及线宽。

将光标移动到屏幕左下方的命令窗口，在此处输入 AutoCAD 命令，即可执行相应的命令功能。

由 1.4.1 节中的介绍已知，AutoCAD 命令有多种输入方式（命令窗口、下拉菜单、功能区图标等），但命令窗口是所有方式中最为基本的输入方式。在本例中，AutoCAD 命令均是以命令窗口方式给定的，若读者有兴趣，也可以采用其他的命令输入方式。

1）在命令窗口位置输入"LAYER"（如图 1-23 左下方所示），软件将自动列出与输入内容匹配的所有相关命令，从中选择正确的一个并按〈Enter〉键，则系统将执行 LAYER（图层设置）命令，并弹出如图 1-24 所示"图层特性管理器"对话框。

图 1-24　"图层特性管理器"对话框

2）在如图 1-24 所示"图层特性管理器"对话框中连续两次单击其中的"新建图层"按钮（即图中椭圆所圈处），则在当前绘图环境中将新建两个图层，名称分别为"图层 1"和"图层 2"，结果如图 1-25 所示。

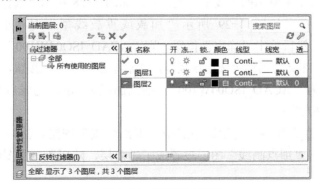

图 1-25　新建两个图层

3）单击"图层 1"和"图层 2"，将其分别更名为"粗实线"及"细点画线"，结果如图 1-26 所示。

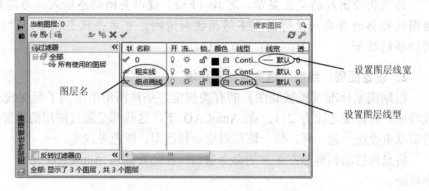

图 1-26   将新建图层更名为"粗实线"及"细点画线"

4）单击如图 1-26 中所示的"线宽"处，弹出如图 1-27 所示"线宽"对话框，单击其中的"0.4mm"线宽，然后单击"确定"按钮，则将"粗实线"图层的线宽设置为 0.4mm；同理，将"细点画线"图层的线宽设置为 0.2mm。

图 1-27   "线宽"对话框

5）单击如图 1-26 中所示的"线型"处，弹出如图 1-28 所示"选择线型"对话框。单击"加载"按钮，弹出如图 1-29 所示"加载或重载线型"对话框。选择"ACAD_ISO04W100"线型，然后单击"确定"按钮，则"ACAD_ISO04W100"线型将出现在"选择线型"对话框中。在此对话框内选中该线型，然后单击"确定"按钮，则"细点画线"图层的线型将被设置为"ACAD_ISO04W100"（细点画线）。设置完成后的"图层特性管理器"对话框如图 1-30 所示。

6）在"图层特性管理器"对话框中选中"细点画线"图层，然后单击其中的"置为当前"按钮 ，就将"细点画线"图层设置成了当前层，随后所画的图线均将绘制在该图层上。

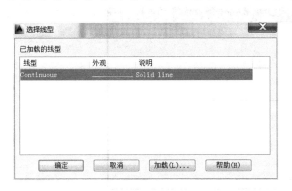

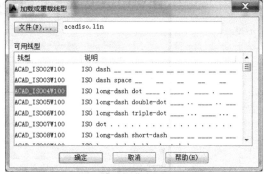

图 1-28　"选择线型"对话框　　　　　　　图 1-29　"加载或重载线型"对话框

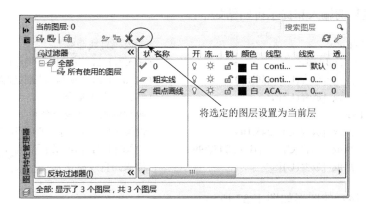

图 1-30　完成设置后的"图层特性管理器"对话框

3．绘制对称细点画线

首先用画直线命令 LINE 来绘制垫片的两条相互垂直细点画线直线。具体步骤为：

1）在命令窗口中输入"LINE"，然后按〈Enter〉键，则系统将执行 LINE 画直线命令。大家知道，一条直线可以由其两个端点确定，因此，只要给定两个点就可以在两点之间绘制出一条直线。

2）执行 LINE 命令后，将在命令窗口中显示命令提示"指定第一点："，意即要求指定直线的一个端点，此处用直角坐标来指定点的位置。在"指定第一点："提示后输入端点的直角坐标值"60,150"然后按〈Enter〉键。这里的"60"和"150"分别为点的 x、y 坐标，坐标系原点在绘图区的左下角。

3）接下来的提示为"指定下一点或 [放弃(U)]："，意即要求指定直线的另一个端点。仍然用直角坐标来指定点的位置，在"指定下一点或 [放弃(U)]："提示后输入"430,150"然后按〈Enter〉键，则屏幕上将绘制出如图 1-31 中所示水平的一条细点画线。后续的提示继续为"指定下一点或 [放弃(U)]："，直接按〈Enter〉键，结束水平细点画线的绘制。再次执行 LINE 画直线命令，分别输入第一点的坐标"245,10"和下一点的坐标"245,290"，在"指定下一点或 [放弃(U)]："提示后直接按〈Enter〉键，可绘制出如图 1-32 中所示的垂直的一条细点画线。

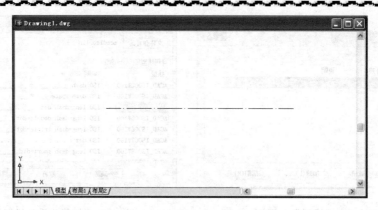

图 1-31   绘制水平细点画线

上述操作过程的输入和提示可归结如下：

命令: LINE↙	（输入画直线命令）
指定第一点: **60,150**↙	（输入图 1-21 中所示水平细点画线左端点的坐标）
指定下一点或 [放弃(U)]: **430,150**↙	（输入图 1-21 中所示水平细点画线右端点的坐标）
指定下一点或 [放弃(U)]:↙	（结束画直线命令）
命令: LINE↙	（再次输入画直线命令）
指定下一点或 [放弃(U)]: **245,10**↙	（输入图 1-21 中所示铅垂细点画线下端点的坐标）
指定下一点或 [闭合(C)/放弃(U)]: **245,290**↙	（输入图 1-21 中所示铅垂细点画线上端点的坐标）
指定下一点或 [放弃(U)]:↙	（结束画直线命令）

此时屏幕上显示的图形如图 1-32 所示。

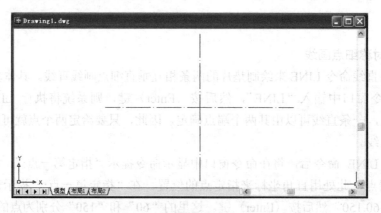

图 1-32   绘制垂直细点画线

4. 将"粗实线"图层设置为当前图层

要绘制粗实线图形，首先应将"粗实线"图层设置为当前图层。在如图 1-30 所示"图层特性管理器"对话框中选中"粗实线"图层，然后单击"置为当前"按钮 ✔，就将"粗实线"图层设置成了当前层。随后所画的图线均将绘制在该图层上，且图线线型为宽度是 0.4mm 的粗实线。

为使所设置的图线宽度能够在屏幕上直观地显示出来，可将屏幕下方 AutoCAD 状态栏中的"线宽"按钮调出。具体操作为：单击状态栏中最右边的"自定义"按钮 ▤，在弹出的菜单中选择"线宽"选项，则在状态栏中将出现"线宽"按钮 ▤，如图 1-23 所示。

5. 绘制粗实线图形

先用画矩形命令 RECTANG 绘制垫片的外轮廓。具体过程如下：

命令：**RECTANG**✓	（启动画矩形命令）
指定第一个角点或 [倒角(C)/标高(E)/圆角(F)/厚度(T)/宽度(W)]: **80,30**✓	（矩形左下角点坐标）
指定另一个角点或 [面积(A)/尺寸(D)/旋转(R)]: **410,270**✓	（矩形右上角点坐标）

此时屏幕上显示的图形如图 1-33 所示。

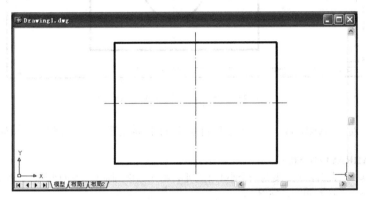

图 1-33　绘外轮廓矩形

接下来用画圆命令来绘制中间的大圆。操作过程如下：

命令: CIRCLE✓	（输入 CIRCLE 命令）
指定圆的圆心或 [三点(3P)/两点(2P)/相切、相切、半径(T)]: **245,150**✓	（输入图 1-22 中所示大圆的圆心坐标）
指定圆的半径或 [直径(D)] <15.0000>: **60**✓	（输入大圆的半径）

此时屏幕上显示的图形如图 1-34 示。

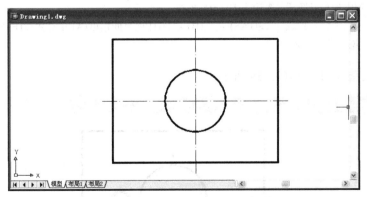

图 1-34　绘制完大圆后的图形

接下来仍然用 CIRCLE 命令来绘制如图 1-22 中所示最右边的那个小圆。操作过程如下：

命令: CIRCLE✓	（输入 CIRCLE 命令）
指定圆的圆心或 [三点(3P)/两点(2P)/相切、相切、半径(T)]: **340,150**✓	（输入图 1-22 中所示最右边小圆的圆心坐标）
指定圆的半径或 [直径(D)] <15.0000>: **15**✓	（输入小圆的半径）

此时屏幕上显示的图形如图 1-35 所示。

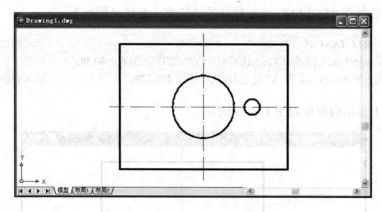

图 1-35　绘制了一个小圆后的图形

下面用"阵列"（ARRAY）命令将上面绘制的小圆复制 7 个。操作过程如下：

命令: **ARRAYPOLAR**✓
选择对象: （此时，光标变为一个小的正方形，将光标移到刚才绘制的小圆上，然后单击鼠标左键，则该小圆将变为虚线显示，如图 1-36 所示）
找到 1 个
选择对象:✓
类型 = 极轴　关联 = 是
指定阵列的中心点或 [基点(B)/旋转轴(A)]: （在此提示下，先按住键盘上的〈Shift〉键不放，再单击鼠标右键，将弹出如图 1-37 所示快捷菜单。选择"圆心"选项，则菜单消失且光标变为十字形）
　_cen 于　（将光标移到大圆上，则在大圆的圆心处将显示一彩色的小圆，并在当前光标处出现"圆心"伴随说明。如图 1-38 所示，此时单击鼠标）
选择夹点以编辑阵列或 [关联(AS)/基点(B)/项目(I)/项目间角度(A)/填充角度(F)/行(ROW)/层(L)/旋转项目(ROT)/退出(X)] <退出>: **I**✓　（指定阵列的数目）
输入阵列中的项目数或 [表达式(E)] <6>:**8**✓
选择夹点以编辑阵列或 [关联(AS)/基点(B)/项目(I)/项目间角度(A)/填充角度(F)/行(ROW)/层(L)/旋转项目(ROT)/退出(X)] <退出>:✓

绘制完成的垫片图形如图 1-39 所示。

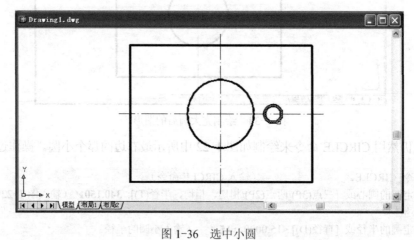

图 1-36　选中小圆

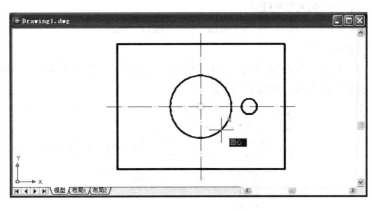

图 1-37　快捷菜单　　　　　　　　　　　图 1-38　捕捉大圆圆心

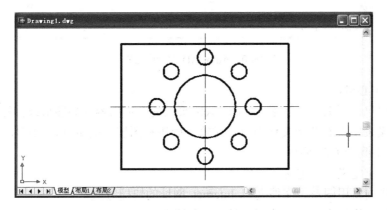

图 1-39　绘制完成的垫片图形

6．保存图形

接下来可以将图形保存起来，以便日后使用。在命令窗口输入赋名存盘命令 SAVEAS 后，将弹出"图形另存为"对话框。在"文件名"文本框中输入图形文件的名称"垫片"，然后单击"保存"按钮，则系统会自动将所绘图形保存到名为"垫片.dwg"的图形文件中。

7．退出 AutoCAD 系统

在命令窗口输入"QUIT"然后按〈Enter〉键，将退出 AutoCAD 系统，返回到 Windows 桌面。

至此就完成了用 AutoCAD 绘制一幅图形从启动软件到退出的整个过程。

1.7　AutoCAD 设计中心

设计中心是 AutoCAD 提供的一个集成化图形组织和管理工具。通过设计中心，可以组织对块、填充、外部参照和其他图形内容的访问。可以将源图形中的任何内容拖动到当前图形中，可以将图形、块和填充拖动到工具选项板上。源图形可以位于用户的计算机上、网络位置或网站上。如果打开了多个图形，则可以通过设计中心在图形之间复制和粘贴其他内容（如图层定义、布局和文字样式）来简化绘图过程。启动 AutoCAD 设计中心的方法为：

命令：ADCENTER

菜单："工具"→"选项板"→"设计中心"。

图标：圖。

启动后，在绘图区左边出现设计中心窗口（见图 1-40），AutoCAD 设计中心对图形的一切操作都是通过该窗口实现的。

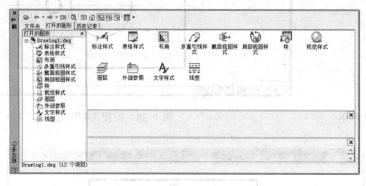

图 1-40   AutoCAD 设计中心窗口

使用设计中心可以：

1）浏览用户计算机、网络驱动器和 Web 页上的图形内容（如图形或符号库）。

2）在定义表中查看图形文件中命名对象（如块和图层）的定义，然后将定义插入、附着、复制和粘贴到当前图形中。

3）更新（重定义）块定义。

4）创建指向常用图形、文件夹和 Internet 网址的快捷方式。

5）向图形中添加内容（如外部参照、块和填充）。

6）在新窗口中打开图形文件。

7）将图形、块和填充拖动到工具选项板上以便于访问。

1.8   工具选项板

工具选项板是一个选项卡形式的窗口，它提供了一种组织、共享和放置块及填充图案的有效方法。工具选项板如图 1-41 所示。

1. 使用工具选项板插入块和图案填充

可以将常用的块和图案填充放置在工具选项板上。需要向图形中添加块或图案填充时，只需将其从工具选项板中拖放至绘图区图形内即可。

位于工具选项板上的块和图案填充称为工具，可以为每个工具单独设置若干个工具特性，其中包括比例、旋转和图层。

将块从工具选项板拖动到图形中时，可以根据块中定义的单位比率和当前图形中定义的单位比率自动对块进行缩放。例如，如果当前

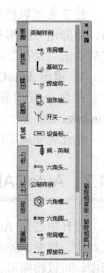

图 1-41   工具选项板

图形的单位为米，而所定义的块的单位为厘米，单位比率即为 1/100。将块拖动到图形中时，则会以 1/100 的比例插入。如果源块或目标图形中的"拖放比例"设置为"无单位"，可以使用"选项"对话框的"用户系统配置"选项卡中的"源内容单位"和"目标图形单位"设置。

2. 更改工具选项板设置

工具选项板的选项和设置可以从工具选项板上各区域中的快捷菜单中获得。这些设置包括：

- 自动隐藏：当光标移动到工具选项板的标题栏上时，则自动滚动打开或滚动关闭。
- 透明度：可以将工具选项板设置为透明，从而不会挡住下面的对象。
- 视图：工具选项板上按钮的显示样式和大小可以更改。

可以将工具选项板固定在应用程序窗口的左边或右边。按住〈Ctrl〉键可以防止工具选项板在移动时固定。

1.9　口令保护

通过向图形文件应用口令或数字签名，可以确保未经授权的用户无法打开或查看图形。

1. 为图形文件设置密码

为当前图形设置口令的方法为选择菜单"工具"→"选项"，在弹出的如图 1-41 所示的"选项"对话框中选取"打开和保存"选项卡，单击"安全选项"按钮（见图 1-42），在弹出的如图 1-43 所示"安全选项"对话框的"用于打开此图形的密码或短语"文本框中输入欲设置的密码文本，最后单击"确定"按钮并再次确认密码内容，即可完成对图形文件口令保护功能的设置。

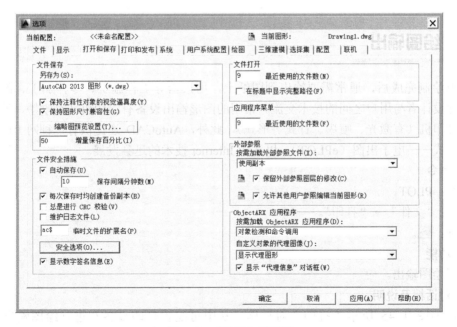

图 1-42　"选项"对话框

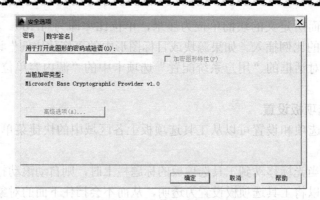

图 1-43　"安全选项"对话框

2. 打开设置有密码的图形文件

在打开设置有密码的图形文件时，系统首先弹出如图 1-44 所示"密码"对话框，要求输入图形文件的口令密码。只有输入的密码正确无误后才会打开图形文件，供用户浏览、修改、编辑、打印等。

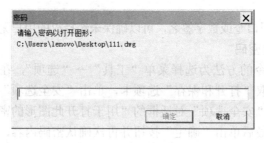

图 1-44　"密码"对话框

1.10　绘图输出

图形绘制完成后，通常需要输出到图纸上，用来指导工程施工、零件加工、部件装配以及进行设计者与用户之间的技术交流。常用的图形输出设备有绘图机（有喷墨、笔式等形式）和打印机（有激光、喷墨、针式等形式）。此外，AutoCAD 还提供有一种网上图形输出和传输方式——电子出图（ePLOT），以适应 Internet 技术的迅猛发展。

1. 命令

命令：PLOT。

菜单："文件"→"打印"。

图标：。

2. 功能

图形绘图输出。

3. 对话框及说明

弹出如图 1-45 所示"打印"对话框，从中可配置打印设备和进行绘图输出的打印设置。

图 1-45　"打印"对话框

　　单击对话框左下角的"预览"按钮，可以预览图形的输出效果。若不满意，可对打印
参数进行调整。最后，单击"确定"按钮即可将图形绘制输出。

1.11　AutoCAD 的在线帮助

1．AutoCAD 的帮助菜单
　　用户可以通过下拉菜单"帮助"→"AutoCAD 帮助"查看 AutoCAD 命令、AutoCAD
系统变量和其他主题词的帮助信息，单击"显示"按钮即可查阅相关的帮助内容。通过帮助
菜单，用户还可以查询 AutoCAD 命令参考、用户手册、定制手册等有关内容。

2．AutoCAD 的帮助命令
　　（1）命令
　　命令：HELP 或 "？"。
　　菜单："帮助"→"帮助"。
　　图标：　。
　　（2）说明　HELP 命令可以透明使用，即在其他命令执行过程中查询该命令的帮助信
息。帮助命令主要有两种应用：
　　1）在命令的执行过程中调用在线帮助。例如，在命令窗口输入 LINE 命令，在出现
"*指定第一点：*"提示时单击"帮助"按钮，则在弹出的"帮助"对话框中自动出现与 LINE
命令有关的帮助信息。关闭"帮助"对话框则可继续执行未完的 LINE 命令。
　　2）在命令提示符下，直接检索与命令或系统变量有关的信息。例如，欲查询 LINE
命令的帮助信息，可以单击"帮助"按钮　，弹出"帮助"对话框，在"索引"选项卡中
输入 "LINE"，则 AutoCAD 自动定位到 LINE 命令，并显示 LINE 命令的有关帮助信息。如
图 1-46 所示。

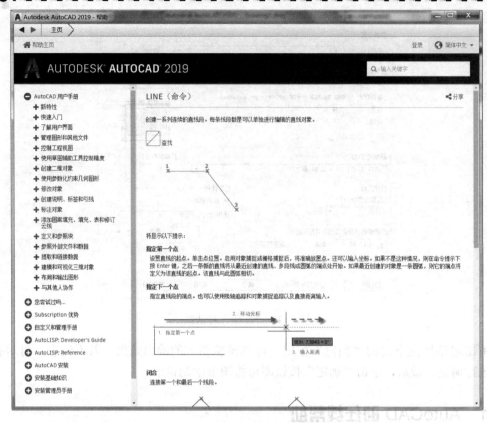

图 1-46　显示帮助信息

1.12　思考题

一、选择题

1. 默认状态下 AutoCAD 打开的工作空间是（　　　）。

　　A. 草图与注释　　　　　　　　B. 三维基础　　　　　　　C. 三维建模

2. 对于功能区中不熟悉的图标，了解其命令和功能最简捷的方法是（　　　）。

　　A. 查看用户手册

　　B. 使用在线帮助

　　C. 把光标移动到图标上稍停片刻

3. 调用 AutoCAD 命令的方法有（　　　）。

　　A. 在命令窗口输入命令名

　　B. 在命令窗口输入命令缩写字

　　C. 单击下拉菜单中的菜单项

　　D. 单击功能区中的对应图标

　　E. 以上均可

4. 对于 AutoCAD 中的命令选项，可以（　　　）。

　　A. 在选项提示行输入选项的缩写字母

B．单击鼠标右键，在右键快捷菜单中用鼠标选取

    C．以上均可

二、填空题

1．默认情况下 AutoCAD 图形文件的扩展名是＿＿＿＿＿。

2．在绘图过程中，若想中途结束某一绘图命令，可以随时按＿＿＿键。

3．若欲重复执行上一命令，可在命令窗口中等待命令的状态下直接按＿＿＿键。

4．若欲在"图形"窗口显示和"文本"窗口显示之间切换，可以按功能键＿＿＿。

三、简答题

1．在 AutoCAD 下如何输入一个点？如何输入一个距离值？

2．请给出四种方法调用 AutoCAD 的画圆命令。

四、分析题

    下面文字部分为在 AutoCAD 环境下用"直线"命令绘制如图 1-47 所示直角梯形所进行的交互过程（加下画线的部分为键盘输入，箭头"↙"表示按〈Enter〉键），其中用到了点坐标的不同给定方式，请在坐标值后的括号内填写与其对应的图形顶点的字母。并上机验证且实现。

命令:LINE↙ 指定第一点: **100,80↙**	( )
指定下一点或 [放弃(U)]: **@50<53↙**	( )
指定下一点或 [放弃(U)]: **@20,0↙**	( )
指定下一点或 [闭合(C)/放弃(U)]: **150,120↙**	( )
指定下一点或 [闭合(C)/放弃(U)]: **@50<180↙**	( )
指定下一点或 [闭合(C)/放弃(U)]: ↙	

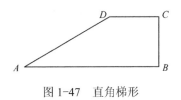

图 1-47 直角梯形

1.13 上机练习

    1．熟悉工作界面：指出 AutoCAD 标题栏，"快速访问"工具栏，功能区及其选项卡、面板和图标，绘图窗口，命令窗口以及状态栏的位置、功能，练习对它们的基本操作。

    2．进行系统环境配置（参照 1.3.2 节所述方法和步骤）。

    1）显示菜单栏，并进行相关操作。

    2）调整十字光标尺寸：在菜单中选取"工具"→"选项"→"显示"，在"选项"对话框右下角"十字光标大小"选项组中直接在左侧文本框中输入，或拖动右侧的滚动条输入十字光标的比例数值（如 100），然后单击"确定"按钮，观看十字光标大小的变化；最后再将其恢复为默认值"5"。

3）修改绘图窗口的颜色为白色。

4）关闭默认情况下绘图窗口中的背景网格线，若已关闭则将其打开。

3．在线帮助：查看画直线（LINE）命令的在线帮助内容。

4．按照上面思考题第四题所述过程上机实现所示操作，绘制出如图 1-46 所示直角梯形，并验证自己所作分析的正确性。

5．按照 1.6 节介绍的方法和步骤完成垫片图形的绘制。

6．在 AutoCAD 环境下分别以输入直角坐标和输入极坐标的方式用"直线"命令绘制如图 1-48 所示带孔线图和六边形（不用标注尺寸）。

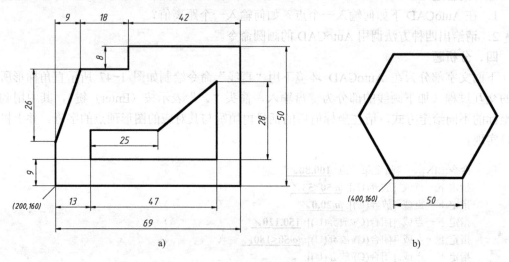

图 1-48　坐标法绘图练习

a) 直角坐标法　b) 极坐标法

第2章 二维绘图命令

任何复杂的图形都可以看作是由直线、圆弧等基本的图形所组成的，在 AutoCAD 中绘图也是如此，掌握这些基本图元的绘制方法是学习 AutoCAD 的基础。本章将介绍 AutoCAD 2019 的二维绘图命令，以及完成一个 AutoCAD 作业的过程。

绘图命令主要集中放在"绘图"菜单中，并且在功能区"默认"选项卡下的"绘图"面板中，包含有本章介绍的绝大多数绘图命令的图标，如图 2-1a 所示；展开后的"绘图"面板如图 2-1b 所示。

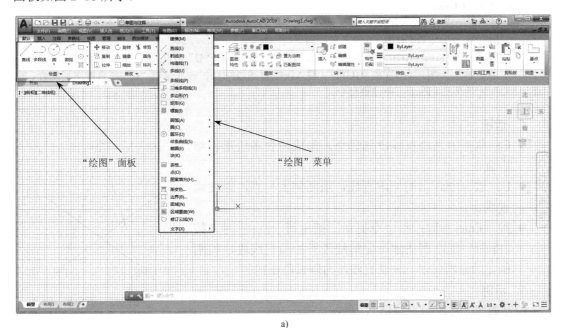

a)

b)

图 2-1 "绘图"菜单与"绘图"面板

a) "绘图"菜单 b) "绘图"面板

2.1 直线

为满足用户不同情况下的绘图需要，AutoCAD 提供有多种方式的直线绘制命令，主要有直线段、构造线、射线以及多线。

2.1.1 直线段

1. 命令

命令名：LINE（缩写名：L）。

菜单："绘图" → "直线"。

图标：✔。

2. 功能

绘制直线段、折线段或闭合多边形，其中每一线段均是一个独立的对象。

3. 格式

> 命令：**LINE**✓
>
> 指定第一点：（输入起点）
>
> 指定下一点或[放弃(U)]：（输入直线端点）
>
> 指定下一点或[放弃(U)]：（输入下一直线段端点、输入选项"U"放弃或按〈Enter〉键结束命令）
>
> 指定下一点或[闭合(C)/放弃(U)]：（输入下一直线段端点、输入选项"C"使直线图形闭合、输入选项"U"放弃或按〈Enter〉键结束命令）

4. 选项

- C：从当前点画直线段到起点，形成闭合多边形，结束命令。
- U：放弃刚画出的一段直线，退回到上一点，继续画直线。
- 按〈Enter〉键：在命令提示"指定第一点："时，按〈Enter〉键，则从刚画完的线段开始画直线段，如刚画完的是圆弧段，则新直线段与圆弧段相切。

5. 示例

绘制如图 2-2 所示五角星。

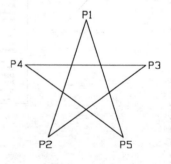

图 2-2 五角星

> 命令：**LINE**✓
>
> 指定第一点：**120,120**✓ （用绝对直角坐标指定 P1 点）
>
> 指定下一点或［放弃(U)]：**@ 80 < 252**✓ （用对 P1 点的相对极坐标指定 P2 点）
>
> 指定下一点或［放弃(U)]：**159.091,90.870**✓ （指定 P3 点）
>
> 指定下一点或［闭合(C)/放弃(U)]：**@80,0**✓ （输入了一个错误的 P4 点坐标）
>
> 指定下一点或［闭合(C)/放弃(U)]：**U**✓ （取消对 P4 点的输入）
>
> 指定下一点或［闭合(C)/放弃(U)]：**@-80,0**✓ （重新输入 P4 点）
>
> 指定下一点或［闭合(C)/放弃(U)]：**144.721,43.916**✓ （指定 P5 点）
>
> 指定下一点或［闭合(C)/放弃(U)]：**C**✓ （封闭五角星并结束"直线"命令）

2.1.2 构造线

1．命令

命令名：XLINE（缩写名：XL）。

菜单："绘图" → "构造线"。

图标：。

2．功能

创建过指定点的双向无限长直线，指定点称为根点，可用中点捕捉功能拾取该点。构造线模拟手工绘图中的辅助作图线，它们用特殊的线型显示，在绘图输出时可不输出，常用于辅助绘图。

3．格式及示例

命令: **XLINE**✓
指定点或 [水平(H)/垂直(V)/角度(A)/二等分(B)/偏移(O)]： （给出根点 1）
指定通过点： （给定通过点 2，画一条双向无限长直线）
指定通过点： （继续给点，继续画线，如图 2-3a 所示，按〈Enter〉键结束命令）

4．选项说明

● 水平（H）：给出通过点，画出水平线，如图 2-3b 所示。

● 垂直（V）：给出通过点，画出铅垂线，如图 2-3c 所示。

● 角度（A）：指定直线 1 和夹角 A 后，给出通过点，画出和直线 1 具有夹角 A 的参照线，如图 2-3d 所示。

● 二等分（B）：指定角顶点 1 和角的一个端点 2 后，指定另一个端点 3，则过顶点 1 画出∠213 的平分线，如图 2-3e 所示。

● 偏移（O）：指定直线 1 后，给出点 2，则通过点 2 画出直线 1 的平行线，如图 2-3f 所示，也可以指定偏移距离画平行线。

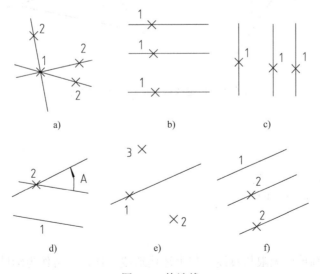

图 2-3 构造线

5．应用

下面介绍利用构造线进行辅助几何作图的两个例子。

1）图 2-4 所示为应用构造线作为辅助线绘制工程图中三视图的绘图示例，构造线的应用保证了三个视图之间"主俯视图长对正、主左视图高平齐、俯左视图宽相等"的对应关系。

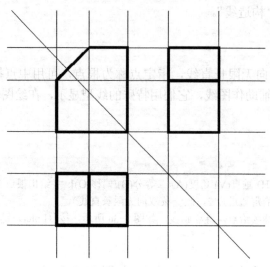

图 2-4　构造线在绘制三视图中的应用

2）图 2-5a 所示为用两条构造线求出矩形的中心点。

3）图 2-5b 所示为通过求出三角形 $\angle A$ 和 $\angle B$ 的两条平分线来确定其内切圆圆心 1。

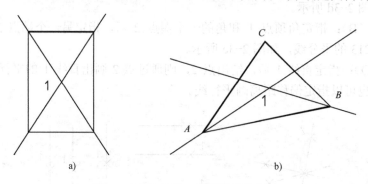

图 2-5　构造线在几何作图中的应用

2.1.3　射线

1．命令

命令名：RAY。

菜单："绘图" → "射线"。

图标：▱。

2．功能

通过指定点，画单向无限长直线，与上述构造线一样，通常作为辅助作图线。

3．格式

命令：**RAY**↙

指定起点:（给出起点）
指定通过点:（给出通过点,画出射线）
指定通过点:（过起点画出另一射线，按〈Enter〉键结束命令）

2.1.4　多线

1．命令

命令名：MLINE（缩写名：ML）。

菜单:"绘图"→"多线"。

图标：。

2．功能

创建多条平行线。

3．格式

命令: **MLINE**↙
当前设置: 对正 = 上，比例 = 20.00，样式 = STANDARD
指定起点或 [对正(J)/比例(S)/样式(ST)]:（给出起点或选项）
指定下一点:　　　　　（指定下一点，后续提示与画直线命令 LINE 相同）

4．选项说明

● 对正(J)：设置多线对正的方式，可从顶端对正、零点对正或底端对正中选择。

● 比例(S)：设置多线的比例。

● 样式(ST)：设置多线的绘制样式。多线的样式通过多线样式命令 MLSTYLE 从图 2-6a 所示"多线样式"对话框中定义（可定义的内容包括平行线的数量、线型、间距等）。图 2-6b 所示为用多线样式定义的一种 5 元素的多线。

a)

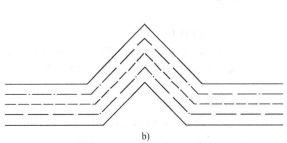

b)

图 2-6　"多线样式"对话框及多线示例

a)　"多线样式"对话框　b) 5 元素的多线

如图 2-7 所示建筑平面图中的墙体就是用多线命令绘制的。

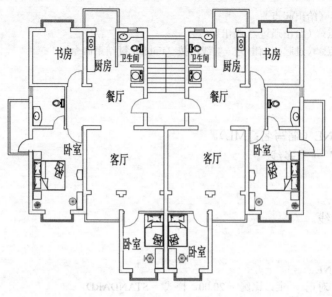

图 2-7　建筑平面图

2.2　圆和圆弧

为满足用户不同情况下的绘图需要，AutoCAD 通过"圆"和"圆弧"命令，可方便地实现不同参数给定方式下圆及圆弧的绘制。

2.2.1　圆

1. 命令

命令名：CIRCLE（缩写名：C）。

菜单："绘图"→"圆"。

图标： 。

2. 功能

画圆。

3. 格式

> 命令：CIRCLE↙
> 指定圆的圆心或 [三点(3P)/两点(2P)/切点、切点、半径(T)]：（给出圆心或选项）
> 指定圆的半径或 [直径(D)]：（给半径）

4. 使用菜单

在下拉菜单画圆的级联菜单中列出了 6 种画圆的方式，如图 2-8 所示，选择其中之一，即可按该选项说明的顺序与条件画圆。需要说明的是，其中的"相切、相切、相切"画圆方式只能从此下拉菜单中选取，而在工具栏及命令窗口中均无对应的图标和命令。

5. 示例

下面以绘制如图 2-9 所示图形为例说明不同画圆方式的绘图过程。

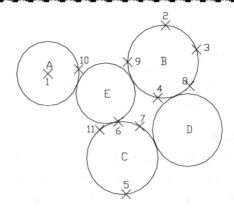

图 2-8 画圆的方式菜单 图 2-9 画圆示例

命令: CIRCLE✓
指定圆的圆心或 [三点(3P)/两点(2P)/ 切点、切点、半径(T)]: **150,160**✓ （点 1）
指定圆的半径或 [直径(D)]: **40** ✓ （画出 A 圆）
命令: **CIRCLE**✓
指定圆的圆心或 [三点(3P)/两点(2P)/ 切点、切点、半径(T)]: **3P**✓ （三点画圆方式）
指定圆上的第一点: **300,220**✓ （点 2）
指定圆上的第二点: **340,190**✓ （点 3）
指定圆上的第三点: **290,130**✓ （点 4）（画出 B 圆）
命令: **CIRCLE**✓
指定圆的圆心或 [三点(3P)/两点(2P)/ 切点、切点、半径(T)]: **2P** ✓ （两点画圆方式）
指定圆直径的第一个端点: **250,10**✓ （点 5）
指定圆直径的第二个端点: **240,100**✓ （点 6）（画出 C 圆）
命令: ✓
指定圆的圆心或 [三点(3P)/两点(2P)/ 切点、切点、半径(T)]: **T**✓ （相切、相切、半径画圆方式）
在对象上指定一点作圆的第一条切线: （在点 7 附近选中 C 圆）
在对象上指定一点作圆的第二条切线: （在点 8 附近选中 B 圆）
指定圆的半径: <45.2769>:**45**✓ （画出 D 圆）
（选取下拉菜单"绘图"→"圆"→"相切、相切、相切"）
命令: _circle 指定圆的圆心或 [三点(3P)/两点(2P)/ 切点、切点、半径(T)]: _3p
指定圆上的第一点: _tan 到 （在点 9 附近选中 B 圆）
指定圆上的第二点: _tan 到 （在点 10 附近选中 A 圆）
指定圆上的第三点: _tan 到 （在点 11 附近选中 C 圆）（画出 E 圆）

2.2.2 圆弧

1．命令
命令名：ARC（缩写名：A）。
菜单："绘图"→"圆弧"。
图标：
2．功能
画圆弧。

3．格式

> 命令: **ARC**↙
> 指定圆弧的起点或 [圆心(C)]: （给出起点）
> 指定圆弧的第二点或 [圆心(C)/端点(E)]: （给出第二点）
> 指定圆弧的端点: （给出端点）

4．使用菜单

在下拉菜单"圆弧"选项的级联菜单中，按给出画圆弧的条件与顺序的不同，列出了 11 种画圆弧的方式（图 2-10），选中其中一种，并按其顺序输入各项数据即可。说明如下（图 2-11）:

图标	方式
	三点
	起点，圆心，端点
	起点，圆心，角度
	起点，圆心，长度
	起点，端点，角度
	起点，端点，方向
	起点，端点，半径
	圆心，起点，端点
	圆心，起点，角度
	圆心，起点，长度
	连续

- 三点：给出起点（S）、第二点（2）、端点（E）画圆弧，如图 2-11a 所示。
- 起点（S）、圆心（C）、端点（E）：圆弧方向按逆时针，如图 2-11b 所示。
- 起点（S）、圆心（C）、角度（A）：圆心角（A）逆时针为正，顺时针为负，以度计量，如图 2-11c 所示。
- 起点（S）、圆心（C）、长度（L）：圆弧方向按逆时针，弦长度（L）为正画出劣弧（小于半圆），弦长度（L）为负画出优弧（大于半圆），如图 2-11d 所示。
- 起点（S）、端点（E）、角度（A）：圆心角（A）逆时针为正，顺时针为负，以度计量，如图 2-11e 所示。
- 起点（S）、端点（E）、方向（D）：方向（D）为起点处切线方向，如图 2-11f 所示。

图 2-10　画圆弧的方式菜单

- 起点（S）、端点（E）、半径（R）：半径（R）为正对应逆时针画圆弧，为负对应顺时针画圆弧，如图 2-11g 所示。
- 圆心（C）、起点（S）、端点（E）：按逆时针画圆弧，如图 2-11h 所示。
- 圆心（C）、起点（S）、角度（A）：圆心角（A）逆时针为正，顺时针为负，以度计量，如图 2-11i 所示。
- 圆心（C）、起点（S）、长度（L）：圆弧方向按逆时针，弦长度（L）为正画出劣弧（小于半圆），弦长度（L）为负画出优弧（大于半圆），如图 2-11j 所示。
- 继续：与上一线段相切，继续画圆弧段，仅提供端点即可，如图 2-11k 所示。

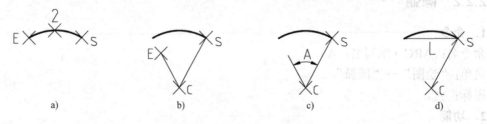

图 2-11　11 种画圆弧的方法

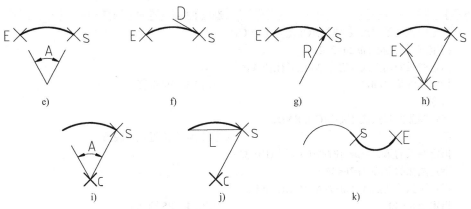

图 2-11　11 种画圆弧的方法（续）

5．示例

下面的例子是绘制由不同方位的圆弧组成的梅花图案，如图 2-12 所示，各段圆弧使用了不同的参数给定方式。为保证圆弧段间的首尾相接，绘图中使用了端点捕捉辅助工具，有关端点捕捉等辅助工具的详细介绍，请参见第 4 章。

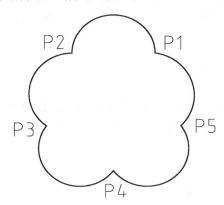

图 2-12　圆弧组成的梅花图案

```
命令: ARC↙
指定圆弧的起点或 [圆心(C)]: 140,110↙                    (P1 点)
指定圆弧的第二点或 [圆心(C)/端点(E)]: E↙
指定圆弧的端点: @40<180↙                               (P2 点)
指定圆弧的圆心或 [角度(A)/方向(D)/半径(R)]: R↙
指定圆弧半径: 20↙
命令: ↙                           (重复执行"圆弧"命令)
指定圆弧的起点或 [圆心(C)]: END↙
于                                 （选取 P2 点附近右上圆弧）
指定圆弧的第二点或 [圆心(C)/端点(E)]: E↙
指定圆弧的端点: @40<252↙                               (P3 点)
指定圆弧的圆心或 [角度(A)/方向(D)/半径(R)]: A↙
指定包含角: 180↙
命令: ↙
指定圆弧的起点或 [圆心(C)]: END↙
```

于　　　　　　　　　　　　　　　　　　　（选取 P3 点附近左上圆弧）

指定圆弧的第二点或 [圆心(C)/端点(E)]: **C**↙

指定圆弧的圆心: **@20<324**↙

指定圆弧的端点或 [角度(A)/弦长(L)]: **A**↙

指定包含角: **180**↙　　　　　　　　（画出 P3→P4 圆弧）

命令:↙

指定圆弧的起点或 [圆心(C)]: **END**↙

于　　　　　　　　　　　　　　　　　　　（选取 P4 点附近左下圆弧）

指定圆弧的第二点或 [圆心(C)/端点(E)]: **C**↙

指定圆弧的圆心: **@20<36**↙

指定圆弧的端点或 [角度(A)/弦长(L)]: **L**↙

指定弦长: **40**　　　　　　　　　　　（画出 P4→P5 圆弧）

命令:↙

指定圆弧的起点或 [圆心(C)]: **END**↙

于　　　　　　　　　　　　　　　　　　　（选取 P5 点附近右下圆弧）

指定圆弧的第二点或 [圆心(C)/端点(E)]: **E**↙

指定圆弧的端点: **END**↙

于　　　　　　　　　　　　　　　　　　　（选取 P1 点附近上方圆弧）

指定圆弧的圆心或 [角度(A)/方向(D)/半径(R)]: **D**↙

指定圆弧的起点切向: **@20,20**↙　　　（画出 P5→P1 圆弧）

2.3　多段线

　　多段线是 AutoCAD 提供的一种由直线与圆弧构成的组合对象，其可以独立定义线宽，每段起点、端点宽度可变，可用于绘制粗实线、箭头等。利用"编辑"（PEDIT）命令还可以将多段线拟合成曲线。

1．命令

命令名：PLINE（缩写名：PL）。

菜单："绘图" → "多段线"。

图标：⤶ 。

2．功能

绘制多段线。它可以由直线段、圆弧段组成，是一个组合对象。

3．格式

命令：**PLINE**↙

　　指定起点：（给出起点）

　　当前线宽为 0.0000

　　指定下一个点或 [圆弧(A)/半宽(H)/长度(L)/放弃(U)/宽度(W)]：（给出下一点或输入选项字母）

　　指定下一点或 [圆弧(A)/闭合(C)/半宽(H)/长度(L)/放弃(U)/宽度(W)] >：

4．选项

- H 或 W：定义线宽。
- C：用直线段闭合。
- U：放弃一次操作。

- L：确定直线段长度。
- A：转换成画圆弧段提示：

> 指定圆弧的端点或 [角度(A)/圆心(CE)/闭合(CL)/方向(D)/半宽(H)/直线(L)/半径(R)/第二个点(S)/放弃(U)/宽度(W)]：

直接给出圆弧端点，则此圆弧段与上一段圆弧或直线相切连接。选择"A""CE""D""R""S"等均不给出圆弧段的第二个参数，相应会提示第三个参数。选择"L"转换成画直线段提示。按〈Enter〉键结束命令。

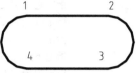

图 2-13　键槽轮廓图形

5．示例

【例 2-1】　用多段线绘制如图 2-13 所示线宽为 1mm 的键槽轮廓图形。

命令：**PLINE**↙
指定起点：260,110↙　　　　　　　　　　　　（点 1）
当前线宽为 0.0000
指定下一点或 [圆弧(A)/闭合(C)/半宽(H)/长度(L)/放弃(U)/宽度(W)]：W↙
指定起始宽度 <0.0000>：1↙
指定终止宽度 <1.0000>：↙
指定下一点或 [圆弧(A)/闭合(C)/半宽(H)/长度(L)/放弃(U)/宽度(W)]：@40,0↙　（点 2）
指定下一点或 [圆弧(A)/闭合(C)/半宽(H)/长度(L)/放弃(U)/宽度(W)]：A↙　（转换成画圆弧段）
指定圆弧的端点或
[角度(A)/圆心(CE)/闭合(CL)/方向(D)/半宽(H)/直线(L)/半径(R)/第二点(S)/
　放弃(U)/宽度(W)]：@0,-25↙　　　　　　　（点 3）
指定圆弧的端点或
[角度(A)/圆心(CE)/闭合(CL)/方向(D)/半宽(H)/直线(L)/半径(R)/第二个点(S)/
　放弃(U)/宽度(W)]：L↙
指定下一点或 [圆弧(A)/闭合(C)/半宽(H)/长度(L)/放弃(U)/宽度(W)]：@-40,0↙　（点 4）
指定下一点或 [圆弧(A)/闭合(C)/半宽(H)/长度(L)/放弃(U)/宽度(W)]：A↙
指定圆弧的端点或[角度(A)/圆心(CE)/闭合(CL)/方向(D)/半宽(H)/直线(L)/
　半径(R)/第二点(S)/放弃(U)/宽度(W)]：CL↙
命令：

【例 2-2】　用多段线绘制如图 2-14 所示符号。

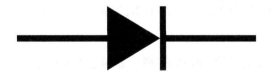

图 2-14　用多段线绘制符号

命令：**PLINE**↙
指定起点：**10,30**↙
当前线宽为 0.0000
指定下一点或 [圆弧(A)/闭合(C)/半宽(H)/长度(L)/放弃(U)/宽度(W)]：**W**↙

指定起始宽度 <0.0000>: **1**↙

指定终止宽度 <1.0000>: ↙

指定下一点或 [圆弧(A)/闭合(C)/半宽(H)/长度(L)/放弃(U)/宽度(W)]: **@15,0**↙

指定下一点或 [圆弧(A)/闭合(C)/半宽(H)/长度(L)/放弃(U)/宽度(W)]: **W**↙

指定起始宽度 <0.0000>: **10**↙

指定终止宽度 <10.0000>: **0**↙

指定下一点或 [圆弧(A)/闭合(C)/半宽(H)/长度(L)/放弃(U)/宽度(W)]: **@8.66,0**↙

指定下一点或 [圆弧(A)/闭合(C)/半宽(H)/长度(L)/放弃(U)/宽度(W)]: **W**↙

指定起始宽度 <0.0000>: **10**↙

指定终止宽度 <10.0000>:↙

指定下一点或 [圆弧(A)/闭合(C)/半宽(H)/长度(L)/放弃(U)/宽度(W)]: **@1,0**↙

指定下一点或 [圆弧(A)/闭合(C)/半宽(H)/长度(L)/放弃(U)/宽度(W)]: **W**↙

指定起始宽度 <10.0000>: **1**↙

指定终止宽度 <1.0000>:↙

指定下一点或 [圆弧(A)/闭合(C)/半宽(H)/长度(L)/放弃(U)/宽度(W)]: **@15,0**↙

指定下一点或 [圆弧(A)/闭合(C)/半宽(H)/长度(L)/放弃(U)/宽度(W)]: ↙

命令:

2.4　平面图形

AutoCAD 提供了一组绘制简单平面图形的命令，它们都由多段线创建而成。

2.4.1　矩形

1. 命令

命令名：　　　　RECTANG（缩写名：REC）。

菜单："绘图"→"矩形"。

图标：▢。

2. 功能

画矩形，底边与 x 轴平行，可带倒角、圆角等。

3. 格式

命令: **RECTANG**↙

指定第一个角点或 [倒角(C)/标高(E)/圆角(F)/厚度(T)/宽度(W)]: （给出角点 1）

指定另一个角点或 [尺寸(D)]: （给出角点 2，如图 2-15a 所示）

4. 选项说明

● C：指定倒角距离，绘制带倒角的矩形，如图 2-15b 所示。

● E：指定矩形标高（z 坐标），即把矩形画在标高为 z，和 xoy 坐标面平行的平面上，并作为后续矩形的标高值。

● F：指定圆角半径，绘制带圆角的矩形，如图 2-15c 所示。

● T：指定矩形的厚度。

● W：指定线宽，如图 2-15d 所示。

● D：指定矩形的长度和宽度数值。

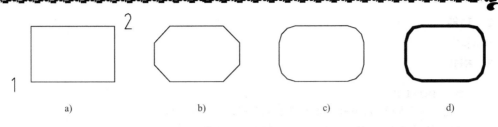

图 2-15 画矩形

2.4.2 正多边形

1．命令

命令名：POLYGON（缩写名：POL）。

菜单："绘图"→"正多边形"。

图标：□。

2．功能

画正多边形，边数 3～1024，初始线宽为 0，可用 PEDIT 命令修改线宽。

3．格式与示例

> 命令: **POLYGON✓**
> 输入侧面数 <4>:6✓ （给出边数 6）
> 指定正多边形的中心点或 [边(E)]: （给出中心点 1）
> 输入选项 [内接于圆(I)/外切于圆(C)] <I>:✓ （选内接于圆，如图 2-16a 所示，如选外切于圆，如图 2-16b 所示）；
> 指定圆的半径: （给出半径）

4．说明

选项 "E" 指提供一个边的起点 1、端点 2，AutoCAD 按逆时针方向创建该正多边形，如图 2-16c 所示。

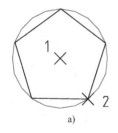 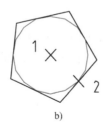

图 2-16 画正多边形

2.4.3 圆环

1．命令

命令名：DONUT（缩写名：DO）。

菜单："绘图"→"圆环"。

图标：◎。

2. 功能

画圆环。

3. 格式

命令: **DONUT**✓
指定圆环的内径 <0.5000>: (输入圆环内径或按〈Enter〉键)
指定圆环的外径 <1.0000>: (输入圆环外径或按〈Enter〉键)
指定圆环的中心点或 <退出>:（可连续画，按〈Enter〉键结束命令，如图 2-17a 所示）

4. 说明

如内径为零，则画出实心填充圆，如图 2-17b 所示。

a)   b)

图 2-17 画圆环

a) 圆环 b) 实心填充图

2.4.4 椭圆

1. 命令

命令名：ELLIPSE（缩写名：EL）。

菜单："绘图" → "椭圆"。

图标：　。

2. 功能

画椭圆，当系统变量 PELLIPSE 为 1 时，画由多段线拟合成的近似椭圆，当系统变量 PELLIPSE 为 0（默认值）时，创建真正的椭圆，并可画椭圆弧。

3. 格式

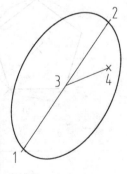

命令: **ELLIPSE**✓
指定椭圆的轴端点或 [圆弧(A)/中心点(C)]：（给出轴端点 1，如图 2-18 所示）
指定轴的另一个端点：（给出轴端点 2）
指定另一条半轴长度或 [旋转(R)]：（给出另一半轴的长度3→4，画出椭圆）

图 2-18 椭圆

2.5 点类命令

为满足用户不同情况下的绘图需要，AutoCAD 提供有多种方式的点绘制命令，主要有点、定数等分点、定距等分点等。

2.5.1　点

1．命令

命令名：POINT（缩写名：PO）。

菜单："绘图"→"点"→"单点"或"多点"。

图标：。

2．格式

> 命令: **POINT**↙
> 当前点模式: PDMODE=0　PDSIZE=0.0000
> 指定点: (给出点所在位置)
> 命令:

3．说明

- 单点只输入一个点，多点可输入多个点。
- 点在图形中的表示样式，共有 20 种。可通过命令 DDPTYPE 或拾取菜单："格式"→"点样式"，从弹出的"点样式"对话框中进行设置，如图 2-19 所示。

2.5.2　定数等分点

1．命令

命令名：DIVIDE（缩写名：DIV）。

菜单："绘图"→"点"→"定数等分"。

图标：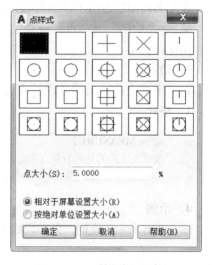。

2．功能

在指定线（直线、圆、圆弧、椭圆、椭圆弧、多段线和样条曲线）上，按给出的等分段数，设置等分点。

图 2-19　"点样式"对话框

3．格式

> 命令: **DIVIDE**↙
> 选择要定数等分的对象: (指定直线、圆、圆弧、椭圆、椭圆弧、多段线和样条曲线等等分对象)
> 输入线段数目或 [块(B)]: (输入等分的段数,或选择"B"选项在等分点插入图块)

4．说明

- 等分数范围 2～32767。
- 在等分点处，按当前点样式设置画出等分点。
- 在等分点处也可以插入指定的块（BLOCK）（关于块的概念及操作见第 6 章）。
- 图 2-20a 所示为在一多段线上设置等分点（分段数为 6）的示例。

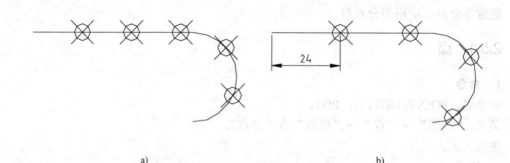

a)   b)

图 2-20   定数等分点和定距等分点

a) 定数等分点 b) 定距等分点

2.5.3 定距等分点

1. 命令

命令名：MEASURE（缩写名：ME）。

菜单："绘图"→"点"→"定距等分"。

图标：⬛。

2. 功能

在指定线上按给出的分段长度放置点。

3. 格式

> 命令: **MEASURE**✓
> 选择要定距等分的对象: (指定直线、圆、圆弧、椭圆、椭圆弧、多段线和样条曲线等等分对象)
> 指定线段长度或 [块(B)]: （指定距离或输入"B"）

4. 示例

图 2-20b 所示为在同一条多段线上放置点，分段长度为 24，测量起点在直线的左端点处。

2.6 样条曲线

样条曲线广泛应用于曲线、曲面造型领域，AutoCAD 使用 NURBS（非均匀有理 B 样条）来创建样条曲线。

1. 命令

命令名：SPLINE（缩写名：SPL）。

菜单："绘图"→"样条曲线"。

图标：⬛（拟合点）、⬛（控制点）。

2. 功能

创建经过或靠近一组拟合点或由控制框的顶点定义的平滑曲线。

3. 格式

> 命令: **SPLINE**✓
> 当前设置: 方式=拟合   节点=弦

| 指定第一个点或 [方式(M)/节点(K)/对象(O)]:　（输入第 1 点） |
| 输入下一个点或 [起点切向(T)/公差(L)]:　（输入第 2 点，这些输入点称样条曲线的拟合点） |
| 输入下一个点或 [端点相切(T)/公差(L)/放弃(U)]:　（输入第 3 点） |
| 输入下一个点或 [端点相切(T)/公差(L)/放弃(U)/闭合(C)]:　（输入点或按〈Enter〉键，结束点输入） |

4．选项说明

- 方式（M）：控制是使用拟合点（F）还是使用控制点（CV）来创建样条曲线。
- 节点（K）：指定节点参数化的形式。它是一种计算方法，用来确定样条曲线中连续拟合点之间部分的曲线如何过渡。包括"弦""平方根"以及"统一"3 种方式。
- 对象（O）：要求选择一条用 PEDIT 命令创建的样条拟合多段线，把它转换为真正的样条曲线。
- 起点或端点相切(T)：指定在样条曲线起点或终点的相切条件。
- 公差（L）：控制样条曲线偏离拟合点的状态，默认值为零，样条曲线严格地经过拟合点。拟合公差越大，曲线对拟合点的偏离越大。利用拟合公差可使样条曲线偏离波动较大的一组拟合点，从而获得较平滑的样条曲线。

图 2-21a 所示为输入拟合点 1、2、3、4、5，生成的样条曲线，图 2-21b 所示为输入控制点 1、2、3、4、5，生成的样条曲线。

图 2-22 所示为输入拟合点 1、2、3、4、5，生成的闭合样条曲线。

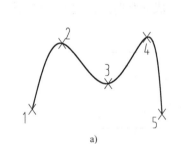

图 2-21　样条曲线和拟合点及控制点　　　图 2-22　闭合样条曲线

2.7　图案填充

AutoCAD 的"图案填充"（HATCH）命令可用于绘制剖面符号或剖面线，表现表面纹理或涂色，应用在绘制机械图、建筑图、地质构造图等各类图样中。

1．命令

命令名：HATCH（缩写名：H、BH；命令名：-HATCH 用于命令窗口）。

菜单："绘图"→"图案填充"。

图标：▨。

2．功能

用对话框操作，实施图案填充，包括：

- 选择图案类型，调整有关参数。
- 选定填充区域，自动生成填充边界。

- 选择填充样式。
- 控制关联性。
- 预视填充结果。

3．对话框及其操作说明

启动"图案填充"命令后，出现如图 2-23 所示图案填充功能区。

图 2-23　图案填充功能区

其主要面板选项及操作说明如下：

（1）"边界"面板

可采取不同的方式指定欲填充图案区域的边界。

- "拾取点"按钮：提示用户在图案填充边界内任选一点，系统按一定方式自动搜索，从而生成封闭边界。其提示为：

> 拾取内部点或 [选择对象(S)/删除边界(B)]：（拾取一内点）
> 选择内部点：（按〈Enter〉键结束选择或继续拾取另一区域内点，或输入"U"取消上一次选择）

图 2-24a 所示为拾取区域内点，图 2-24b 所示为显示自动生成的临时封闭边界（包括检测到的孤岛），图 2-24c 所示为填充的结果。

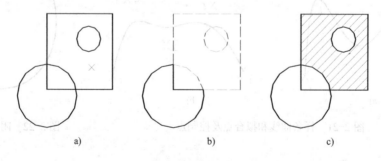

图 2-24　填充边界的自动生成

- "选择"按钮：用选对象的方法确定填充边界。

（2）"图案"面板

设置欲填充的图案形式。其中的"SOLID"为实心填充；"ANSI31"为倾斜 45°的剖面线。上下拖动右侧的滚动条，可以显示系统提供的众多图案。

（3）"特性"面板

可设置图案的类型、方向以及疏密程度。

- "图案"：选择大的图案类型，可在"实体""渐变色""图案"以及"用户定义"之间选择。当选用"用户定义"类型的图案时，可用"间距"项控制平行线的间隔，用"角度"项控制平行线的倾角。
- "角度"：填充图案与水平方向的倾斜角度。
- "比例"：　填充图案的比例。

（4）"原点"面板

控制填充图案生成的起始位置。 某些图案填充（如砖块图案）需要与图案填充边界上的一点对齐，在剖视图中采用"剖中剖"时，可通过改变图案填充原点的方法使剖面线错开。默认情况下，所有图案填充原点都对应于当前的 UCS 原点。

（5）"选项"面板

● "关联"按钮：默认设置为生成关联图案填充，即图案填充区域与填充边界是关联的。

● "特性匹配"按钮：在图案填充时，通过匹配选项，可选择图上一个已有的图案填充来继承它的图案类型和有关的特性设置。

填充图案按当前设置的颜色和线型绘制。

4．操作过程

图案填充的操作过程如下：

1）设置用于图案填充的图层为当前层。

2）启动 HATCH 命令，显示图 2-23 所示的图案填充功能区。

3）确认或修改"选项"组中"关联"及"不关联"间的设置。

4）选择图案填充类型，并根据所选类型设置图案特性参数，也可用"继承特性"选项，继承已画的某个图案填充对象。

5）通过"拾取点"或"拾取对象"的方式定义图案填充边界。

6）必要时，可预览图案填充效果，若不满意，可返回调整相关参数。

7）单击"确定"按钮，绘制图案填充。

8）由于图案填充的关联性，为了便于事后的图案填充编辑，在每次执行"图案填充"命令时，最好只选一个或一组相关的图案填充区域。

5．应用

【例 2-3】 完成如图 2-25a 所示的错开的剖面线的图案填充。

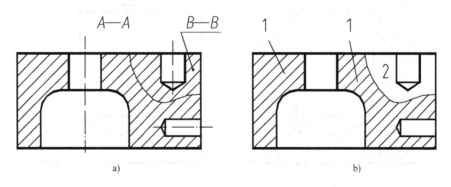

图 2-25 错开的剖面线

操作步骤如下：

1）关闭画中心线的图层，并选图案填充层为当前层。

2）启动"图案填充"命令，图案填充"类型"选"预定义"，"图案"选"ANSI31"，"角度"选"0"，"间距"项选"4"（mm）。

3）在填充"边界"框中，选取"添加：拾取点"项，如图 2-25b 所示，在 1 处拾取两个内点，再返回"图案填充和渐变色"对话框。

4）预览并应用，完成 *A—A* 的剖面线（表示金属材料）。

5）为使 *B—B* 剖面的剖面线和 *A—A* 的剖面线特性相同而剖面线错开，可将"图案填充原点"改为"指定的原点"，单击"单击以设置新原点"按钮，在 *B—B* 剖面区域指定与 *A—A* 剖面剖面线错开的一点。

6）重复"图案填充"命令，图案填充类型、特性的设置同上。

7）填充边界通过内点 2 指定。

8）预览并应用，完成 *B—B* 剖面的剖面线。

9）打开画中心线的图层，完成结果如图 2-25a 所示。

【例 2-4】 由图 2-26b 完成如图 2-26a 所示螺纹孔的剖视图。

对于螺纹孔，遵照国标规定，剖面线要画到螺纹小径处。另外，如图 2-26a 所示的剖面线部分边界不封闭，为此可按如下操作步骤进行：

1）关闭画中心线 1 的图层及画螺纹大径 2 的图层，并在辅助作图层上画封闭线 3，如图 2-26b 所示。也可先用"添加：选择对象"方式选中全部图形对象，然后单击"删除边界"按钮，把中心线 1 和大径 2 等扣除在构造选择集之外。

2）设图案填充层为当前层，启动 HATCH 命令。

3）图案填充"类型"选"预定义"，"图案"选"ANSI31"，"角度"选"90"，"间距"项选"4"（mm）。

4）在填充"边界"框中，选择"添加：拾取点"项，如图 2-26b 所示，在 4 处拾取一个内点，再返回"图案填充和渐变色"对话框。

5）预览并应用，画剖面线。

6）打开画中心线 1 及画螺纹大径 2 的图层，关闭或删除辅助作图层，完成后如图 2-26a 所示。

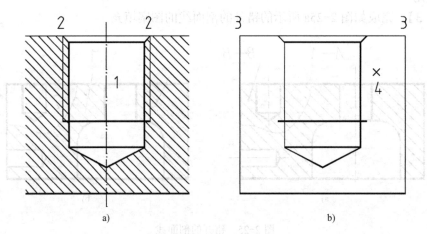

图 2-26 螺纹孔的剖面线

2.8 AutoCAD 绘图的一般过程

前面各节介绍了绘制二维图形的基本命令和方法，各个命令在使用的过程中还有很多技巧，需要读者在不断的绘图实践中去领会。对于复杂图形，绘图命令与第 3 章介绍的编辑命令结合使用会更好。有些命令（如徒手线 SKETCH、实体图形 SOLID、轨迹线 TRACK、修订云线 REVCLOUD、创建表格 TABLE 等）一般较少使用，本书未作介绍，感兴趣的读者可参阅 AutoCAD 的在线帮助文档。

完成一个 AutoCAD 作业，需要综合应用各类 AutoCAD 命令，现简述如下，在后面的章节中将继续对用到的各类命令作详细介绍。

1）利用设置类命令，设置绘图环境，如单位、捕捉、栅格等（详见第 4 章）。

2）利用绘图类命令，绘制图形对象。

3）利用修改类命令，编辑与修改图形，如用"删除"（Erase）命令，擦去已画的图形，用"放弃"（U）命令，取消上一次命令的操作等（详见第 3 章）。

4）利用视图类命令及时调整屏幕显示，如"缩放"（Zoom）命令和"平移"（Pan）命令等（详见第 4 章 4.4 节）。

5）利用文件类命令创建、保存或打印图形。

2.9　思考题

一、选择题

1. 下列画圆方式中，有一种只能从"绘图"下拉菜单中选取，它是（　　）。

    A．圆心、半径　　　　　　　　B．圆心、直径

    C．2 点　　　　　　　　　　　D．3 点

    E．相切、相切、半径　　　　　F．相切、相切、相切

2. 下列有两个命令常用于绘制作图辅助线，它们是（　　）。

    A．CIRCLE　　　　　　B．LINE　　　　　　　　C．RAY

    D．XLINE　　　　　　E．MLINE

3. 下列画圆弧方式中，无效的方式是（　　）。

    A．起点、圆心、终点　　　　　B．起点、圆心、方向

    C．圆心、起点、长度　　　　　D．起点、终点、半径

4. 进行图案填充的步骤有（　　）。

    A．选择填充图案

    B．指定填充区域

    C．预览填充效果

    D．调整比例、角度等参数

    E．确定填充

    F．以上全部

二、填空题

1. 分析如图 2-27 所示机械图形的组成，在横线上填写出绘制箭头所指图形元素所用的 AutoCAD 绘图命令。

2. 使用"多段线"（PLINE）命令绘制的折线段和用"直线"（LINE）命令绘制的折线段 ＿＿＿＿（完全、不）等效。前者是＿＿＿个图形对

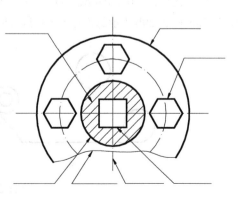

图 2-27　机械图形

象，后者是____个图形对象。

三、简答题

1. 分析绘制如图 2-28 所示图形需用到的绘图命令。

2. 简述为指定区域填充剖面线的方法和步骤。如何实现如图 2-29 所示螺栓联接装配图绘制中相邻零件剖面线倾斜方向相反或间隔不等的图案填充？

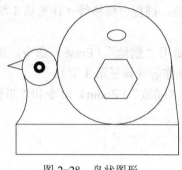

图 2-28　鸟状图形

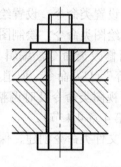

图 2-29　螺栓联接图

2.10　上机练习

1. 上机完成本章所给各绘图示例。

2. 根据所作分析上机绘制如图 2-27 所示图形（示意性绘出即可，线型、尺寸和准确位置不做要求）。

3. 上机绘制如图 2-28 所示鸟状图形。

提示

左边小圆用 CIRCLE 命令的"圆心、半径"方式绘制，圆内圆环用 DOUNT 命令绘制，下面的矩形用 RECTANGLE 命令绘制，右边的大圆用 CIRCLE 命令的"相切、相切、半径"方式绘制，大圆内的椭圆和正六边形分别用 ELLESHE 和 POLIGON 命令绘制，左边的圆弧用 ARC 命令的"起点、终点、半径"方式绘制，左上折线用 LINE 命令绘制。用鼠标绘图即可，尺寸不作要求。

4*. 选用适当的 AutoCAD 绘图命令在如图 2-30a 和图 2-31a 所示的基础上，绘制出图 2-28b 和 2-29b（示意性绘出即可，线型和准确位置不做要求）。

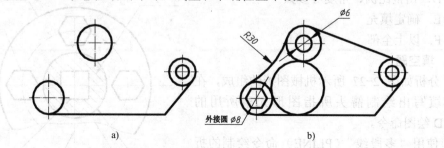

a)　　　　　　　　　　　　　　　b)

图 2-30　相切图形

中间的大圆需通过菜单命令"绘图"→"圆"→"相切、相切、相切（T）"绘制。

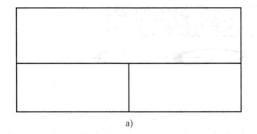

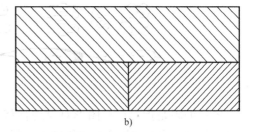

图 2-31　剖面线

填充图案 ANSI31，上边部分的角度设置为 90°，比例为 0.5；左下部分的角度设置为 90°，比例为 0.3；右下部分的角度设置为 0°，比例为 0.3。

5. 绘制如图 2-32 所示田间小房，并为前墙、房顶及窗户赋以不同的填充图案。

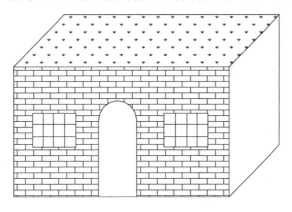

图 2-32　田间小房

在绘制田间小房时，前墙填以"预定义"墙砖（AR-BRSTD）图案，房顶填以"预定义"草地（GRASS）图案，窗户的窗棂使用"用户定义"（0°，双向）图案在窗户区域内填充生成。

6. 使用"样条曲线"命令设计一工程或趣味图形并上机绘制。

图形编辑是指对已有图形对象进行移动、旋转、缩放、复制、删除及其他修改操作。它可以帮助用户合理构造与组织图形，保证作图的准确度，减少重复的绘图操作，从而提高设计与绘图效率。本章将介绍有关图形编辑的菜单、工具栏及二维图形编辑命令。

AutoCAD 2019 的图形编辑命令集中放在"修改"菜单中，有关图标集中在功能区"默认"选项卡下的"修改"面板中，如图 3-1a 所示；展开后的"修改"面板如图 3-1b 所示。

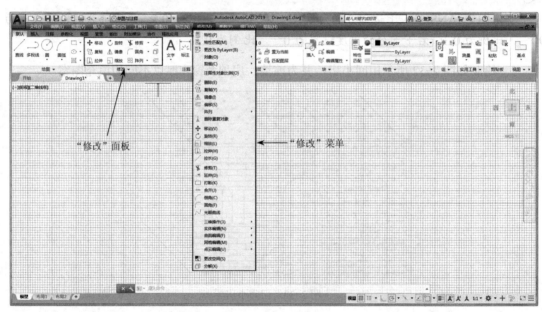

a)

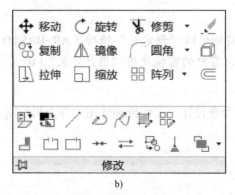

b)

图 3-1 "修改"菜单和"修改"面板

a) "修改"菜单 b) "修改"面板

3.1　构造选择集

编辑命令一般分两步进行：

1）在已有的图形中选择编辑对象，即构造选择集。

2）对选择集实施编辑操作。

1．构造选择集的操作

启动任意一编辑命令后，大多出现的提示为：

> 选择对象：

即开始了构造选择集的过程。在选择过程中，选中的对象醒目显示（即改用虚线显示），表示已加入选择集。AutoCAD 提供了多种选择对象及操作的方法，列举如下：

- 直接拾取对象：拾取到的对象醒目显示。
- M：可以多次直接拾取对象，该过程按〈Enter〉键结束，此时所有拾取到的对象醒目显示。
- L：选取最后画出的对象，它自动醒目显示。
- ALL：选择图中的全部对象（在冻结或加锁图层中的除外）。
- W："窗口"方式。选择全部位于窗口内的所有对象。
- C："窗交"方式。即除选择全部位于窗口内的所有对象外，还包括与窗口 4 条边界相交的所有对象。
- BOX：窗口或窗交方式。当拾取窗口的第一角点后，如用户选择的另一角点在第一角点的右侧，则按"窗口"方式选择对象，如在左侧，则按"窗交"方式选择对象。
- WP："圈围"方式。即构造一个任意的封闭多边形，在圈内的所有对象均被选中。
- CP："圈交"方式。即圈内及和多边形边界相交的所有对象均被选中。
- F："栏选"方式。即画一条多段折线，像一个栅栏，与多段折线各边相交的所有对象均被选中。
- P：选择上一次生成的选择集。
- SI：选中一个对象后，自动进入后续编辑操作。
- AU：自动打开"窗口"方式。当用光标拾取一点并未拾取到对象时，系统自动把该点作为开窗口的第一角点，并按 BOX 方式选用窗口或窗交方式。
- R：把构造选择集的加入模式转换为从已选中的对象中移出对象的删除模式，其提示转化为：

> 删除对象：

在该提示下，也可使用直接拾取对象、开窗口等多种选取对象方式。

- A：把删除模式转化为加入模式，其提示恢复为：

> 选择对象：

- U：放弃前一次选择操作。
- 按〈Enter〉键：在"选择对象："或"删除对象："提示下，按〈Enter〉键响应，就完成构造选择集的过程，可对该选择集进行后续的编辑操作。

2. 示例

在当前屏幕上已绘有如图 3-2 所示两段圆弧和两条直线，现欲对其中的部分图形进行删除操作，则首先应指定要删除的图形对象，即构造选择集，然后才能对选中的部分执行删除操作。

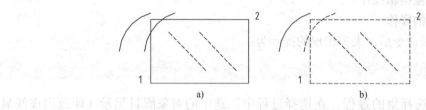

图 3-2 "窗口"方式和"窗交"方式

命令: **ERASE**↙	（删除图形命令）
选择对象: **W**↙	（选"窗口"方式）
指定第一个角点:	（单击点 1）
指定对角点:	（单击点 2）
找到 2 个	（选中部分变虚线显示，如图 3-2a 所示）
选择对象: ↙	（按〈Enter〉键，结束选择过程，删去选定的直线）

在上面构造选择集的操作中，如选择"窗交"方式"C"，则和窗口边界相交的一条圆弧（图 3-2b），也会被删除。

3. 说明

● 在"选择对象"提示下，如果输入错误信息，则系统出现下列提示：

> 需要点或
> 窗口(W)/上一个(L)/窗交(C)/框(BOX)/全部(ALL)/栏选(F)/圈围(WP)/圈交(CP)/编组(G)/添加(A)/删除(R)/多个(M)/上一个(P)/放弃(U)/自动(AU)/单个(SI)/子对象/对象
> 选择对象:

系统用列出所有选择对象方式的信息来引导用户正确操作。

● AutoCAD 允许用名词/动词方式进行编辑操作，即可以先用拾取对象、开窗口等方式构造选择集，然后再启动某一编辑命令。

● 有关选择对象操作的设置，可由 "对象选择设置"（Ddselect）命令控制。

● AutoCAD 提供一个专用于构造选择集的命令："选择"（SELECT）。

● AutoCAD 提供"对象编组"（Group）命令来构造和处理命名的选择集。

● AutoCAD 提供"对象选择过滤器"（Filter）命令来指定对象过滤的条件，用于创造合适的选择集。

● 对于重合的对象，在选择对象时同时按〈Ctrl〉键，则进入循环选择，可以决定所选的对象。

选择集模式的控制集中于"选项"对话框中"选择集"选项卡下的"选择集模式"选项组内，具体如图 3-3 所示。用户可按自己的需要设置构造选择集的模式。显示"选项"对话框的方法为：选择菜单"工具"→"选项"。

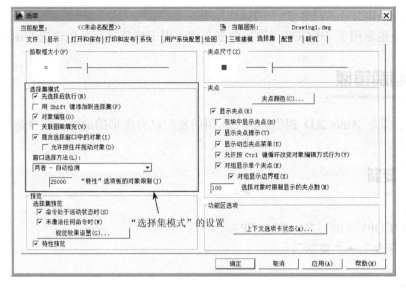

图 3-3　"选择集"选项卡

3.2　删除和恢复

"删除"和"恢复"命令是 AutoCAD 提供的一对互逆的命令，前者是将当前图形中已有的图形对象删去，而后者是将已用"删除"命令删去的图形对象再次恢复到当前图形中。

3.2.1　删除

1．命令

命令：ERASE（缩写名：E）。

菜单："修改"→"删除"。

图标：。

2．格式

命令：ERASE✓

选择对象：（选择对象，如图 3-2 所示）

选择对象：✓（按〈Enter〉键，删除所选对象）

3.2.2　恢复

1．命令

命令：OOPS。

2．功能

恢复上一次用 ERASE 命令所删除的对象。

3．说明

● OOPS 命令只对上一次 ERASE 命令有效，如依次执行了 ERASE→LINE→ARC→LAYER 操作后，再用 OOPS 命令，则只恢复 ERASE 命令删除的对象，而不影响

LINE、ARC、LAYER 命令的操作结果。
- 本命令也常用于 BLOCK（块）命令之后，用于恢复建块后所消失的图形。

3.3 复制和镜像

复制和镜像是 AutoCAD 提供的两个常用的复制已有图形的命令，前者是平移复制，后者是对称复制。

3.3.1 复制

1. 命令

命令名：COPY（缩写名：CO、CP）。

菜单："修改" → "复制"。

图标：

2. 功能

复制选定对象，可做多重复制。

3. 格式及示例

命令: **COPY**✓
选择对象: （构造选择集，如图 3-4 所示选择圆）
找到 1 个
选择对象:✓   （按〈Enter〉键，结束选择）
指定基点或位移，或者 [重复(M)]: （指定基点 A）
指定位移的第二点或 <用第一点作位移>: （位移点 B，该圆按矢量 $\overline{AB}$ 复制到新位置）
指定位移的第二点或 <用第一点作位移>:✓   （按〈Enter〉键，结束复制命令）
（若此处不按〈Enter〉键而继续指定点，则可进行多重复制）
指定位移的第二点或 <用第一点作位移>: （B 点）
指定位移的第二点或 <用第一点作位移>: （C 点）
指定位移的第二点或 <用第一点作位移>: （按〈Enter〉键）

所选圆按矢量 $\overline{AB}$、$\overline{AC}$ 复制到两个新位置，如图 3-5 所示。

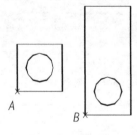

图 3-4　复制对象

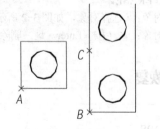

图 3-5　多重复制对象

4. 说明

- 在单个复制时，如对提示"位移第二点:"按〈Enter〉键响应，则系统认为 A 点是位移点，基点为坐标系原点 O（0,0,0），即按矢量 $\overline{OA}$ 复制。
- 基点与位移点可用光标定位、坐标值定位，也可利用对象捕捉功能来准确定位。

3.3.2 镜像

1．命令

命令名：MIRROR（缩写名：MI）。

菜单："修改"→"镜像"。

图标：。

2．功能

用轴对称方式对指定对象做镜像，该轴称为镜像线，镜像时可删去原图形，也可以保留原图形（镜像复制）。

3．格式及示例

如图 3-6 所示，欲将左下图形和 ABC 字符相对 AB 直线镜像出右上图形和字符，则操作过程如下：

> 命令: **MIRROR**✓
>
> 选择对象：（构造选择集，选中如图 3-6 所示左下图形和"ABC"字符）
>
> 选择对象：✓（按〈Enter〉键，结束选择）
>
> 指定镜像线的第一点：（指定镜像线上的一点，如 A 点）
>
> 指定镜像线的第二点：（指定镜像线上的另一点，如 B 点）
>
> 要删除源对象吗？[是(Y)/否(N)] <N>:✓（按〈Enter〉键，不删除原图形）

4．说明

在镜像时，镜像线是一条临时的参照线，镜像后不保留。

如图 3-6 所示，文本做了完全镜像，镜像后文本变为反写和倒排，使文本不便阅读。如在调用"镜像"命令前，把系统变量 MIRRTEXT 的值设置为"0"（off），则镜像时对文本只做文本框的镜像，而文本仍然可读，此时的镜像结果如图 3-7 所示。

图 3-6　文本完全镜像

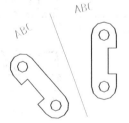

图 3-7　文本可读镜像

3.4　阵列和偏移

阵列和偏移是 AutoCAD 提供的两个常用的规律性复制图形的命令，阵列又分矩形和环形分布多个复制图形。

3.4.1　矩形阵列

1．命令

命令名：ARRAYRECT。

菜单:"修改"→"阵列"→"矩形阵列"。

图标:⊞。

2．功能

对选定对象做矩形阵列式复制。

矩形阵列的含义如图 3-8 所示,是指将所选定的图形对象(如图 3-8a 中所示的 1)按指定的行数、列数复制为多个。

3．格式及示例

命令:**ARRAYRECT**✓

选择对象:(选取如图 3-8a 所示最左边 1 处的扶手椅)

找到 1 个

选择对象:✓

类型 = 矩形　关联 = 是

选择夹点以编辑阵列或 [关联(AS)/基点(B)/计数(COU)/间距(S)/列数(COL)/行数(R)/层数(L)/退出(X)] <退出>: **R**✓

输入行数或 [表达式(E)] <3>: **2**✓

指定 行数 之间的距离或 [总计(T)/表达式(E)] <377.8634>: (输入行间距数值)

指定 行数 之间的标高增量或 [表达式(E)] <0>:✓

选择夹点以编辑阵列或 [关联(AS)/基点(B)/计数(COU)/间距(S)/列数(COL)/行数(R)/层数(L)/退出(X)] <退出>: **COL**✓

输入列数或 [表达式(E)] <4>: 4

指定 列数 之间的距离或 [总计(T)/表达式(E)] <769.582>: (输入列间距数值)

选择夹点以编辑阵列或 [关联(AS)/基点(B)/计数(COU)/间距(S)/列数(COL)/行数(R)/层数(L)/退出(X)] <退出>:

阵列结果如图 3-8b 所示。图 3-9 所示为对三角形 A 进行两行、三列矩形阵列的结果。

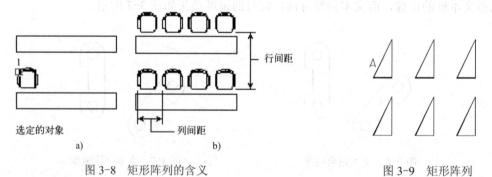

选定的对象   列间距   行间距

a)   b)

图 3-8　矩形阵列的含义   图 3-9　矩形阵列

3.4.2 环形阵列

1．命令

命令名:ARRAYPOLAR。

菜单:"修改"→"阵列"→"环形阵列"。

图标:▦。

2．功能

对选定对象做环形阵列式复制。

环形阵列的含义如图 3-10 所示，是指将所选定的图形对象（如图 3-10a 中所示的 1）绕指定的中心点（如图 3-10b 中所示的 2）旋转复制为多个。

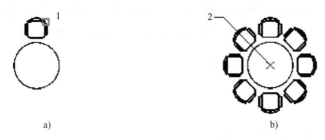

图 3-10　环形阵列的含义

3．格式及示例

命令：**ARRAYPOLAR**↙

选择对象：（选择图 3-10a 中所示的扶手椅 1）

找到 1 个

选择对象：↙

类型 = 极轴　关联 = 是

指定阵列的中心点或 [基点(B)/旋转轴(A)]：（捕捉如图 3-10b 所示的中心点 2）

选择夹点以编辑阵列或 [关联(AS)/基点(B)/项目(I)/项目间角度(A)/填充角度(F)/行(ROW)/层(L)/旋转项目(ROT)/退出(X)] <退出>：**F**↙（指定阵列的角度范围）

指定填充角度(+=逆时针、-=顺时针)或 [表达式(EX)] <360>：↙

选择夹点以编辑阵列或 [关联(AS)/基点(B)/项目(I)/项目间角度(A)/填充角度(F)/行(ROW)/层(L)/旋转项目(ROT)/退出(X)] <退出>：**I**↙

输入阵列中的项目数或 [表达式(E)] <6>:8↙

选择夹点以编辑阵列或 [关联(AS)/基点(B)/项目(I)/项目间角度(A)/填充角度(F)/行(ROW)/层(L)/旋转项目(ROT)/退出(X)] <退出>：**B**↙

指定基点或 [关键点(K)] <质心>：（捕捉扶手椅的中心点）

选择夹点以编辑阵列或 [关联(AS)/基点(B)/项目(I)/项目间角度(A)/填充角度(F)/行(ROW)/层(L)/旋转项目(ROT)/退出(X)] <退出>：**ROT**↙

是否旋转阵列项目？ [是(Y)/否(N)] <是>：**Y**↙　（阵列时旋转项目）

选择夹点以编辑阵列或 [关联(AS)/基点(B)/项目(I)/项目间角度(A)/填充角度(F)/行(ROW)/层(L)/旋转项目(ROT)/退出(X)] <退出>：↙

结果如图 3-10b 所示。

图 3-11 所示为对三角形 A 进行 180°、项目数为 5 环形阵列的结果，采用"阵列时旋转项目"设置；图 3-12 所示为取消"阵列时旋转项目"时的环形阵列情况。

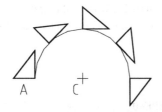

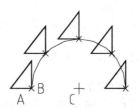

图 3-11　环形阵列的同时旋转原图　　图 3-12　环形阵列时原图只做平移

4．说明

环形阵列时，默认情况下原图形的基点由该选择集中最后一个对象确定。直线取端点，圆取圆心，块取插入点，如图 3-12 中所示 B 点为三角形的基点。显然，基点的不同将影响图 3-11 和图 3-12 中所示各复制图形的布局。要修改默认基点设置，可通过"B"选项重新指定点。

3.4.3　偏移

1．命令

命令名：OFFSET（缩写名：O）。

菜单："修改"→"偏移"。

图标：

2．功能

画出指定对象的偏移，即等距线。直线的等距线为平行等长线段，如图 3-13a 所示；圆弧的等距线为同心圆弧，保持圆心角相同，如图 3-13b 所示；多段线的等距线为多段线，其组成线段将自动调整，即其组成的直线段或圆弧段将自动延伸或修剪，构成另一条多段线，如图 3-13c 和 d 所示。

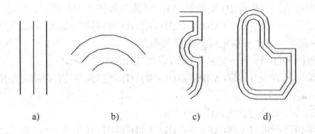

a)　　　　　b)　　　　　c)　　　　　d)

图 3-13　偏移

a) 直线　b) 圆弧　c) 多段线 1　d) 多段线 2

3．格式和示例

AutoCAD 用指定偏移距离和指定通过点两种方法来确定等距线位置，对应的操作顺序具体如下：

1）指定偏移距离值，如图 3-14 所示。

> 命令: **OFFSET**✓
> 当前设置: 删除源=否　图层=源　OFFSETGAPTYPE=0
> 指定偏移距离或 [通过(T)/删除(E)/图层(L)] <通过>: **2**✓　（偏移距离）
> 选择要偏移的对象，或 [退出(E)/放弃(U)] <退出>:（指定对象，选择多段线 A）
> 指定要偏移的那一侧上的点，或 [退出(E)/多个(M)/放弃(U)] <退出>:（用 B 点指定在外侧画等距线）
> 选择要偏移的对象，或 [退出(E)/放弃(U)] <退出>:（继续进行或按〈Enter〉键结束）

2）指定通过点，如图 3-15 所示。

> 命令: **OFFSET**✓
> 当前设置: 删除源=否　图层=源　OFFSETGAPTYPE=0
> 指定偏移距离或 [通过(T)/删除(E)/图层(L)] <2.0000>: **T**✓　（"指定通过点"方式）
> 选择要偏移的对象，或 [退出(E)/放弃(U)] <退出>:（选择对象，选择多段线 A）

指定通过点或 [退出(E)/多个(M)/放弃(U)] <退出>：(指定通过点 B)
　　　(画出等距线 C)
选择要偏移的对象，或 [退出(E)/放弃(U)] <退出>：(继续选择对象 C)
指定通过点或 [退出(E)/多个(M)/放弃(U)] <退出>：(指定通过点 D)
　　　(画出最外圈的等距线)
指定通过点或 [退出(E)/多个(M)/放弃(U)] <退出>：(继续进行或按〈Enter〉键结束)

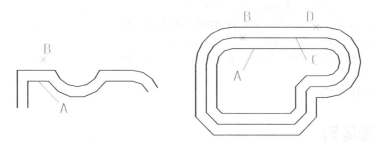

图 3-14　指定偏移距离　　　　　图 3-15　指定通过点

从图 3-14、图 3-15 所示可以看出，生成多段线的等距线过程中，各组成线段将自动调整，原图中有的线段可能没有对应的等距线段（图 3-15）。

3.4.4　综合示例

图 3-16a 所示为一建筑平面图，现欲用 OFFSET 命令画出墙内边界，用 MIRROR 命令修改开门方位。

操作步骤如下：

1）用 OFFSET 命令指定通过点的方法画墙的内边界：

命令：**OFFSET**✓
当前设置：删除源=否　图层=源　OFFSETGAPTYPE=0
指定偏移距离或 [通过(T)/删除(E)/图层(L)] <2.0000>：**T**✓（"指定通过点"方式）
（拾取墙外边界 A 点）
指定通过点或 [退出(E)/多个(M)/放弃(U)] <退出>：(用端点捕捉功能拾取到 B 点)
选择要偏移的对象，或 [退出(E)/放弃(U)] <退出>：✓（按〈Enter〉键，结束偏移命令）

结果如图 3-16b 所示。

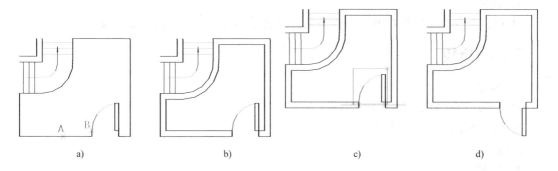

图 3-16　综合示例

a) 建筑平面图　b) 画墙的内边界　c) 选择门　d) 修改开门方位

2）用 MIRROR 命令修改开门方位：

命令：**MIRROR**✓
选择对象：**w**✓
指定第一个角点：（用"窗口"方式选择门，如图 3-16c 所示）
指定对角点：✓
已找到 2 个
选择对象：✓   （按〈Enter〉键,结束选择)
指定镜像线的第一点：（用中点捕捉功能拾取墙边线中点）
指定镜像线的第二点：（捕捉另一墙边线中点）
是否删除源对象？[是(Y)/否（N）]<N>：**Y**✓ （删去原图）

结果如图 3-16d 所示。

3.5   移动和旋转

移动和旋转是 AutoCAD 提供的两个常用的改变已有图形位置的命令，前者是平行移动，后者是绕某一中心点旋转一定的角度。

3.5.1   移动

1．命令
命令名：MOVE（缩写名：M）。
菜单："修改"→"移动"。
图标：⊞。
2．功能
平移指定的对象。
3．格式

命令：**MOVE**✓
选择对象：
指定基点或位移：
指定位移的第二点或 <使用第一个点作为位移>:

4．说明
MOVE 命令的操作和 COPY 命令类似，但它是移动对象而不是复制对象。

3.5.2   旋转

1．命令
命令名：ROTATE（缩写名：RO）。
菜单："修改"→"旋转"。
图标：↻。
2．功能
绕指定中心旋转图形。

3．格式及示例

命令: **ROTATE**↙
UCS 当前的正角方向: ANGDIR=逆时针 ANGBASE=0
选择对象: （选择长方块，如图 3-17a 所示）
　　　　找到 1 个
选择对象: ↙ （按〈Enter〉键）
指定基点: （选择 A 点）
指定旋转角度，或 [复制(C)/参照(R)]: **150**↙ （旋转角，逆时针为正）

结果如图 3-17b 所示。

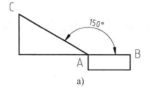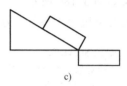

a) b) c)

图 3-17 旋转

必要时可选择"参照"方式来确定实际转角，仍以图 3-17a 所示为例：

命令: **ROTATE**↙
UCS 当前的正角方向: ANGDIR=逆时针 ANGBASE=0
选择对象: （选择长方块，如图 3-17a 所示）
　　　　找到 1 个
选择对象: ↙ （按〈Enter〉键）
指定基点: （选择 A 点）
指定旋转角度，或 [复制(C)/参照(R)]: **R**↙ （选"参照"方式）
指定参照角 <0>: （输入参照方向角，本例中用选取 A、B 两点来确定此角）
指定新角度或 [点(P)]: （输入参照方向旋转后的新角度，本例中用 A、C 两点来确定此角）

结果仍如图 3-17b 所示。即在不预知旋转角度的情况下，也可通过"参照"方式把长方块绕 A 点旋转与三角块相贴。若输入"C"选项，则可实现将所选对象先在原位复制一份、再进行旋转的效果，如图 3-17c 所示。

3.6 比例和对齐

比例和对齐是 AutoCAD 提供的两个调整已有图形大小的命令，前者用比例系数控制大小，后者用相对位置控制大小。

3.6.1 比例

1．命令
命令名：SCALE（缩写名：SC）。
菜单："修改" → "缩放"。
图标：。

2．功能

把选定对象按指定中心进行比例缩放。

3．格式及示例

> 命令: SCALE↙
> 选择对象: （选择菱形，如图 3-18a 所示）
> 　　找到 X 个
> 选择对象: ↙ （按〈Enter〉键）
> 指定基点: （选基准点 A，即比例缩放中心）
> 指定比例因子或 [复制(C)/参照(R)]: **2**↙ （输入比例因子）

结果如图 3-18b 所示。

必要时可选择"参照"方式（R）来确定实际比例因子，仍以图 3-18a 所示为例：

> 命令: **SCALE**↙
> 选择对象: （选择菱形）
> 　　找到 X 个
> 选择对象:↙ （按〈Enter〉键）
> 指定基点: （选基准点 A，即比例缩放中心）
> 指定比例因子或 [复制(C)/参照(R)]: **R**↙（选"参照"方式）
> 指定参照长度 <1>: （参照的原长度，本例中拾取 A、B 两点的距离指定）
> 指定新的长度或 [点(P)] <1.0000>: （指定新长度值，若选取 C、D 两点，则以 C、D 间的距离作为新长度值，这样可使两个菱形同高）

结果仍如图 3-18b 所示。

若输入"C"选项，则可实现将所选对象先在原位复制一份、再进行比例缩放的效果。

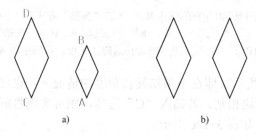

图 3-18　比例缩放

3.6.2　对齐

1．命令

命令名：ALIGN（缩写名：AL）。

菜单："修改"→"对齐"。

图标：　。

2．功能

把选定对象通过平移和旋转操作使之与指定位置对齐。

3．格式和示例

命令: **ALIGN**✓
选择对象:　　　（选择指针，如图 3-19a 所示）
选择对象: ✓　（按〈Enter〉键）
指定第一个源点:　　（选择源点 1）
指定第一个目标点:　　（选择目标点 1，捕捉圆心 A）
指定第二个源点:　　（选择源点 2）
指定第二个目标点:　　（选择目标点 2，捕捉圆上点 B）
指定第三个源点或 <继续>:✓
是否基于对齐点缩放对象? [是(Y)/否(N)] <否>:　（是否比例缩放对象，使它通过目标点 B，图 3-19b 所示为"否"，图 3-19c 所示为"是"）。

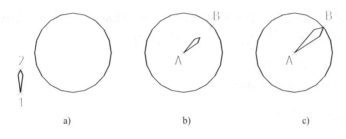

图 3-19　对齐

a) 原图　　b) 比例缩放为"否"　　c) 比例缩放为"是"

4．说明

- 第 1 对源点与目标点控制对象的平移。
- 第 2 对源点与目标点控制对象的旋转，使源线 12 和目标线 AB 重合。
- 一般利用目标点 B 控制对象旋转的方向和角度，也可以通过是否比例缩放的选项，以 A 为基准点进行对象变比，做到源点 2 和目标点 B 重合，如图 3-19c 所示。

3.7　拉长和拉伸

拉长和拉伸是 AutoCAD 提供的两个调整图形某一方向长度的命令，前者用于调整直线的长短，后者用于调整图形的拉伸和压缩。

3.7.1　拉长

1．命令
命令名：LENGTHEN（缩写名：LEN）。
菜单："修改" → "拉长"。
图标：　。

2．功能
拉长或缩短直线段或圆弧段，圆弧段通过圆心角控制。

3．格式和示例

命令: **LENGTHEN**

选择对象或 [增量(DE)/百分数(P)/全部(T)/动态(DY)]:

4. 选项及说明

● 选择对象: 选直线或圆弧后, 分别显示直线的长度或圆弧的弧长和包含角, 即:

当前长度: XXX　　　或
当前长度: XXX, 包含角: XXX

● 增量（DE）: 用增量控制直线、圆弧的拉长或缩短。正值为拉长量, 负值为缩短量, 后续提示为:

输入长度增量或 [角度(A)] <0.0000>: （长度增量）
选择要修改的对象或 [放弃(U)]:

可连续选直线段或圆弧段, 将沿拾取端伸缩, 按〈Enter〉键结束。如图 3-20 所示。
对圆弧段, 还可选择"A"（角度）, 后续提示为:

输入角度增量 <0>: （角度增量）
选择要修改的对象或 [放弃(U)]:

操作效果如图 3-21 所示。

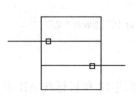

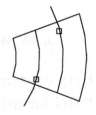

图 3-20　直线的拉长　　　　　　　图 3-21　圆弧的拉长

● 百分比（P）: 用原值的百分数控制直线段、圆弧段的伸缩, 如"75"为 75%, 是缩短 25%, "125"为 125%, 是伸长 25%, 故必须用正数输入。后续提示为:

输入长度百分数 <100.0000>:
选择要修改的对象或 [放弃(U)]:

● 总长（T）: 用总长、总张角来控制直线段、圆弧段的伸缩, 后续提示为:

指定总长度或 [角度(A)] <1.0000>:
选择要修改的对象或 [放弃(U)]:

若选 A（角度）选项, 则后续提示为:

指定总角度 <57>:
选择要修改的对象或 [放弃(U)]:

● 动态（DY）: 进入拖动模式, 可拖动直线段、圆弧段、椭圆弧段一端进行拉长或缩短, 后续提示为:

选择要修改的对象或 [放弃(U)]:

3.7.2　拉伸

1．命令

命令名：STRETCH（缩写名：S）。

菜单："修改"→"拉伸"。

图标：。

2．功能

拉伸或移动选定的对象。本命令必须要用"窗交"（Crossing）方式或"圈交"（CPolygon）方式选取对象，完全位于窗内或圈内的对象将发生移动（与 MOVE 命令相同），与边界相交的对象将产生拉伸或压缩变化。

3．格式及示例

命令：**STRETCH**✓
以交叉窗口或交叉多边形选择要拉伸的对象…
选择对象：**C**✓　　（用 C 或 CP 方式选取对象，如图 3-22a）
指定第一个角点：　（点 1）
指定对角点：　　　（点 2）
　　　找到 X 个
选择对象：✓　　　　（按〈Enter〉键）
指定基点或 [位移(D)] <位移>：　（用交点捕捉，拾取 A 点）
指定第二个点或 <使用第一个点作为位移>：（选取 B 点）

图形变形结果如图 3-22b 所示。

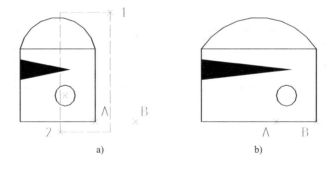

图 3-22　拉伸

4．说明

● 对于直线段的拉伸，在指定拉伸区域窗口时，应使得直线的一个端点在窗口之外，另一个端点在窗口之内。拉伸时，窗口外的端点不动，窗口内的端点移动，从而使直线做拉伸变动。

● 对于圆弧段的拉伸，在指定拉伸区域窗口时，应使得圆弧的一个端点在窗口之外，另一个端点在窗口之内。拉伸时，窗口外的端点不动，窗口内的端点移动，从而使圆弧做拉伸变动。圆弧的弦高保持不变。

● 对于多段线的拉伸，按组成多段线的各分段直线和圆弧的拉伸规则执行。在变形过程中，多段线的宽度、切线和曲线拟合等有关信息保持不变。

- 对于圆或文本的拉伸，若圆心或文本基准点在拉伸区域窗口之外，则拉伸后圆或文本仍保持原位不动；若圆心或文本基准点在窗口之内，则拉伸后圆或文本将做移动。

3.8　打断、修剪和延伸

打断、修剪和延伸是 AutoCAD 提供的一组调整图形间几何关系的命令。打断是删除单一图形对象中的一部分或将对象一分为二，修剪和延伸是将图形绘制到指定的边界。

3.8.1　打断

1．命令

命令名：BREAK　（缩写名：BR）。

菜单："修改" → "打断"。

图标：⬛和⬛。

2．功能

切掉对象的一部分或切断成两个对象。

3．格式和示例

命令: **BREAK**↙
选择对象：（在点 1 处拾取对象，并把点 1 看作第一断开点，如图 3-23a 所示）
指定第二个打断点或 [第一点(F)]：（指定点 2 为第二断开点，结果如图 3-23b 所示）

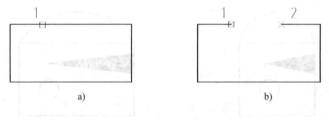

图 3-23　打断

4．说明

1）Break 命令的操作序列可以分为下列 4 种情况：

① 拾取对象的点为第一断开点，输入另一个点 A 确定第二断开点。此时，另一点 A 可以不在对象上，AutoCAD 自动捕捉对象上的最近点为第二断开点，如图 3-24a 所示，对象被切掉一部分，或分离为两个对象。

② 拾取对象点为第一断开点，而第二断开点与它重合，此时可用符号 "@" 来输入。

指定第二个打断点或 [第一点(F)]: @

结果如图 3-24b 所示，此时对象被切断，分离为两个对象。

③ 拾取对象的点不作为第一断开点，另行确定第一断开点和第二断开点，此时提示为：

指定第二个打断点或 [第一点(F)]: **F**
指定第一个打断点：（A 点，用来确定第一断开点）
指定第二个打断点：（B 点，用来确定第二断开点）

结果如图 3-24c 所示。

④　如情况③中，在"指定第二个打断点:"提示下输入"@"，则为切断，结果如图 3-24d 所示。

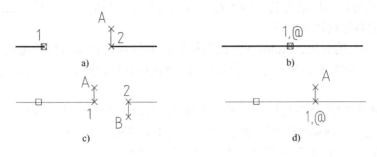

图 3-24　打断的 4 种情况

2）如第二断开点选取在对象外部，则对象的该端被切掉，不产生新对象，如图 3-25 所示。

3）对圆，从第一断开点逆时针方向到第二断开点的部分被切掉，转变为圆弧，如图 3-26 所示。

4）BREAK 命令的功能和 TRIM 命令(见后述)有些类似，但 BREAK 命令可用于没有剪切边，或不宜作剪切边的场合。同时，用 BREAK 命令还能切断对象（一分为二）。

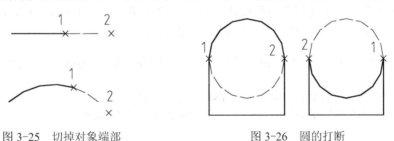

图 3-25　切掉对象端部　　　　　图 3-26　圆的打断

3.8.2　修剪

1．命令
命令名：TRIM（缩写名：TR）。
菜单："修改"→"修剪"。
图标：。

2．功能
在指定剪切边后，可连续选择被切边进行修剪。

3．格式和示例

命令: **TRIM**↙
选择剪切边...
选择对象或 <全部选择>:（选择剪切边，可连续选取，按〈Enter〉键结束该项操作，如图 3-27a

所示，拾取两圆弧为剪切边）

选择对象：✓ （按〈Enter〉键）
选择要修剪的对象，或按住 Shift 键选择要延伸的对象，或
[栏选(F)/窗交(C)/投影(P)/边(E)/删除(R)/放弃(U)]：（选择被修剪边、改变修剪模式或取消当前操作）

提示"选择要修剪的对象，或按住〈Shift〉键选择要延伸的对象，或[栏选(F)/窗交(C)/投影(P)/边(E)/删除(R)/放弃(U)]："用于选择被修剪边、改变修剪模式和取消当前操作。该提示反复出现，因此可以利用选定的剪切边对一系列对象进行修剪，直至按〈Enter〉键退出该命令。该提示的各选项说明如下：

- 选择要修剪的对象：AutoCAD 根据拾取点的位置，搜索与剪切边的交点，判定修剪部分，如图 3-27b 所示，拾取点 1，则中间段被修剪，继续拾取点 2，则左端被修剪。
- 按住 Shift 键选择要延伸的对象：在按下〈Shift〉键状态下选择一个对象，可以将该对象延伸至剪切边[相当于执行"延伸"（EXTEND）命令]。
- 栏选(F)：用"栏选"方式指定多个要修剪的对象。
- 窗交(C)：用"窗交"方式指定多个要修剪的对象。
- 投影（P）：选择修剪的投影模式，用于三维空间中的修剪。在二维绘图时，投影模式 = UCS，即修剪在当前 UCS 的 *xoy* 平面上进行。
- 边（E）：选择剪切边的模式，可选项为：

输入隐含边延伸模式 [延伸(E)/不延伸(N)] <不延伸>:

即分"延伸"和"不延伸"两种模式。如图 3-27b 所示，当拾取点 3 时，因开始时剪切边模式为"不延伸"，所以将不产生修剪。但按下述操作，则产生修剪。

选择要修剪的对象，或按住 Shift 键选择要延伸的对象，或 [栏选(F)/窗交(C)/投影(P)/边(E)/删除(R)/放弃(U)]: **E**
输入隐含边延伸模式 [延伸(E)/不延伸(N)] <不延伸>: **E**
选择要修剪的对象或 [栏选(F)/窗交(C)/投影(P)/边(E)/删除(R)/放弃(U)]:（拾取点 3）

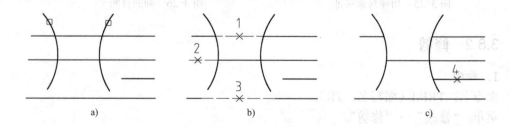

图 3-27 修剪

4. 说明和示例

- 剪切边可选择多段线、直线、圆、圆弧、椭圆、构造线、射线、样条曲线和文本等，被切边可选择多段线、直线、圆、圆弧、椭圆、射线、样条曲线等。
- 同一对象既可以选为剪切边，也可同时选为被切边。
- 在"选择要修剪的对象"提示下，若按住〈Shift〉键的同时选择对象，如拾取图 3-27c

中的 4 点，则可将选定的图形对象延伸到指定的剪切边。此时"剪切"命令的效果等同于下面将要介绍的"延伸"（EXTEND）命令。

以图 3-28a 所示为例，选择 4 条直线和大圆为剪切边，即可修剪成如图 3-28b 所示的形式。

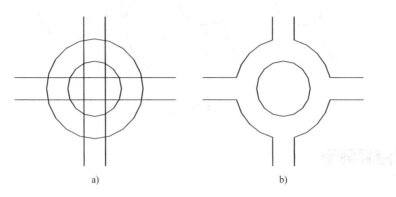

图 3-28　示例

3.8.3　延伸

1．命令

命令名：EXTEND（缩写名：EX）。

菜单："修改"→"延伸"。

图标：。

2．功能

在指定边界后，可连续选择延伸边，延伸到与边界边相交。它是 TRIM 命令的一个对应命令。

3．格式和示例

> 命令: **EXTEND**↙
> 当前设置: 投影=UCS 边=无
> 选择边界的边 ...
> 选择对象或 <全部选择>：（选择边界边，可连续选取，按〈Enter〉键结束该项操作，如图 3-29a 所示，拾取一圆为边界边）
> 选择对象：↙
> 选择要延伸的对象，或按住 Shift 键选择要修剪的对象，或 [栏选(F)/窗交(C)/投影(P)/边(E)/放弃(U)]：（选择延伸边、改变延伸模式或取消当前操作）
> 选择要延伸的对象，或按住 Shift 键选择要修剪的对象，或 [栏选(F)/窗交(C)/投影(P)/边(E)/放弃(U)]：↙

提示"选择要延伸的对象，或按住 Shift 键选择要修剪的对象，或 [栏选(F)/窗交(C)/投影(P)/边(E)/放弃(U)]："用于选择延伸边、改变延伸模式或取消当前操作，其含意和"修剪"命令的对应选项类似。该提示反复出现，因此可以利用选择的边界边，使一系列对象进行延伸，在拾取对象时，拾取点的位置决定延伸的方向，最后按〈Enter〉键退出该命令。若按住〈Shift〉键的同时选择对象，则可将选定的图形对象以指定的延伸边界为剪切边进行剪切。此时该命令的效果等同于"剪切"（TRIM）命令。

例如，图 3-29b 所示为拾取 1、2 两点延伸的结果，图 3-29c 所示为继续拾取 3、4、5 三点延伸的结果。

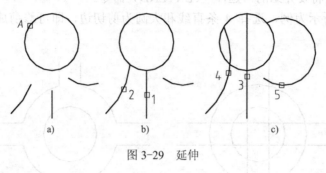

图 3-29　延伸

3.9　圆角和倒角

圆角和倒角是 AutoCAD 提供的两个修改直线拐角关系的命令，前者用于将尖角修改为圆弧相切，后者用于将尖角修改为斜线过渡。

3.9.1　圆角

1．命令

命令名：FILLET（缩写名：F）。

菜单："修改"→"圆角"。

图标：。

2．功能

在直线，圆弧或圆间按指定半径作圆角，也可对多段线倒圆角。

3．格式与示例

命令: **FILLET✓**
　　当前设置: 模式 = 修剪，半径 = 0.0000
　　选择第一个对象或 [放弃(U)/多段线(P)/半径(R)/修剪(T)/多个(M)]: **R✓**
　　指定圆角半径 <0.0000>: **30✓**
　　命令: ✓
　　当前设置: 模式 = 修剪，半径 = 30.0000
　　选择第一个对象或 [放弃(U)/多段线(P)/半径(R)/修剪(T)/多个(M)]: （拾取点 1，如图 3-30a 所示）
　　选择第二个对象，或按住 Shift 键选择要应用角点的对象: （拾取点 2）

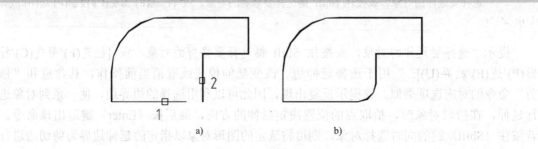

图 3-30　倒圆角

结果如图 3-30b 所示，由于处于修剪模式，所以多余线段被修剪。

有关选项说明如下：

● 多段线（P）：　选二维多段线作倒圆角，它只能在直线段间倒圆角，如两直线段间有圆弧段，则该圆弧段被忽略，后续提示为：

选择二维多段线：（选择多段线，如图 3-31a 所示）

结果如图 3-31b 所示。

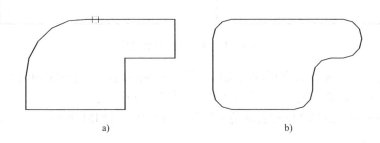

图 3-31　选择多段线倒圆角

● 半径（R）：设置圆角半径。
● 修剪（T）：控制修剪模式，后续提示为：

输入修剪模式选项 [修剪(T)/不修剪(N)] <修剪>:

如改为不修剪，则倒圆角时将保留原线段，既不修剪、也不延伸。

● 多个(M)：连续倒多个圆角。

4. 说明

● 在圆角半径为零时，FILLET 命令将使两边相交。
● FILLET 命令也可对三维实体的棱边进行倒圆角。
● 在可能产生多解的情况下，AutoCAD 按拾取点位置与切点相近的原则来判断倒圆角位置与结果。
● 对圆不修剪，如图 3-32 所示。

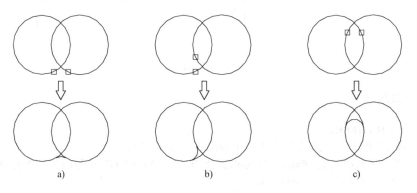

图 3-32　对圆的倒圆角

● 按住〈Shift〉键并选择对象，可以创建一个锐角（将圆角半径临时设置为 0）。

- 对平行的直线、射线或构造线，该命令忽略当前圆角半径的设置，自动计算两平行线的距离来确定圆角半径，并从第一线段的端点绘制圆角（半圆），因此，不能把构造线选为第一线段。如图 3-33 所示。

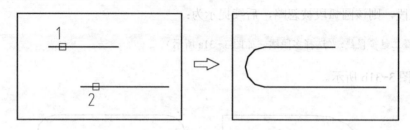

图 3-33　对平行线的倒圆角

- 圆角的两个对象，具有相同的图层、线型和颜色时，创建的圆角对象也具有相同的设置；否则，创建的圆角对象采用当前图层的设置。
- 系统变量 FILLETRAD 存放圆角半径值，系统变量 TRIMMODE 存放修剪模式。

3.9.2　倒角

1．命令

命令名：CHAMFER（缩写名：CHA）。

菜单："修改"→"倒角"。

图标：▨。

2．功能

对两条直线边倒角，倒角的参数可用两种方法确定。

- 距离方法：由第一倒角距离 A 和第二倒角距离 B 确定，如图 3-34a 所示。
- 角度方法：由对第一直线的倒角距离 C 和倒角角度 D 确定，如图 3-34b 所示。

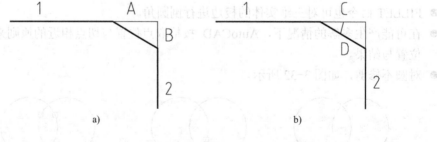

a)　　　　　　　　　　　　　　　b)

图 3-34　倒角

3．格式与示例

命令: **CHAMFER**✓
（"修剪"模式）当前倒角距离 1 = 0.0000，距离 2 = 0.0000
选择第一条直线或 [放弃(U)/多段线(P)/距离(D)/角度(A)/修剪(T)/方式(E)/多个(M)]: **D**✓
指定第一个倒角距离 <0.0000>:**4**✓
指定第二个倒角距离 <4.0000>: **2**✓
选择第一条直线或 [放弃(U)/多段线(P)/距离(D)/角度(A)/修剪(T)/方式(E)/多个(M)]: （选择直线 1，如图 3-34a 所示）

选择第二条直线，或按住 Shift 键选择要应用角点的直线：（选择直线 2，作倒棱角）

4．选项

● 多段线（P）：在二维多段线的直角边之间倒棱角，当线段长度小于倒角距离时，则不作倒角，如图 3-35 所示顶点 A 处。

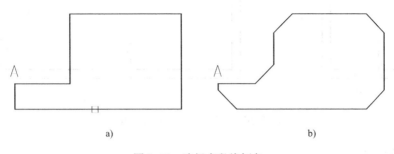

图 3-35　选择多段线倒角

● 距离（D）：设置倒角距离，如图 3-34 所示。

● 角度（A）： 用角度方法确定倒角参数，后续提示为：

> 指定第一条直线的倒角长度 <10.0000>:**20**
> 指定第一条直线的倒角角度 <0>: **45**

实施倒角后，结果如图 3-35b 所示。

● 修剪（T）：选择修剪模式，后续提示为：

> 输入修剪模式选项 [修剪(T)/不修剪(N)] <不修剪>:

如改为"不修剪（N）"，则倒棱角时将保留原线段，既不修剪、也不延伸。

● 方式（M）：选择倒棱角的方法，即选距离或角度方法，后续提示为：

> 输入修剪方法 [距离(D)/角度(A)] <角度>:

● 多个(U)：连续倒多个倒角。

5．说明

● 在倒角为零时，CHAMFER 命令将使两边相交。

● CHAMFER 命令也可以对三维实体的棱边倒角。

● 当倒角的两条直线具有相同的图层、线型和颜色时，创建的倒角边也相同，否则，创建的倒角边将用当前图层、线型和颜色。

● 按住〈Shift〉键并选择对象，可以创建一个锐角（将两倒角距离均临时设置为 0）。

● 系统变量 CHAMFERA、CHAMFERB 存储采用距离方法时的第一倒角距离和第二倒角距离；系统变量 CHAMFERC、CHAMFERD 存储采用角度方法时的倒角距离和角度值；系统变量 TRIMMODE 存储修剪模式；系统变量 CHAMMODE 存储倒角的方法。

3.9.3　综合示例

利用编辑命令由图 3-36a 所示单间办公室修改为如图 3-36b 所示公共办公室。

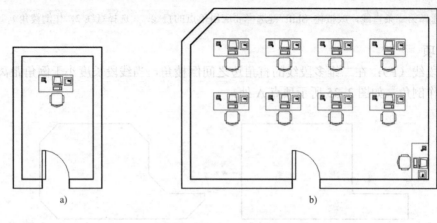

图 3-36　办公室平面图编辑示例

操作步骤如下：

1）两次使用"拉伸"（STRETCH）命令，分别使房间拉长和拉宽（注意：在选择对象时一定要使用"C"选项）。

2）用"拉伸"（STRETCH）命令将房门移动到中间位置。

3）利用"倒角"（CHAMFER）命令做出左上角处墙外侧边界的倒角。

4）根据墙厚相等，利用"等距线"（OFFSET）命令做出墙外侧斜角边的等距线，再利用"剪切"（TRIM）命令修剪出墙上内侧的倒角斜线。

5）利用"矩形阵列"（ARRAYRECT）命令，对办公桌和扶手椅进行 2 行、4 列的矩形阵列，复制成 8 套。

6）使用"复制"（COPY）命令，将桌椅在右下角复制一套。

7）利用"对齐"（ALIGN）命令，通过平移和旋转，在右下角点处定位该套桌椅（也可以连续使用"移动"（MOVE）和"旋转"（ROTATE）命令）。

3.10 多段线、多线及图案填充的编辑

利用多段线编辑、多线编辑及图案填充编辑命令，可以对已有的多段线、多线及图案填充进行修改编辑，而不必重新绘制或填充。

3.10.1 多段线的编辑

1．命令

命令名：PEDIT（缩写名：PE）。

菜单："修改"→"对象"→"多段线"。

图标：。

2．功能

用于对二维多段线、三维多段线和三维网络的编辑，对二维多段线的编辑包括修改线段宽、曲线拟合、多段线合并和顶点编辑等。

3．格式及举例

> 命令: PEDIT↙
> 选择多段线 或 [多条(M)]:　　(选择一条多段线或输入"M"然后选择多条多段线)
> 输入选项
> [闭合(C)/合并(J)/宽度(W)/编辑顶点(E)/拟合(F)/样条曲线(S)/非曲线化(D)/线型生成(L)/放弃(U)]:
> (输入一选项)

在"选择多段线:"提示下，若选中的对象只是直线段或圆弧，则出现提示：

> 所选对象不是多段线
> 是否将其转换为多段线? <Y>

如用"Y"或按〈Enter〉键来响应，则选中的直线段或圆弧转换成二维多段线。对二维多段线编辑的后续提示为：

> [闭合(C)/合并(J)/宽度(W)/编辑顶点(E)/拟合(F)/样条曲线(S)/非曲线化(D)/线型生成(L)/放弃(U)]:

各选项的说明如下：
- 闭合（C）或打开（O）：如选中的是开式多段线，则用直线段闭合；如选中的是闭合多段线，则出现"打开（O）"选项，即可取消闭合段，转变成开式多段线。
- 合并（J）：以选中的多段线为主体，合并其他直线段、圆弧段和多段线，连接成为一条多段线，能合并的条件是各段端点首尾相连。后续提示为：

> 选择对象:(用于选择合并对象，如图 3-37 所示，以 1 为主体，合并 2 和 3)

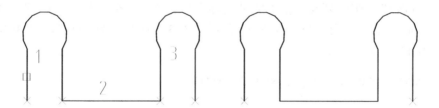

图 3-37　多段线的合并

- 宽度（W）：修改整条多段线的线宽，后续提示为：

> 指定所有线段的新宽度:

如图 3-38a 所示，原多段线各段宽度不同，利用该选项可调整为具有同一线宽。如图 3-38b 所示。

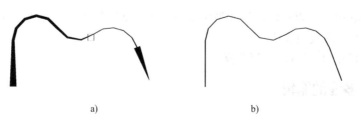

a)　　　　　　　　　　b)

图 3-38　修改整条多段线的线宽

● 编辑顶点（E）：进入顶点编辑，在多段线某一顶点处出现斜十字叉，它为当前顶点标记，按提示可对其进行多种编辑操作。

● 拟合（F）：生成圆弧拟合曲线，该曲线由圆弧段光滑连接（相切）组成，如图 3-39 所示。每对顶点间自动生成两段圆弧，整条曲线经过多段线的各顶点。并且，可以通过调整顶点处的切线方向，在通过相同顶点的条件下控制圆弧拟合曲线的形状。

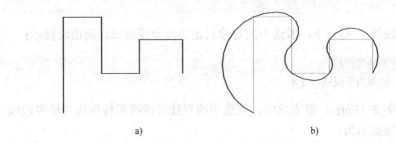

图 3-39　生成圆弧拟合曲线

● 样条曲线（S）：生成 B 样条曲线，多段线的各顶点成为样条曲线的控制点。对开式多段线，样条曲线的起点、终点和多段线的起点、终点重合；对闭式多段线，样条曲线为一光滑封闭曲线。

● 非曲线化（D）：取消多段线中的圆弧段（用直线段代替），对于选用"拟合（F）"或"样条曲线（S）"选项后生成的圆弧拟合曲线或样条曲线，则删去生成曲线时新插入的顶点，恢复成由直线段组成的多段线。

● 线型生成（L）：控制多段线的线型生成方式，即使用虚线、点画线等线型时，如为"开（ON）"，则按多段线全线的起点与终点分配线型中各线段，如为"关（OFF）"，则分别按多段线各段来分配线型中各线段。图 3-40a 所示为"ON"，图 3-40b 所示为"OFF"。后续提示为：

输入多段线线型生成选项 [开(ON)/关(OFF)] <Off>:

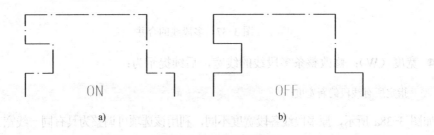

图 3-40　控制多段线的线型生成

从图 3-40b 所示可以看出，当线型生成方式为"OFF"时，若线段过短，则点画线将退化为实线段，影响线段的表达。

● 放弃（U）：取消编辑选择的操作。

3.10.2　多线的编辑

1. 命令

命令名：MLEDIT。

菜单："修改"→"对象"→"多线"。

图标：。

2．功能

编辑多线，设置多线之间的相交方式。

3．对话框及其操作示例

启动"多线编辑"命令后，弹出如图 3-41 所示"多线编辑工具"对话框。该对话框以 4 列显示多线编辑样例图像。第一列处理十字交叉的多线，第二列处理 T 形相交的多线，第三列处理角点连接和顶点，第四列处理多线的剪切或接合。单击任意一个图像样例，在对话框的左下角显示关于此选项的简短描述。

图 3-41　"多线编辑工具"对话框

以将如图 3-42a 所示多线图形编辑为如图 3-42b 所示为例，介绍"多线编辑"命令的操作方法。

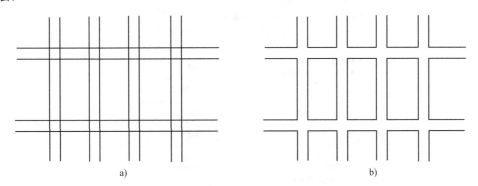

图 3-42　"十字打开"方式多线编辑

启动 MLEDIT 命令，在如图 3-41 所示对话框中选择第一列第二个样例图像（即"十字打开"编辑方式），则 AutoCAD 的提示为：

选择第一条多线：（选择图 3-42a 中所示的任意一多线）

选择第二条多线： （选择与其相交的任意一多线）

AutoCAD 将完成十字交点的打开并提示：

选择第一条多线或 [放弃(U)]：（选择另一条多线继续进行"十字打开"方式编辑操作，直至编辑完所有交点；输入"U"可取消所进行的"十字打开"方式编辑操作；按〈Enter〉键将结束"多线编辑"命令）

3.10.3 图案填充的编辑

1．命令

命令名：HATCHEDIT（缩写名：HE）。

菜单："修改"→"对象"→"图案填充"。

图标：。

2．功能

对已有图案填充对象，可以修改图案类型和图案特性参数等。

3．对话框及其操作说明

HATCHEDIT 命令启动后，出现"图案填充编辑"对话框，它的内容和"边界图案填充"对话框完全一样，只是有关填充边界定义部分变灰（不可操作），如图 3-43 所示。利用该命令，对已有图案填充可进行下列修改：

● 改变图案类型及角度和比例。

● 改变图案特性。

● 修改图案样式。

● 修改图案填充的组成：关联与不关联。

图 3-43 "图案填充编辑"对话框

3.11　分解

"分解"命令是 AutoCAD 提供的针对组合图形对象的解除组合命令，可分解的组合图形对象包括多段线、图块（详见第 6 章）、图案填充等。

1．命令

命令名：EXPLMODE（缩写名：X）。

菜单："修改"→"分解"。

图标：。

2．功能

用于将组合对象如多段线、块、图案填充等拆开为其组成成员。

3．格式

命令：**EXPLMODE**✓
选择对象：　（选择要分解的对象）

4．说明

对不同的对象，分解后的效果不同。

- 块：对具有相同 X,Y,Z 比例插入的块，分解为其组成成员，对带属性的块分解后将丢失属性值，显示其相应的属性标志。

系统变量 EXPLMODE 控制对不等比插入块的分解，其默认值为 1，允许分解，分解后块中的圆、圆弧将保持不等比插入所引起的变化，转化为椭圆、椭圆弧。如取值为 0，则不允许分解。

- 二维多段线：分解后拆开为直线段或圆弧段，丢失相应的宽度和切线方向信息，对于宽多线段，分解后的直线段或圆弧段沿其中心线位置，如图 3-44 所示。

图 3-44　宽多段线的分解

- 尺寸：分解为段落文本（mtext）、直线、区域填充（solid）和点。
- 图案填充：分解为组成图案的一条条直线。

3.12　图形编辑综合示例

利用"编辑"命令根据图 3-45a 所示，完成如图 3-45b 所示的图形。

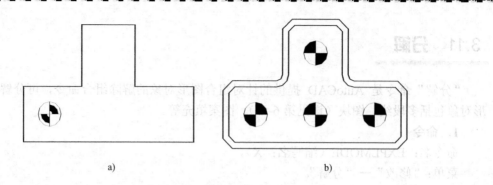

图 3-45　综合示例

操作步骤如下：

1）先在点画线图层上，画出图形的对称中心线。

2）比较如图 3-45a、b 所示的小圆图形，可以看出，多段线圆弧段的起点、终点在小圆半径中点处，圆弧段的圆心即小圆圆心，圆弧段的宽度为小圆半径，即可画出如图 3-45b 所示的小圆图形。两图的差别就是圆弧段的宽度不同，为此可以用 PEDIT 命令，选择小圆弧段，选择"宽度（W）"项，修改宽度为小圆半径，使其成为如图 3-45b 所示的图形。

3）如图 3-45b 所示有四个小圆，两两相同，为此可以用 COPY（选多重复制）命令。首先复制成四个小圆，然后用 ROTATE 命令把其中两个小圆旋转 90°即可。

4）对于图形外框，如图 3-45a 所示为一条多段线，则可以利用 CHAMFER 命令，设置倒角距离，然后选择多段线，全部倒角。

5）由于有两个小圆角，为此可以先用 EXPLODE 命令拆开多段线，在有小圆角的部位，用 ERASE 命令删除原有的两条倒角边，再用 FILLET 命令，指定圆角半径后，作出两个小圆角。

6）为了做外轮廓线的等距线，可以使用 OFFSET 命令，但当前的外轮廓线已是分离的直线段和圆弧段。为此，先用 PEDIT 命令中的"连接（J）"选项，把外轮廓线合并为一条多段线，然后再用 OFFSET 命令作等距线即可。

3.13　思考题

一、连线题

1. 请将下面左侧所列图形编辑命令与右侧命令功能用连线连接。

（1）ERASE　　　　　（a）矩形阵列

（2）COPY　　　　　（b）移动

（3）ARRAYRECT　　（c）打断

（4）MOVE　　　　　（d）镜像

（5）BREAK　　　　　（e）比例

（6）TRIM　　　　　（f）编辑图案填充

（7）EXTEND　　　　（g）删除

（8）FILLET　　　　　（h）圆角

（9）MIRROR　　　　　　　（i）倒角

（10）SCALE　　　　　　　（j）延伸

（11）PEDIT　　　　　　　（k）修剪

（12）HATCHEDIT　　　　　（l）编辑多段线

（13）CHAMFER　　　　　　（m）环形阵列

（14）ARRAYPOLAR　　　　 （n）复制

2．请将下面左侧所列构造选择集选项与右侧选项含义用连线连接。

（1）ALL　　　　　　　　（a）从已选对象中扣除

（2）W　　　　　　　　　（b）选中窗口内及与窗口相交的对象

（3）C　　　　　　　　　（c）选中窗口内的对象

（4）R　　　　　　　　　（d）选中当前图形中的所有对象

二、选择题

1．"分解"（EXPLODE）命令可分解的对象有（　　　）。

　　A．块　　　　　　B．多段线　　　　　C．尺寸　　　　　　D．图案填充

　　E．以上全部

2．一个图案填充被分解后，则其构成将变为（　　　）。

　　A．图案块　　　　B．直线和圆弧　　　C．多段线　　　　　D．直线

三、填空题

如图 3-46 所示，各组图形均系使用某一图形修改命令由左图得到右图，请在图形下的括号内填写所用的图形修改命令。

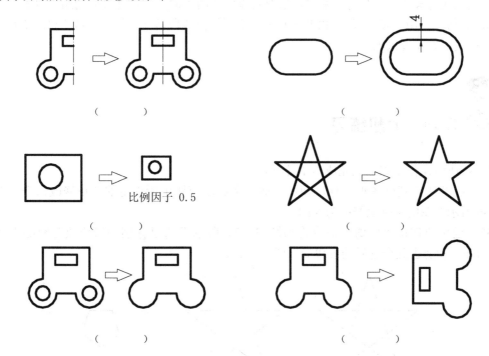

图 3-46　图形的修改

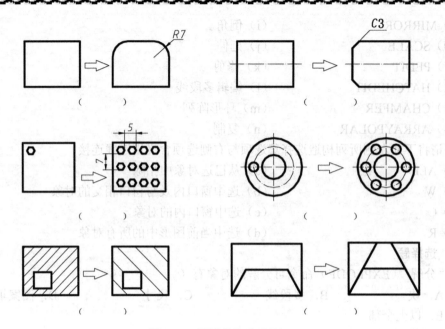

图 3-46 图形的修改（续）

四、简答题

1. 比较 ERASE、OOPS 命令与 UNDO、REDO 命令在功能上的区别。

2. 使用 CHAMFER 和 FILLET 命令时，需要先设置哪些参数？举例说明使用 FILLET 命令连接直线与圆弧、圆弧与圆弧时，选取对象位置的不同，圆角连接后的结果也不同。

3. 如何能将用"多段线"（PLINE）命令绘制的折线段转换为用"直线"（LINE）命令绘制的折线段？反过来呢？

3.14 上机练习

1. 按所给操作步骤上机完成本章各例题。

2*. 打开所给基础图形文件，使用上面思考题填空题中所选定的图形修改命令，在如图 3-46 所示左图的基础上修改为右图。

3*. 运用 TRIM "修剪"命令将如图 3-47a 所示五角星分别编辑修改为空心五角星（图 3-47b）和剪去五个角后的五边形（图 3-47c）。

a)   b)   c)

图 3-47 五角星的修剪操作

4*. 打开所提供的图形文件，综合运用图形修改命令，在如图 3-48 所示左图的基础上修改为右图。

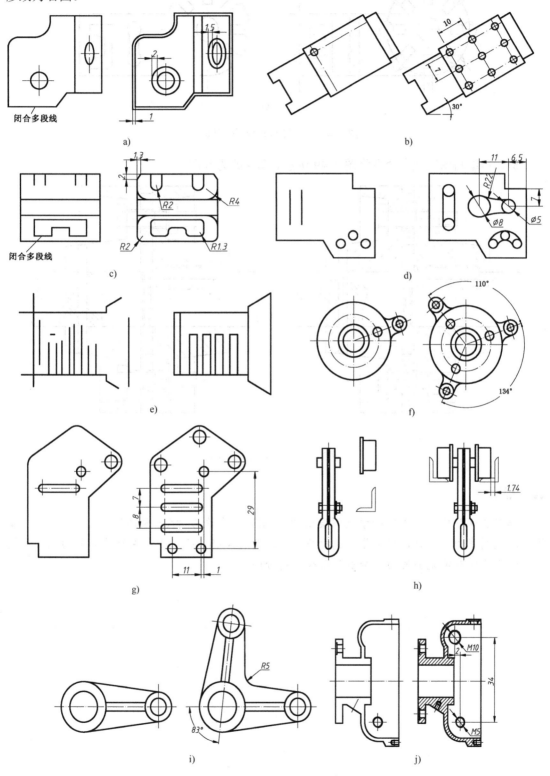

图 3-48　图形的修改操作

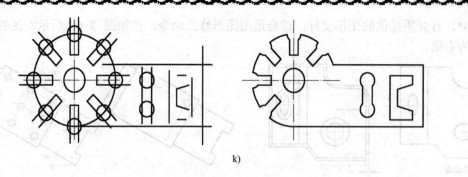

图 3-48   图形的修改操作（续）

5*. 用编辑图案填充命令将图 3-49 所示 a 图修改为 b 图。

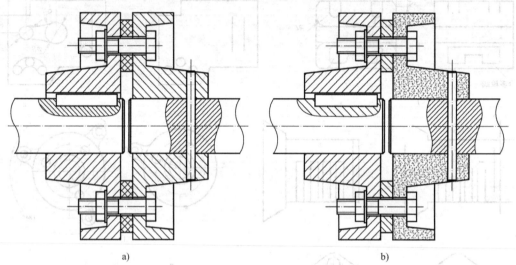

a)   b)

图 3-49   图案填充的编辑

提示

如图 3-49b 中所示右轮的填充图案由 "ANSI31" 修改为 "AR-SAND"（粉末冶金）；垫圈的填充图案由 "ANSI37"（非金属材料）修改为 "ANSI31"；增大左轴局部剖的剖面线间距。最后将所有填充图案用 "分解" 命令进行分解。

第 4 章 辅助绘图命令

利用第 2, 3 两章介绍的绘图命令和编辑功能，已经能够绘制出基本的图形对象。但在实际绘图中仍会遇到很多问题：例如，想用单击的方法找到某些特殊点（如圆心、切点、交点等），无论怎么小心，要准确地找到这些点都非常困难，有时甚至根本不可能；要画一张很大的图，由于显示屏幕的大小有限，与实际所要画的图比例存在很大悬殊时，要看清楚图中一些细小结构就非常困难。运用 AutoCAD 的多种辅助绘图工具可轻松地解决这些问题。

对象特性是指对象的图层、颜色、线型、线宽和打印样式，它是 AutoCAD 提供的另一类辅助绘图命令。

本章介绍 AutoCAD 的主要辅助绘图命令，包括：绘图单位、精度的设置，图形界限的设置，间隔捕捉和栅格、对象捕捉，图形显示控制，以及 AutoCAD 对象特性的概念、命令、设置和应用。这些命令主要位于 AutoCAD 2019 界面的"格式"菜单、状态栏以及功能区"默认"选项卡下的"图层"和"特性"面板中；图形显示控制的相关命令位于"视图"菜单和导航栏中，如图 4-1a 所示。"图层"和"特性"面板如图 4-1b、c 所示。

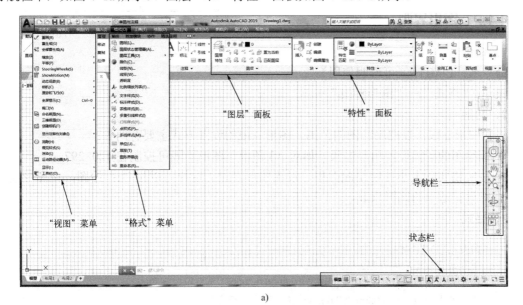

a)

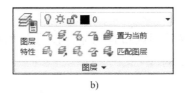

b)

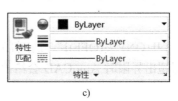

c)

图 4-1 辅助绘图命令

a) 辅助绘图命令在界面中的位置 b) "图层"面板 c) "特性"面板

4.1 绘图精度与界限设置

利用 AutoCAD 提供的相关命令，可以为当前图形设置绘图的单位、显示的尺寸精度，以及绘制图形的界限范围。

4.1.1 绘图单位和精度

1．命令

命令名：DDUNITS（可透明使用）。

菜单："格式"→"单位"。

2．功能

调用"图形单位"对话框（图 4-2），设定记数单位和精度。

- 长度单位默认设置为十进制，小数位数为 4。
- 角度单位默认设置为度，小数位数为 0。
- 单击"方向"按钮弹出角度"方向控制"对话框，默认设置为 0°，方向为正东，逆时针方向为正。

图 4-2 "图形单位"对话框

4.1.2 图形界限

1．命令

命令名：LIMITS（可透明使用）。

菜单："格式"→"图形界限"。

2．功能

设置图形界限，以控制绘图的范围。图形界限的设置方式主要有两种：

- 按绘图的图幅设置图形界限。如对 A3 图幅，图形界限可控制在 420×297。
- 按实物实际大小使用绘图面积，设置图形界限。这样可以按 1:1 绘图，在图形输出时设置适当的比例系数。

3．格式

> 命令：LIMITS✓
> 重新设置模型空间界限：
> 指定左下角点或 [开(ON)/关(OFF)] <0.0000,0.0000>：（重设左下角点）
> 指定右上角点 <420.0000,297.0000>：（重设右上角点）

4．说明

提示中的"[开(ON)/关(OFF)]"项指打开图形界限检查功能，设置为"ON"时，检查功能打开，图形超出界限时 AutoCAD 会给出提示。

4.2　精确绘图工具

当在图上画直线、圆、圆弧等对象时，定位点的最快的方法是直接在屏幕上拾取点。但是，用光标很难准确地定位于对象上某一个特定的点。为解决快速精确定点问题，AutoCAD 提供了一些辅助绘图工具，包括捕捉、栅格显示、正交模式、极轴追踪、对象捕捉、对象捕捉追踪、显示/隐藏线宽等。利用这些辅助工具，能提高绘图精度，加快绘图速度。

4.2.1　捕捉和栅格

捕捉用于控制间隔捕捉功能。如果捕捉功能打开，光标将锁定在不可见的捕捉网格点上，作步进式移动。捕捉间距在 X 方向和 Y 方向一般相同，也可以不同。

栅格是显示可见的参照网格点。当栅格打开时，它在图形界限范围内显示出来。栅格既不是图形的一部分，也不会输出，但对绘图起很重要的辅助作用，如同坐标纸一样。栅格点的间距值可以和捕捉间距相同，也可以不同。

1．命令

命令名：DSETTINGS（可透明使用）。

菜单："格式"→"绘图设置"。

图标：（状态栏）▦、▦。

2．功能

利用对话框打开或关闭捕捉和栅格功能，并对其模式进行设置。

3．对话框

AutoCAD 打开"草图设置"对话框，其中的"捕捉和栅格"选项卡用来对捕捉和栅格功能进行设置，如图 4-3 所示。

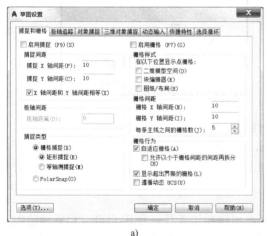

　　　　　　　a)　　　　　　　　　　　　　　　　　　b)

图 4-3　"草图设置"对话框

a)"捕捉和栅格"选项卡　b)"极轴追踪"选项卡

对话框中的"启用捕捉"复选框控制是否打开捕捉功能；在"捕捉间距"选项组中可以设置捕捉栅格的 X 向间距和 Y 向间距。利用〈F9〉键也可以在打开和关闭捕捉功能之间切换。

"启用栅格"复选框控制是否打开栅格功能;"栅格间距"选项组用来设置可见网格的间距。利用〈F7〉键也可以在打开和关闭栅格功能之间切换。

4.2.2 自动追踪

AutoCAD 提供的自动追踪功能,可以使用户在特定的角度和位置绘制图形。打开自动追踪功能,执行绘图命令时屏幕上会显示临时辅助线,帮助用户在指定的角度和位置上精确地绘出图形对象。自动追踪功能包括两种:极轴追踪和对象捕捉追踪。

1. 极轴追踪

在绘图过程中,当 AutoCAD 要求用户给定点时,利用极轴追踪功能可以在给定的极角方向上出现临时辅助线。如图 4-4a 所示,先从点 1 到点 2 画一水平线段,再从点 2 到点 3 画一条线段与之成 60°角。这时可以打开极轴追踪功能并设极角增量为 60°,则当光标在 60°位置附近时 AutoCAD 显示一条辅助线和提示,如图 4-4a 所示,光标远离该位置时辅助线和提示消失。

极轴追踪的有关设置可在"草图设置"对话框的"极轴追踪"选项卡中完成,如图 4-3b 所示。可用〈F10〉键或状态栏中的"极轴"按钮来切换极轴追踪功能的打开与关闭,也可通过状态栏中的按钮 来控制极轴追踪功能的打开和关闭。

2. 对象捕捉追踪

对象捕捉追踪与对象捕捉功能相关,启用对象捕捉追踪功能之前必须先启用对象捕捉功能。利用对象捕捉追踪可产生基于对象捕捉点的辅助线,如图 4-4c 所示,在画线过程中 AutoCAD 捕捉到前一段线段的端点,追踪提示说明光标所在位置与捕捉的端点间距离为 44.6312,辅助线的极轴角为 330°。关于对象捕捉功能将在 4.3 节中介绍。

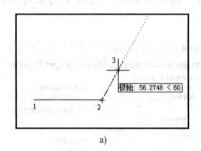 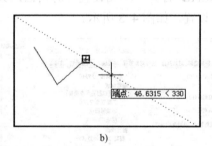

a)   b)

图 4-4 对象追踪

a) 极轴追踪功能   b) 对象捕捉追踪

4.2.3 正交模式

当正交模式打开时,AutoCAD 限定只能画水平线和铅垂线,使用户可以精确地绘制水平线和铅垂线,这样可以大大地方便绘图。另外,执行"移动"命令时也只能沿水平和铅垂方向移动图形对象。

1. 命令

命令名:ORTHO。

图标:(状态栏) ⌞

2．功能

控制是否以正交方式画图。

3．格式

> 命令：ORTHO✓
> 输入模式 [开(ON)/关(OFF)] <OFF>：

在此提示下，选择"ON"可打开正交模式绘制水平或铅垂线，选择"OFF"则关闭正交模式，用户可画任意方向的直线。另外，用户也可以按〈F8〉键或状态栏中的"正交"按钮，在打开和关闭正交功能之间进行切换。

4.2.4　设置线宽

为所绘图形指定图线宽度。

1．命令

命令名：LINEWEIGHT。

菜单："格式"→"线宽"。

图标：（状态栏）▤（右击）→"线宽设置"。

2．功能

设置当前线宽及线宽单位，控制线宽的显示及调整显示比例。

3．对话框

打开如图 4-5 所示"线宽设置"对话框。可通过"线宽"列表框设置图线的线宽，"显示线宽"复选框和状态栏中的"线宽"按钮▤控制当前图形是否显示线宽。

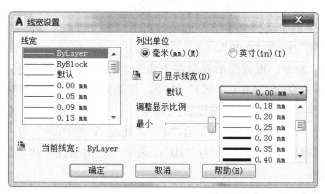

图 4-5　"线宽设置"对话框

4.2.5　状态栏控制

状态栏位于 AutoCAD 绘图界面的底部，如图 4-6 所示。默认情况下，左端显示绘图区中光标定位点的 x、y、z 坐标值；中间依次有"栅格""捕捉""正交""极轴""对象捕捉""对象追踪"等辅助绘图工具按钮，单击任意一按钮，即可打开相应的辅助绘图工具。单击状态栏"自定义"按钮 ▤，即可弹出"状态栏"菜单，如图 4-7 所示，在该菜单中可以设置和修改状态栏中显示的辅助绘图工具按钮。

图 4-6　状态栏

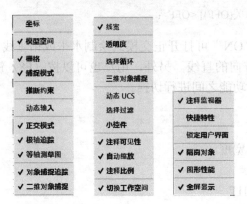

图 4-7　"状态栏"菜单

4.2.6 举例

设置一张 A4（210×297）图幅，单位精度选小数两位，捕捉间隔为 1.0，栅格间距为 10.0。

操作步骤如下：

1）开始画新图，采用"无样板打开-公制"选项。

2）从"格式"菜单中选择"单位"选项，打开"图形单位"对话框，将长度单位的类型设置为小数，"精度"设为"0.00"。

3）调用 LIMITS 命令，设置图形界限左下角为"10，10"，右上角为"220，307"。

4）使用 ZOOM 命令的"All（全部）"选项，按设定的图形界限调整屏幕显示。

5）从"工具"菜单中选择"草图设置"命令，打开"草图设置"对话框，在"捕捉与栅格"选项卡内设置"捕捉 X 轴间距"为"1"，"捕捉 Y 轴间距"为"1"；设置"栅格 X 轴间距"为"10"，"栅格 Y 轴间距"为"10"；选中"启用捕捉"和"启用栅格"复选框，打开捕捉和栅格功能。

6）用 PLINE 命令，画出图幅边框。

7）用 PLINE 命令，按左边有装订边的格式以粗实线画出图框（线宽 W=0.7），单击状态栏中的"线宽"按钮，以显示线宽设置效果。

8）注意在状态栏中 x、y 坐标显示的变化。

9）单击状态栏中"捕捉" ▦、"栅格" ▦ 和"线宽" ▤ 按钮，观察对绘图与屏幕显示的影响。

4.3 对象捕捉

对象捕捉是 AutoCAD 精确定位于对象上某点的一种重要方法，它能迅速地捕捉图形对象的端点、交点、中点、切点等特殊点和位置，从而提高绘图精度，简化设计、计算过程，提高绘图速度。

4.3.1 设置对象捕捉模式

1．命令

命令名：OSNAP（可透明使用）。

菜单："工具"→"草图设置"。

图标：（状态栏）（右击）→"对象捕捉设置"。

2．功能

设置对象捕捉模式。

3．对话框

打开"草图设置"对话框的"对象捕捉"选项卡，如图 4-8 所示。

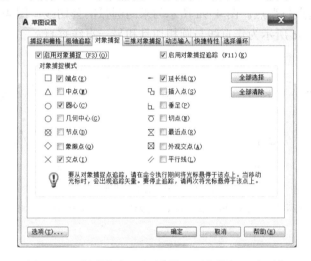

图 4-8 "草图设置"对话框的"对象捕捉"选项卡

选项卡中的两个复选框"启用对象捕捉"和"启用对象捕捉追踪"用来确定是否打开对象捕捉功能和对象捕捉追踪功能。选项卡中还有"全部选择"和"全部清除"两个按钮，单击前者，则选中所有捕捉模式；单击后者，则清除所有捕捉模式。

在"对象捕捉模式"选项组中，规定了对象上 13 种特征点的捕捉。选中捕捉模式后，在绘图屏幕上，只要把靶框放在对象上，即可捕捉到对象上的特征点。并且在每种特征点前都规定了相应的捕捉显示标记，例如，中点用小三角表示，圆心用一个小圆圈表示。

各捕捉模式的含义如下：

● 端点（END）：捕捉直线段或圆弧的端点，捕捉到离靶框较近的端点。

● 中点（MID）：捕捉直线段或圆弧的中点。

● 圆心（CEN）：捕捉圆或圆弧的圆心，靶框放在圆周上，捕捉到圆心。

● 节点（NOD）：捕捉到靶框内的孤立点。

● 象限点（QUA）：相对于当前 UCS，圆周上最左、最右、最上、最下的 4 个点称为象限点，靶框放在圆周上，捕捉到最近的一个象限点。

● 交点（INT）：捕捉两线段的显示交点和延伸交点。

- 延伸（EXT）：当靶框在一个图形对象的端点处移动时，AutoCAD 显示该对象的延长线，并捕捉正在绘制的图形与该延长线的交点。
- 插入点（INS）：捕捉图块、图像、文本和属性等的插入点。
- 垂足（PER）：当向一对象画垂线时，把靶框放在对象上，可捕捉到对象上的垂足位置。
- 切点（TAN）：当向一对象画切线时，把靶框放在对象上，可捕捉到对象上的切点位置。
- 最近点（NEA）：当靶框放在对象附近拾取时，捕捉到对象上离靶框中心最近的点。
- 外观交点（APP）：当两对象在空间交叉，而在一个平面上的投影相交时，可以从投影交点捕捉到某一对象上的点；或者捕捉两投影延伸相交时的交点。
- 平行（PAR）：捕捉图形对象的平行线。

对于垂足捕捉和切点捕捉，AutoCAD 还提供了延迟捕捉功能，即根据直线的两端条件来准确求解直线的起点与端点。图 4-9a 所示为求两圆弧的公切线；图 4-9b 所示为求圆弧与直线的公垂线；图 4-9c 所示为作直线与圆相切且和另一直线垂直。

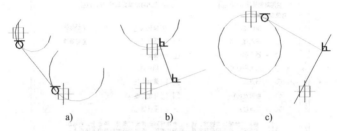

图 4-9   延迟捕捉功能

a) 两圆弧公切线   b) 圆弧与直线的公垂线   c) 与圆相切且与直线垂直

提示

1）选择了捕捉类型后，在后续命令中，要求指定点时，这些捕捉设置长期有效，作图时可以看到出现靶框要求捕捉。若要修改，则再次启动"草图设置"对话框。

2）AutoCAD 为了操作方便，在状态栏中设置有对象捕捉开关，对象捕捉功能可通过状态栏中的"对象捕捉"按钮来控制其打开和关闭。

4.3.2   利用快捷菜单调整对象捕捉功能

1. 对象捕捉

AutoCAD 还提供有另一种对象捕捉的操作方式，即在命令要求输入点时，临时调用对象捕捉功能，此时它覆盖"对象捕捉"选项卡的设置，称为"单点优先"方式。此方式只对当前点有效，对下一点的输入就无效了。

具体操作为：在命令要求输入点时，同时按下〈Shift〉键和鼠标右键，在屏幕上当前光标处出现"对象捕捉"快捷菜单，如图 4-10 所示。

【例 4-1】   如图 4-11a 所示，已知上边一圆和下边一条水平线，现利用对象捕捉功能从圆心→直线中点→圆切点→直线端点画一条折线。

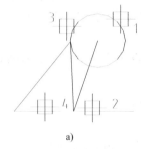
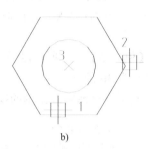

a)　　　　　　　　　　　　　　　　　b)

图 4-10　"对象捕捉"快捷菜单　　　　　　　图 4-11　对象捕捉应用举例

具体操作过程如下：

> **命令：LINE**✓
> 指定第一点：（单击"对象捕捉"工具栏的"捕捉到圆心"按钮◎）
> _cen 于　（拾取圆 1）
> 指定下一点或 [放弃(U)]：（单击"对象捕捉"工具栏的"捕捉到中点"按钮╱）
> _mid 于　（拾取直线 2）
> 指定下一点或 [放弃(U)]：（单击"对象捕捉"工具栏的"捕捉到切点"按钮◎）
> _tan 到　（拾取圆 3）
> 指定下一点或 [闭合(C)/放弃(U)]：（单击"对象捕捉"工具栏的"捕捉到端点"按钮╱）
> _endp 于　（拾取直线 4）
> 指定下一点或 [闭合(C)/放弃(U)]：✓（按〈Enter〉键）

2．追踪捕捉

追踪捕捉用于二维作图，可以先后提取捕捉点的 x、y 坐标值，从而综合确定一个新点。因此，此功能经常和其他对象捕捉方式配合使用。

【**例 4-2**】　以图 4-11b 中所示的正六边形中心为圆心，画一半径为 30 的圆。

具体操作过程如下：

> （先绘制出图中的六边形）
> **命令：CIRCLE**✓
> 指定圆的圆心或 [三点(3P)/两点(2P)/相切、相切、半径(T)]：**TRACKING**✓（选取追踪捕捉，自动打开正交功能）
> 第一个追踪点：（拾取中点捕捉）
> _mid 于（拾取底边中点 1 处）
> 下一点（按〈Enter〉键结束追踪）：（拾取交点捕捉）
> _int 于（拾取交点 2 处）

　　　　下一点（按〈Enter〉键结束追踪）：✓（按〈Enter〉键结束追踪，AutoCAD 提取点 1 x 坐标，点
2 y 坐标，定位于点 3，即正六边形中心）
　　　　指定圆的半径或 [直径(D)]：**30**✓（画一半径为 30 的圆）
　　　　命令：

　　打开追踪捕捉功能后，系统自动打开正交功能，拾取到第 1 点后，如靶框水平移动，
则提取点 1 的 y 坐标，如靶框垂直移动则提取点 1 的 x 坐标，然后由第二点补充另一坐标。

3．点过滤器

　　点过滤是通过过滤拾取点的坐标值的方法来确定一个新点
的位置，在如图 4-10 所示的快捷菜单中"点过滤器"菜单项的
下一级菜单内："·X"为拾取点的 x 坐标；"·XY"为拾取点的
x、y 坐标。

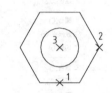

图 4-12　利用点过滤器绘图

【例 4-3】　如图 4-12 所示，以正六边形中心点为圆心，画
一半径为 30 的圆。

　　利用点过滤实现绘图的操作过程如下：

　　　　命令：CIRCLE✓
　　　　指定圆的圆心或 [三点(3P)/两点(2P)/相切、相切、半径(T)]：（同时按〈Shift〉键和鼠标右键，弹
出快捷菜单，拾取快捷菜单"点过滤器"子菜单的"·XZ"项）
　　　　XZ 于（拾取中点捕捉）
　　　　_mid 于（拾取中点 1）
　　　　（需要 Y）：（拾取交点捕捉）
　　　　_int 于（拾取点 2，综合后定位于点 3）
　　　　指定圆的半径或 [直径(D)]：30✓（画出圆）

　　把这种操作与追踪捕捉对照，就可以看出追踪捕捉就是在二维作图中取代了点过滤
的操作。

4.3.3　自动捕捉

　　AutoCAD 的自动捕捉功能提供了视觉效果可指示出对象正在被捕捉的特征点，以便用户
正确捕捉。当光标放在图形对象上时，自动捕捉会显示一个特征点的捕捉标记和捕捉提示。
可通过如图 4-13 所示的"选项"对话框中的"绘图"选项卡设置自动捕捉的有关功能。

　　打开该对话框的方法是：从"工具"菜单中选择"选项"命令，即可打开"选项"对
话框。在该对话框中单击"绘图"标签，即可打开"绘图"选项卡。在该选项卡中列出了自
动捕捉的有关设置：

- 标记：如选中该复选框，则当拾取靶框经过某个对象时，该对象上符合条件的特征
  点就会显示捕捉点类型标记并指示捕捉点的位置。如图 4-14 所示，中点的捕捉标记
  为一个小三角形。在该选项卡中，还可以通过"自动捕捉标记大小"选项和"颜
  色"按钮来调整标记的大小和颜色。
- 磁吸：如选中该复选框，则拾取靶框会锁定在捕捉点上，且拾取靶框只能在捕捉点
  间跳动。
- 显示自动捕捉工具提示：如选中该复选框，则系统将显示关于捕捉点的文字说明，
  捕捉到中点，则在该点旁边显示"中点"，如图 4-14 所示。

● 显示自动捕捉靶框：如选中该复选框，则系统显示拾取靶框；选项卡中的"靶框大
  小"项用于调整靶框的大小。

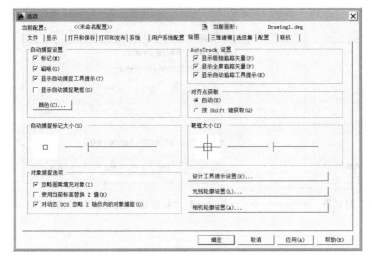

图 4-13 "选项"对话框的"绘图"选项卡　　　图 4-14 捕捉标记和捕捉提示

4.3.4 动态输入

使用动态输入功能可以在工具栏提示中输入坐标值，而不必在命令窗口中输入。

光标旁边显示的工具栏提示信息将随着光标的移动而动态更新。当某个命令处于活动
状态时，可以在工具栏提示中输入值，如图 4-15 所示。

有两种动态输入方式，分别为指针输入和标注输入。指针输入用于输入坐标值；标注
输入用于输入距离和角度。动态输入方式可通过如图 4-16 所示"草图设置"对话框中的
"动态输入"选项卡进行设置。指针输入及标注输入的格式与可见性可通过在如图 4-16 所示
"草图设置"对话框中单击左边或右边的"设置"按钮，在弹出的如图 4-17 所示"指针输入
设置"对话框或如图 4-18 所示"标注输入的设置"对话框中进行设置。

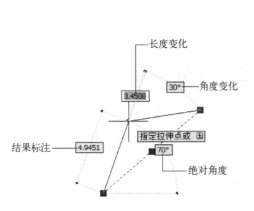

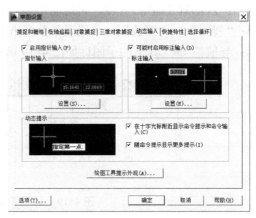

图 4-15 动态输入显示　　　　图 4-16 "草图设置"对话框中的"动态输入"选项卡

可以通过单击状态栏上的"DYN"按钮来打开或关闭动态输入。

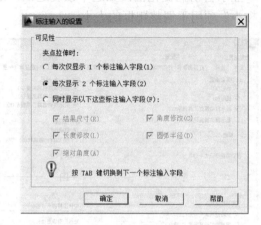

图 4-17　"指针输入设置"对话框　　　　　图 4-18　"标注输入的设置"对话框

4.4　显示控制

在绘图过程中，经常需要对所画图形进行显示缩放、平移、重画、重生成等各种操作。本节的命令用于控制图形在屏幕上的显示，可以按照用户所期望的位置、比例和范围控制屏幕窗口对"图样"相应部位的显示，便于观察和绘制图形。这些命令只改变视觉效果，而不改变图形的实际尺寸及图形对象间的相互位置关系。本节将介绍刷新屏幕的重画和重生成命令，以及控制显示的缩放和平移命令。

4.4.1　显示缩放

显示缩放命令 ZOOM 的功能如同相机的变焦镜头，它能将镜头对准"图样"上的任何部分，放大或缩小观察对象的视觉尺寸，而其实际尺寸保持不变。

1．命令

命令名：ZOOM（缩写名：Z，可透明使用）。

菜单："视图"→"缩放"→由级联菜单列出各选项。

图标：导航栏 🔍（其下的子图标如图 4-19 所示）。

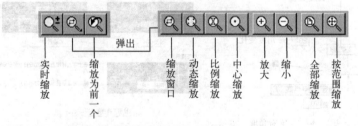

图 4-19　显示缩放的图标

2．常用选项说明

1）实时缩放（R）：在实时缩放时，从图形窗口中当前光标点处上移光标，图形显示放大；下移光标，图形显示缩小。按鼠标右键，将弹出快捷菜单，如图 4-20 所示。该菜单包括下列选项：

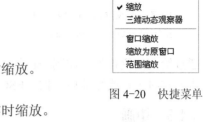

- 退出：退出实时模式。
- 平移：从实时缩放转换到实时平移。
- 缩放：从实时平移转换到实时缩放。
- 三维动态观察器：进行三维轨道显示。
- 窗口缩放：显示一个指定窗口，然后回到实时缩放。
- 缩放为原窗口：恢复原窗口显示。

图 4-20　快捷菜单

- 范围缩放：按图形界限显示全图，然后回到实时缩放。

2）缩放为前一个（P）：恢复前一次显示。

3）缩放窗口（W）：指定一个窗口（图 4-21a），把窗口内图形放大到全屏（图 4-21b）。

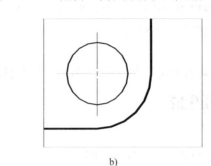

a)　　　　　　　　　　　　　　　　　b)

图 4-21　缩放窗口

4）动态缩放（D）：使用矩形视图框进行平移和缩放。

5）比例缩放（S）：以屏幕中心为基准，按比例缩放，例如：

- 2：以图形界限为基础，放大一倍显示。
- 5：以图形界限为基础，缩小一半显示。
- 2x：以当前显示为基础，放大一倍显示。
- 0.5x：以当前显示为基础，缩小一半显示。

6）中心缩放（C）：缩放以显示由中心点和比例值/高度所定义的视图。高度值较小时增加放大比例。高度值较大时减小放大比例。

7）放大（I）：相当于 2x 的比例缩放。

8）缩小（O）：相当于 0.5x 的比例缩放。

9）全部缩放（A）：按图形界限显示全图。

10）按范围缩放（E）：按图形对象占据的范围全屏显示，而不考虑图形界限的设置。

4.4.2　显示平移

1. 命令

命令名：PAN（可透明使用）。

菜单："视图"→"平移"→由级联菜单列出常用操作。

图标：导航栏🖐。

2. 说明

在选择"实时平移"选项时，光标变成一只小手，按住鼠标左键移动光标，当前视口中的图形就会随着光标的移动而移动。

在选择"定点"选项平移时，AutoCAD 提示：

> 指定基点或位移：（输入点 1）
> 指定第二点：（输入点 2）

通过给定的位移矢量控制平移的方向与大小。

进入实时平移或缩放后，按〈ESC〉键或按〈Enter〉键可以随时退出实时状态。

4.4.3　重画

1．命令

命令名：REDRAW（缩写名：R，可透明使用）。

菜单："视图"→"重画"。

2．功能

快速地刷新当前视口中显示内容，去掉所有的临时点标记和图形编辑残留。

4.4.4　重生成

1．命令

命令名：REGEN（缩写名：RE）。

菜单："视图"→"重生成"。

2．功能

重新计算当前视口中的所有图形对象，进而刷新当前视口中的显示内容。它将原显示不太光滑的图形重新变得光滑。REGEN 命令比 REDRAW 命令更费时间。对绘图过程中有些设置的改变，如填充（FILL）模式、快速文本（QTEXT）的打开与关闭，往往要执行一次 REGEN，才能使屏幕产生变动。

4.5　对象特性概述

对象特性是指对象的图层、颜色、线型、线宽和打印样式。图层类似于透明胶片，用来分类组织不同的图形信息；颜色可以用来区分图形中相似的图形对象；线型可以很容易区分不同的图形对象（如实线、虚线、点画线等）；同一线型的不同线宽可用来表示不同的表达对象（如工程制图中的粗线和细线）；打印样式可控制图形的输出形式。而用图层来组织和管理图形对象可使得图形的信息管理更加清晰。

4.5.1　图层

AutoCAD 中的图层（Layer）可以想象为一张没有厚度的透明纸，上边画有属于该层的图形对象。图形中所有这样的层叠放在一起，就组成了一个 AutoCAD 的完整图形。

图层在图形设计和绘制中具有很大的实际意义。例如，在城市道路规划设计中，就可以将道路、建筑以及给水、排水、电力、电信、煤气等管线的布置图画在不同的图层上，把所有层加在一起就是整条道路规划设计图。对各个层进行处理时（如要对排水管线的布置进行修改），只要单独对相应的图层进行修改即可，不会影响到其他层。

图层是 AutoCAD 用来组织图形的有效工具之一，AutoCAD 图形对象必须绘制在某一层上。图层具有下列特点：

1）每一图层对应一个图层名，系统默认设置的图层为"0"（零）层。其余图层由用户根据绘图需要命名创建，数量不限。

2）各图层具有同一坐标系，好像透明纸重叠在一起一样。每一图层对应一种颜色、一种线型。新建图层的默认设置为白色、连续线（实线）。图层的颜色和线型设置可以修改。一般在一个图层上创建图形对象时，就自然采用该图层对应的颜色和线型，称为"随层"（ByLayer）方式。

3）当前作图使用的图层称为当前层，当前层只有一个，但可以切换。

4）图层具有以下特征，用户可以根据需要进行设置：

● 打开（ON）/关闭（OFF）：控制图层上的实体在屏幕上的可见性。图层打开，则该图层上的对象可见，图层关闭，该图层的对象从屏幕上消失。

● 冻结（Freeze）/解冻（Thaw）：不仅影响图层的可见性，并且控制图层上的实体在打印输出时的可见性。图层冻结时，该图层的对象不仅在屏幕上不可见，而且也不能打印输出。另外，在图形重新生成时，冻结图层上的对象不参加计算，因此可明显提高绘图速度。

● 锁定（Lock）/解锁（Unlock）：控制图层上的图形对象能否被编辑修改，但不影响其可见性。图层锁定，该图层上的对象仍然可见，但不能对其进行删除、移动等图形编辑操作。

5）AutoCAD 通过图层命令（LAYER）、"特性"工具栏中的图层列表以及工具图标等实施图层操作。

如图 4-22a 所示，最上边的组合结果图形，就是由粗实线层上的三个粗实线方框、剖面线层上的环形阴影剖面线以及中心线层上的垂直相交的两条中心线组合在一起后所得到的。图 4-22b 所示为一机械齿轮油泵的装配图，左侧为其"图层"工具栏中的图层列表，从中可以看到该图的部分图层设置。

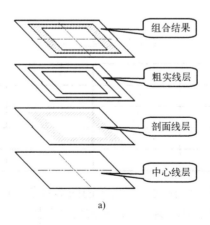

a)

图 4-22　图层的概念与应用

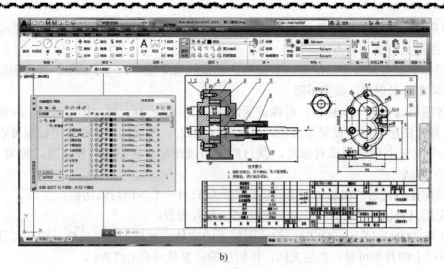

b)

图 4-22　图层的概念与应用（续）

4.5.2　颜色

颜色也是 AutoCAD 图形对象的重要特性，在 AutoCAD 颜色系统中，图形对象的颜色设置可分以下几种。

- 随层（ByLayer）：依对象所在图层，具有该层所对应的颜色。
- 随块（ByBlock）：当对象创建时，具有系统默认设置的颜色（白色），当该对象定义到块中，并插入到图形中时，具有块插入时所对应的颜色（块的概念及应用将在第6章中介绍）。
- 指定颜色：即图形对象不随层、随块时，可以具有独立于图层和图块的颜色。AutoCAD 颜色由颜色号对应，编号范围是 1～255，其中 1～7 号是 7 种标准颜色，见表 4-1。其中 7 号颜色随背景而变，背景为黑色时，7 号代表白色；背景为白色时，7 号代表黑色。

表 4-1　标准颜色列表

编　号	颜 色 名 称	颜　色	编　号	颜 色 名 称	颜　色
1	RED	红	5	BLUE	蓝
2	YELLOW	黄	6	MAGENTA	绛红
3	GREEN	绿	7	WHITE/BLACK	白/黑
4	CYAN	青			

因此，根据具体的设置，画在同一图层中的图形对象，可以具有随层的颜色，也可以具有独立的颜色。在实际操作中，颜色的设置常用"选择颜色"对话框（图 4-23）直观选择。AutoCAD 提供的 COLOR 命令，可以打开该对话框。

4.5.3　线型

线型（Linetype）是 AutoCAD 图形对象的另一重要特性。在公制测量系统中，

AutoCAD 提供线型文件 acadiso.lin，其以毫米为单位定义了各种线型（虚线、点画线等）的画长、间隔长等。AutoCAD 支持多种线型，用户可根据具体情况选用。例如，中心线一般采用点画线，可见轮廓线采用粗实线，不可见轮廓线采用虚线等。

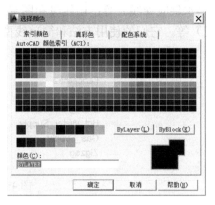

图 4-23 "选择颜色"对话框

1. 线型分类

用 AutoCAD 绘图时可采用的线型分三大类：ISO 线型、AutoCAD 线型和组合线型，下面分别予以介绍。

（1）ISO 线型

在线型文件 acadiso.lin 中按国际标准（ISO）、采用线宽 W=1.00mm 定义的一组标准线型。例如：

- Acad_iso02w100：线型说明为 ISO dash，即 ISO 虚线。
- Acad_iso04w100：线型说明为 ISO long-dash dot，即 ISO 长点画线。
- AutoCAD 的连续线（Continuous）用于绘制粗实线或细实线。

（2）AutoCAD 线型

在线型文件 acad.lin 中由 AutoCAD 软件自定义的一组线型，如图 4-24 所示。

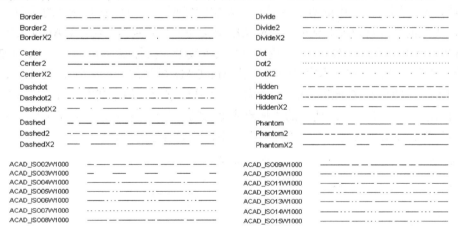

图 4-24 AutoCAD 中的线型

除连续线（Continuous）外，其余的线型有：DASHED（虚线）、HIDDEN（隐藏线）、CENTER（中心线）、DOT（点线）、DASHDOT（点画线）等。

AutoCAD 线型定义中，短画、间隔的长度和线宽无关。为了使用户能调整线型中短画和间隔的长度，AutoCAD 又把每种线型按短画、间隔长度的不同，扩充为三种，例如：

- DASHED（虚线），短画、间隔具有正常长度。
- DASHED.5X（虚线），短画、间隔为正常长度的一半。
- DASHED2X（虚线），短画、间隔为正常长度的 2 倍。

（3）组合线型

除上述一般线型外，AutoCAD 还在 ltypeshp.lin 线型文件中提供了一些组合线型，如图 4-25 所示。由线段和字符串组合的线型，如 Gas line（煤气管道线）、Hot water supply

（热水供应管线）等；由线段和图案（形）组合的线型，如 Fenceline（栅栏线）、Zigzag（折线）等。它们的使用方法和简单线型相同。

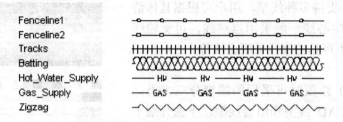

图 4-25　AutoCAD 中的组合线型

2．线型设置

和颜色相似，AutoCAD 中图形对象的线型设置有三种方式：

1）随层（ByLayer）：按对象所在图层，具有该层所对应的线型。

2）随块（ByBlock）：当创建对象时，该对象具有系统默认设置的线型（连续线）；当定义到块中，并插入到图形中时，该对象具有块插入时所对应的线型。

3）指定线型：即图形对象不随层、随块，而是具有独立于图层的线型，用对应的线型名表示。

因此，画在同一图层中的对象可以具有随层的线型，也可以具有独立的线型。在实际操作中，线型的设置常通过对话框直观地从线型文件中加载到当前图形。AutoCAD 提供的 LINETYPE 命令，用于定义线型、加载线型和设置线型。执行该命令，打开如图 4-26 所示"线型管理器"对话框，在文本窗口中列出了 AutoCAD 默认的三种线型设置：ByLayer（随层）、ByBlock（随块）、Continuous（连续线），可从中选取，如果其中没有所需线型，单击"加载"按钮，打开如图 4-27 所示的"加载或重载线型"对话框，选取相应的线型文件，单击"确定"按钮将其加载到"线型管理器"当中，然后再进行选择。

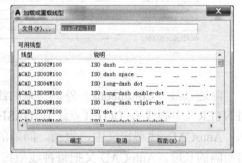

图 4-26　"线型管理器"对话框　　　　图 4-27　"加载或重载线型"对话框

3．线型比例

AutoCAD 还提供了线型比例的功能，即对一个线段，在总长不变的情况下，用线型比例来调整线型中短画、间隔的显示长度，该功能通过 LTSCALE 命令实现。具体如下：

命令名：LTSCALE（缩写名：LTS；可透明使用）

格式：

> 命令：**LTSCALE**↙
> 新比例因子<1.0000>：（输入新值）

此时 AutoCAD 根据新的比例因子自动重新生成图形。比例因子越大，则线段越长。

4.5.4　对象特性的设置与控制

AutoCAD 提供的"图层"面板（见图 4-28）中，排列了图层、颜色、线型的相关操作，由此可方便地设置和控制有关的对象特性。

1．打开图层特性管理器

单击 按钮，将打开如图 4-29 所示的"图层特性管理器"对话框，从中可对图层的各个特性进行必要的修改。

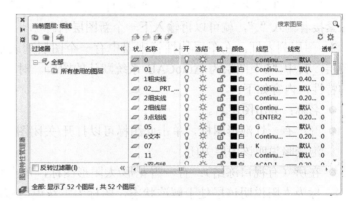

图 4-28　"图层"面板　　　　　　图 4-29　"图层特性管理器"对话框

2．将对象的图层置为当前

单击 按钮，然后在图形中选择某个对象，则该对象所在图层将成为当前层。

3．匹配图层

如果在错误的图层上创建了对象，可以单击 按钮，通过选择目标图层上的对象来更改该对象的图层。

4.6　图层的设置与应用

AutoCAD 提供的图层特性管理器，使用户可以方便地对图层进行操作。例如，建立新图层、设置当前图层、修改图层颜色、线型以及打开/关闭图层、冻结/解冻图层、锁定/解锁图层等。

4.6.1　图层的设置与控制

1．命令

命令名：LAYER（缩写名：LA，可透明使用）。

菜单："格式"→"图层"。

图标： 。

2．功能

对图层进行操作，控制其各项特性。

3．格式

命令：**LAYER**↙

打开如图 4-29 所示的"图层特性管理器"对话框，利用此对话框可对图层进行各种操作。

1）创建新图层。单击"新建图层"按钮 可创建新的图层，新图层的特性将继承 0 层的特性或继承已选择的某一图层的特性。新图层的默认名为"图层 *n*"，显示在中间的图层列表中，用户可以立即更名。图层名也可以使用中文。

一次可以生成多个图层，单击"新建图层"按钮 后，在"名称"栏中输入新图层名，紧接着输入"，"，就可以再输入下一个新图层名。

2）图层列表框。在图层特性管理器中有一个图层列表框，列出了用户指定范围的所有图层，其中"0"图层为 AutoCAD 系统默认的图层。对每一图层，都有一状态条说明该层的特性，内容如下：

- 名称：列出图层名。
- 开：有一灯泡形图标，单击此图标可以打开/关闭图层。灯泡发光说明该层打开，灯泡变暗说明该图层关闭。
- 在所（有视口冻结）：有一雪花形/太阳形图标，单击此图标可以冻结/解冻图层，图标为太阳说明该层处于解冻状态，图标为雪花说明该层被冻结，注意当前层不可以被冻结。
- 锁（定）：有一锁形图标，单击此图标可以锁定/解锁图层，图标为打开的锁说明该层处于解锁状态，图标为闭合的锁说明该层被锁定。
- 颜色：有一色块形图标，单击此图标将弹出"选择颜色"对话框（图 4-23），可修改图层颜色。
- 线型：列出图层对应的线型名。单击线型名，将弹出如图 4-30 所示的"选择线型"对话框，可以从已加载的线型中选择一种代替该图层线型。如果"选择线型"对话框中列出的线型不够，则可单击底部的"加载"按钮，调出"加载或重载线型"对话框（图 4-27），从线型文件中加载所需的线型。

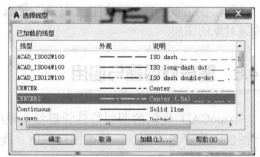

图 4-30　"选择线型"对话框

- 线宽：列出图层对应的线宽。单击线宽值，AutoCAD 打开"线宽"对话框，如图 4-31 所示，可用于修改图层的线宽。
- 打印样式：显示图层的打印样式。
- 打（印）：有一打印机形图标，单击该图标可控制图层的打印特性，打印机上有一红色球时表明该层不可被打印，否则可被打印。

3）设置当前图层。从图层列表框中选择任意一图层，单击"当前"按钮 ，即把它设置为当前图层。

4）图层排序。单击图层列表中的"名称"，就可以改变图层的排序。例如，要按层名排序，第一次单击"名称"，系统按字典顺序降序排列；第二次单击"名称"，系统按字典顺序升序排列。如单击"颜色"，则图层按 AutoCAD 颜色排序。

5）删除已创建的图层。用户创建的图层若从未被引用过，则可以单击"删除"按钮 将其删去。方法是，选中该图层，单击"删除"按钮 ，则该图层消失。系统创建的 0 层不能删除。

6）图层操作快捷菜单。在图层特性管理器中右击鼠标将弹出一快捷菜单，如图 4-32 所示。利用此菜单中的各选项可方便地对图层进行操作，包括设置当前层、建立新图层、全部选择或全部删除图层、设置图层过滤条件等。

图 4-31 "线宽"对话框

图 4-32 "图层操作"快捷菜单

4.6.2 图层设置的国标规定

国家标准规定了计算机制图中图层、颜色等的具体设置，见表 4-2。

表 4-2 图层设置的国标规定（摘自 GB/T 18229-2000）

图线名称	图线型式	层号	颜色
粗实线	——————————	01	白色
细实线	————————————	02	绿色
波浪线	～～～～		
粗虚线	— — — — —	03	白色
细虚线	- - - - - -	04	黄色
细点画线	— · — · — · —	05	红色

（续）

图 线 名 称	图 线 型 式	层 号	颜 色
细双点画线	—— ·· —— ·· ——	07	粉红色
尺寸界线、尺寸线等	⊢————⊣	08	
剖面符号	/////////	10	
文本细实线	ABCD	11	
尺寸值和公差	421±0.234	12	
文本粗实线	**ABCDEF**	13	
用户选用		14、16、16	

4.6.3 图层应用示例

图层广泛应用于组织图形，通常可以按线型（如粗实线、细实线、虚线和点画线等）、按图形对象类型（如图形、尺寸标注、文字标注、剖面线等）或按生产过程、管理需要来分层，并给每一层赋予适当的名称，使图形管理变得十分方便。

【例 4-4】 图 4-33 所示为一机械零件的工程图，下面结合绘图与生产要求对其设置图层，并进行绘图操作。

操作步骤如下：

1）打开"图层特性管理器"对话框，建立三个图层，并依国标规定其名称、颜色、线型、线宽如下（保留系统提供的 0 层，供辅助作图用）：

● 05 层：红色，线型 ACAD_ISO04W100，线宽 0.2，用于画定位轴线（点画线）。

● 01 层：白色，线型 Continuous，线宽 0.4，用于画可见轮廓线（粗实线）。

● 04 层：黄色，线型 ACAD_ISO02W100，线宽 0.2，用于画不可见轮廓线（虚线）。

2）选中 05 层，单击"当前"按钮，将其设为当前层，画定位轴线。

3）设 01 层为当前层，画可见轮廓线。

4）设 04 层为当前层，画中间钻孔。

5）如设 0 层为当前层，并关闭 04 层，则显示钻孔前的零件图形，如图 4-34 所示。

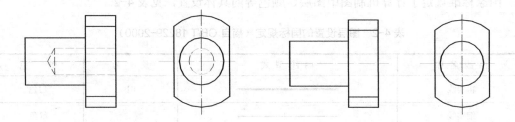

图 4-33　机械零件的工程图　　　　　图 4-34　显示钻孔前的零件图形

4.7 修改对象特性

AutoCAD 提供了修改对象特性的功能，可执行 PROPERTIES 命令打开"特性"对话框来操作。其中包含对象的图层、颜色、线型、线宽、打印样式等基本特性以及该对象的几何特性，可根据需要进行修改。

另外，AutoCAD 还提供了特性匹配命令 MATCHPROP，可以方便地把一个图形对象的图层、线型、线型比例、线宽等特性赋予另一个对象，而不用再逐项设定，可大大提高绘图速度，节省时间，并保证对象特性的一致性。

4.7.1 特性修改

1．命令

命令名：PROPERTIES。

菜单："修改"→"特性"。

图标：（"特性"面板）。

2．功能

修改所选对象的图层、颜色、线型、线型比例、线宽、厚度等基本属性及其几何特性。

3．格式

命令：**PROPERTIES**↙

打开"特性"对话框，如图 4-35 所示，其中列出了所选对象的基本特性和几何特性的设置，用户可根据需要进行相应修改。

4．说明

● 选择要修改特性的对象可用以下三种方法：在调用特性修改命令之前用夹点选中对象；调用命令打开"特性"对话框之后用夹点选择对象；单击

图 4-35 直线的"特性"对话框

"特性"对话框右上角的"快速选择"按钮，打开"快速选择"对话框，产生一个选择集。

● 选择的对象不同，对话框中显示的内容也不一样。选取一个对象，执行"特性修改"命令，可修改的内容包括对象所在的图层、对象的颜色、线型、线型比例、线宽、厚度等基本特性，以及线段长度、角度、坐标、直径等几何特性，图 4-35 所示为修改直线特性的对话框。

● 如选择多个对象，则执行修改特性命令后，对话框中只显示这些对象的图层、颜色、线型、线型比例、线宽、厚度等基本特性，如图 4-36 所示。可对这些对象的基本特性进行统一修改，文本框中的"全部（41）"表示共选择了 41 个对象。也可单击文本框右侧箭头，在下拉列表中选择某一对象对其特性进行单独修改，如图 4-37 所示。

4.7.2 特性匹配

1．命令

命令名：MATCHPROP（缩写名：MA，可透明使用）。

菜单："修改"→"特性匹配"。

 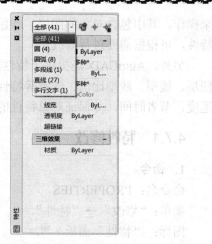

图 4-36　多个对象的"特性"对话框　　　　图 4-37　"特性"对话框中的对象类型列表

图标：（"特性"面板）🔲。

2．功能

把源对象的图层、颜色、线型、线型比例、线宽和厚度等特性复制到目标对象。

3．格式

> 命令：**MATCHPROP**↙
> 选择源对象：（拾取 1 个对象）
> 　　当前活动设置：颜色 图层 线型 线型比例 线宽 厚度 打印样式 标注 文字 填充图案 多段线 视口 表格材质 阴影显示
> 　　选择目标对象或 [设置(S)]：（拾取目标对象）

则源对象的图层、颜色、线型、线型比例和厚度等特性将复制到目标对象。

选择选项"设置（S）"，将打开"特性设置"对话框，如图 4-38 所示，可设置复制源对象的指定特性。

图 4-38　"特性设置"对话框

4.8 综合应用示例

本节介绍的两个示例综合应用了第 2、3、4 章介绍的有关命令，目的是给读者一个相对完整的绘图概念。

【例 4-5】 利用相关命令由图 4-39a 所示完成图 4-39b 所示图形。

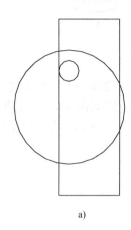
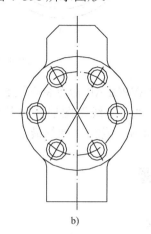

a)   b)

图 4-39   图形编辑

操作步骤：

1）利用 LINE 命令或 XLINE 命令找出矩形的中心，然后用 MOVE 命令使得大圆圆心与矩形中心重合。

2）用 CHAMFER 命令做出矩形上部的两个倒角。

3）用 TRIM 命令剪切掉矩形边的圆内部分。

4）用 OFFSET 命令在小圆内复制一个同心圆。

5）新建一"点画线"图层并将其设置为当前层，分别捕捉矩形上下两边的中点，用 LINE 命令绘制出竖直点画线；用 XLINE 命令的"H"选项绘制出过大圆圆心的水平点画线；分别捕捉大圆和小圆的圆心，用 LINE 命令绘制出小圆的法向中心线；用 CIRCLE 命令绘制过小圆圆心的切向中心线。

6）用 LENGTHEN 命令（或 TRIM、EXTEND 命令）调整点画线的长度。

7）用"环形阵列"（ARRAYPOLAR）命令将两同心小圆及其法向中心线绕大圆圆心环形阵列成 6 个。

【例 4-6】 利用相关命令由图 4-40a 所示完成图 4-40b 所示图形。

操作步骤：

1）用 EXTEND 命令分别延伸直线 3、4 的两端均与圆 1 相交。

2）用 TRIM 命令剪切掉直线 3、4 外侧的圆 1 和圆 2。

3）用 ARRAYPOLAR 命令将直线 3、4 及圆 1 和圆 2 的剩余部分绕圆心作环形阵列两份。

4）用 TRIM（剪切）命令剪切掉大十字形的中间部分。

5）用 FILLET 命令在直线 5、6 与圆 2 及圆 7 间倒圆角。

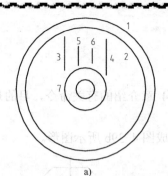 

a) b)

图 4-40　零件图形编辑

6）用 ARRAYPOLAR 命令将直线 5、6 及其相连圆角绕圆心作环形阵列 4 份。

7）新建一"点画线"图层并将其设置为当前层，捕捉最左、最右圆弧的中点，用 LINE 命令绘制水平对称线；捕捉最上、最下圆弧的中点，用 LINE 命令绘制垂直对称线。

4.9　思考题

一、选择题

1．确定图形界限所考虑的主要因素是（　　）。

A．图形的尺寸　　　　　　　　B．绘图比例

C．图形的复杂度　　　　　　　D．以上全部

2．AutoCAD 的对象特性主要有（　　）。

A．图层　　　　　B．颜色　　　　　C．线型

D．线宽　　　　　E．以上全部

二、简答题

1．为什么要运用对象捕捉？对象捕捉有哪两种模式？它们分别适合于在什么情况下运用？

2．直线、圆、圆弧三种图形对象分别有哪些对象捕捉特殊点？

3．图形显示控制命令是否改变图形的实际尺寸及图形对象间的相对位置关系？"实时缩放"和"实时平移"命令有何特点？

4．在工程制图中图层可以有哪些应用？

5．在 AutoCAD 环境下如何新建图层、设置图层的颜色、线型、线宽？

6．绘图时图形总是画在哪一图层上？如何将某一图层设置为当前图层？如何打开和关闭某一图层？

7．图层的状态包括哪些？如何设置？

8．图层的颜色和层上图形对象的颜色是否是"一回事儿"？其间关系如何？

9．如何把一个图形中错画为虚线的中心线改为点画线？

三、分析题

1．如图 4-41 所示，各组图形均是通过捕捉图形某一特征点在左图的基础上用"直线"命令绘制成右图。请分析并在图下的括号内填写所捕捉的具体特征点，然后在上机时分别用快捷菜单捕捉和状态栏中对象捕捉功能两种方法具体实现之。

2．如图 4-42a 所示，已绘有圆 1、2 及直线 3，现欲利用对象捕捉功能绘制图 4-42b 中所示的折线：圆 1 圆心（A）→与圆 2 相切（B）→与直线 3 垂直（C）→圆 2 最下点（D）→直线 3 中点（E）→圆 2 上任意一点（F）→直线 3 端点（G），该如何操作？

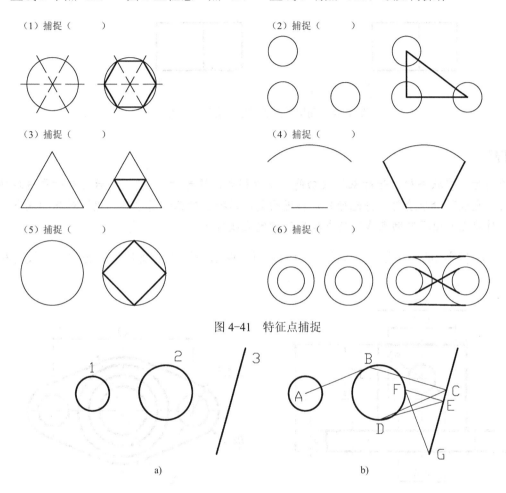

（1）捕捉（　　　）　　　　　　　　　　（2）捕捉（　　　）

（3）捕捉（　　　）　　　　　　　　　　（4）捕捉（　　　）

（5）捕捉（　　　）　　　　　　　　　　（6）捕捉（　　　）

图 4-41　特征点捕捉

a)　　　　　　　　　　　　　　b)

图 4-42　对象捕捉练习

3．极轴追踪和对象捕捉追踪练习：用极轴追踪功能绘制如图 4-43 所示边长为 58 的正六边形。

 提示

在状态栏打开极轴功能，将极轴追踪增量角设置为 30°，用"直线"命令绘图。移动鼠标，待所需方向上出现辅助点线指示时输入边长数值 58。

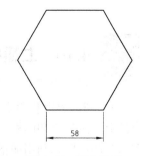

图 4-43　正六边形

4*．图 4-44a 所示为工程制图中表示一平面立体的三视图。请分析如何利用 AutoCAD 的对象捕捉追踪功能由图 4-44b 所示俯视图和左视图方便地绘制其主视图。

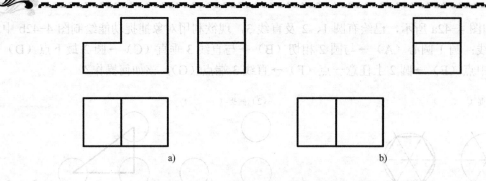

图 4-44　利用对象捕捉追踪绘制三视图

🐝 提示

绘图时，在状态栏打开对象捕捉功能，捕捉模式设置为"端点"；然后启动对象追踪功能，用"直线"命令绘图。将光标分别移近两圆，保持长对正和高平齐时追踪对齐的端点，待所需对应点处出现辅助点线及交点指示时确定直线端点。

5. 参考国标的有关规定，为如图 4-45 所示图形设置图层及其相应的颜色、线型和线宽。

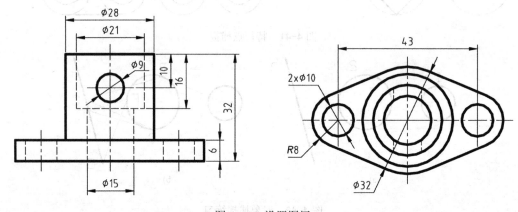

图 4-45　设置图层

4.10　上机练习

1. 图形界限和栅格与捕捉练习：用图形界限命令设置 A4 图纸幅面，并用"直线"命令绘制图纸边界和图框。然后根据图 4-46 所示图形尺寸数值的特点（均为 10 的倍数），设置适当的间距，利用栅格和捕捉功能绘制图形。

2*. 精确绘图：打开如图 4-42a 所示的基础图形文件，将当前线宽设置为 0.5 mm，然后根据上面所作分析，利用对象捕捉功能绘制图中的折线，完成图 4-42b 所示的绘制。

3. 显示控制：以上面所绘图形为样图，练习 ZOOM、PAN、DSVIEWER、REDRAW、REGEN 命令及有关选项的使用。

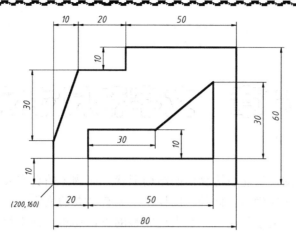

图 4-46　利用栅格和捕捉功能绘图

4．对象特性的基本操作：打开 C：Program Files\AutoCAD 2019\Sample 文件夹下的某一 dwg 文件，然后对其中的某些图层进行关闭、冻结、改变颜色、改变线型、改变线宽等操作，观察图形显示的变化情况，最后不存盘退出。

5．图层应用：使用图层绘制如图 4-45 所示图形。

 提示

在绘制图 4-45 时，可建立三个图层：

1）CSHX 层：绘制图中的粗实线。线型 CONTINOUS，颜色为白色或黑色，线宽 0.3mm。

2）XX 层：绘制图中的虚线。线型 ACAD_ISO02W100，颜色为红色，线宽 0.1mm。

3）DHX 层：绘制图中的点画线。线型 ACAD_ISO04W100，颜色为蓝色，线宽 0.1mm。

若图中未直观地显示出所设图线的粗细，可检查状态栏中的"线宽"按钮是否按下；若显示出的图线太粗，可在状态栏"线宽"按钮处右击鼠标，从快捷菜单中选择"设置"选项，在弹出的"线宽设置"对话框内，向左拖动"调整显示比例"选项组内的滑块至适当位置。

6．按照所给步骤完成本章 4.8 节两例图的绘制和编辑，并提出对此方法和步骤的改进意见。

7*．根据所作分析，打开基础图形文件，上机完成图 4-43 和图 4-44 所示两图形的绘制。

第5章 文字和尺寸标注

在工程设计中，图形只能表达物体的结构形状，而物体的真实大小和各部分的相对位置必须通过标注尺寸才能确定。此外，图样中还要有必要的文字，如注释说明、技术要求以及标题栏等。尺寸、文字和图形一起表达完整的设计思想，在工程图样中起着非常重要的作用。

AutoCAD 提供了强大的尺寸标注、文字输入和尺寸、文字编辑功能，而且支持包括 True Type 字体在内的多种字体，用户可以用不同的字体、字型、颜色、大小和排列方式等达到多种多样的文字效果。本章将介绍如何利用 AutoCAD 进行图样中尺寸、文字的标注和编辑。

AutoCAD 2019 的文字标注命令分布于菜单"绘图""格式"下；尺寸标注命令主要集中于菜单"标注"以及"格式"下，如图 5-1a 所示。AutoCAD 2019 的文字和尺寸标注命令位于"默认"选项卡下的"注释"面板（图 5-1b），以及"注释"选项卡下的"文字"面板和"标注"面板（图 5-1a、c）。

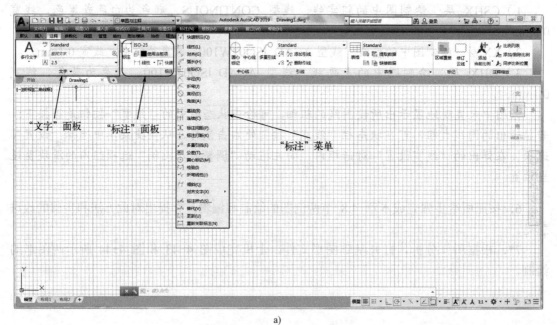

a)

图 5-1　文字和尺寸标注命令

a)"标注"菜单

b)　　　　　　　　　　　　　　　　　　　　　　　　　c)

图 5-1　文字和尺寸标注命令（续）

b) "默认"选项卡"注释"面板　c) "注释"选项卡"文字"面板和"标注"面板

5.1　字体和字样

在工程图中，不同位置可能需要采用不同的字体，即使用同一种字体又可能需要采用不同的样式，如有的需要字大一些，有的需要字小一些，有的需要水平排列，有的需要垂直排列或倾斜一定角度排列等，这些效果可以通过定义不同的文字样式来实现。

5.1.1　字体和字样的概念

AutoCAD 系统使用的字体定义文件是一种形（SHAPE）文件，它存放在文件夹 FONTS 中，如 txt.shx，romans.shx，gbcbig.shx 等。由一种字体文件，采用不同的高宽比、字体倾斜角度等可定义多种字样。系统默认使用的字样名为 STANDARD，它根据字体文件 txt.shx 定义生成。用户如果需定义其他字体样式，可以使用 STYLE（文字样式）命令。

AutoCAD 还允许用户使用 Windows 提供的 True Type 字体，包括宋体、仿宋体、隶书、楷体等汉字和特殊字符，它们具有实心填充功能。由同一种字体可以定义多种样式，图 5-2 所示为用仿宋体创建的几种文字样式。

同一字体不同样式
同一字体不同样式
同 一 字 体 不 同 样 式
同一字体不同样式
同一字体不同样式

图 5-2　用仿宋体创建的不同文字样式

5.1.2　文字样式的定义和修改

用户可以利用 STYLE 命令建立新的文字样式，或对已有样式进行修改。一旦一个文字样式的参数发生变化，则所有使用该样式的文字都将随之更新。

1. 命令

命令名：STYLE。

菜单："格式"→"文字样式"。

图标：。

2. 功能

定义和修改文字样式，设置当前样式，删除已有样式以及对文字样式重命名。

3. 格式

命令：**STYLE**✓

打开如图 5-3 所示"文字样式"对话框，从中可以选择字体，建立或修改文字样式。

图 5-3　"文字样式"对话框

图 5-4 所示为不同设置下的文字效果。

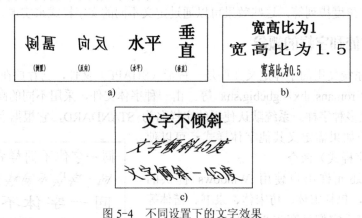

图 5-4　不同设置下的文字效果

a) 不同放置　　b) 不同宽度比例　　c) 不同倾斜角度

在"文字样式"对话框中，也可使用 AutoCAD 中文版提供的符合我国工程制图国家标准的专用字体。汉字为长仿宋矢量字体，具体方法为：选中"使用大字体"复选框，然后在"字体样式"下拉列表框中选取"gbcbig.shx"；数字和字母可选择"gbenor.shx"（直体）或"gbeitic.shx"（斜体）。

4．示例

建立名为"工程图"的工程制图用文字样式，字体采用仿宋体，常规字体样式，固定字高 10mm，宽度比例为 0.707。

操作步骤如下：

1）在"格式"菜单中选择"文字样式"命令，打开"文字样式"对话框。

2）单击"新建"按钮打开如图 5-5 所示的"新建文字样式"对话框，输入新建文字样式名"工程图"后，单击"确定"按钮关闭该对话框。

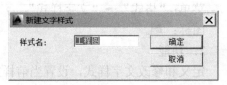

图 5-5　"新建文字样式"对话框

3）在"文字样式"对话框中取消选择"使用大字体"前面的复选框，在"字体"选项组的"字体名"下拉列表框中选择"仿宋"，在"字体样式"下拉列表框中选择"常规"，在"高度"文本框中输入"10"。

4）在"效果"选项组中，设置"宽度因子"为"0.707"，"倾斜角度"为"0"，其余复选框均不选中。

各项设置如图 5-6 所示。

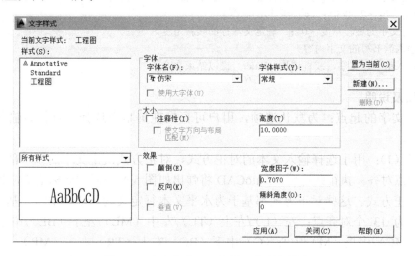

图 5-6　建立名为"工程图"的文字样式

5）依次单击"应用"和"关闭"按钮，建立此"工程图"文字样式并关闭对话框。
图 5-7 所示为用上面建立的"工程图"文字样式书写的文字效果。

图样是工程界的一种技术语言

图 5-7　使用"工程图"文字样式书写的文字效果

5.2　文字的书写

针对图形中书写文字要求的不同，AutoCAD 提供有两个文字命令——单行文字和多行文字。本节将分别介绍。

5.2.1　单行文字

1．命令

命令名：TEXT 或 DTEXT。

菜单："绘图"→"文字"→"单行文字"。

图标：A｜。

2．功能

动态书写单行文字，在书写时所输入的字符动态显示在屏幕上，并用方框显示下一文字书写的位置。书写完一行文字后按〈Enter〉键可继续输入另一行文字，利用此功能可创建多行文字，但是每一行文字为一个对象，可单独进行编辑修改。

3．格式

命令：**TEXT**↙
当前文字样式：工程图
指定文字的起点或 [对正(J)/样式(S)]：（选取一点作为文本的起始点）
指定高度 <2.5000>：（确定字符的高度）
指定文字的旋转角度 <0>：（确定文本行的倾斜角度）
（输入欲书写的文字内容）
（输入下一行文字，或直接按〈Enter〉键以结束命令）

4．选项及说明

● 指定文字的起点：为默认选项，用户可直接在屏幕上选择一点作为输入文字的起始点。
● 对正（J）：用于选择输入文本的对正方式，对正方式决定文本的哪一部分与所选的起始点对齐。执行此选项，AutoCAD 将弹出如图 5-8 所示的光标菜单，其中提供 15 种对正方式。这些对正方式都基于为水平文本行定义的顶线、中线、基线和底线，具体为 13 个对齐点：左（L）/左上（TL）/左中（ML）/左下（BL）/中上（TC）/正中（MC）/中央（M）/中心（C）/中下（BC）/右上（TR）/右中（MR）/右（R）/右下（BR），各对正点如图 5-9 所示。还有两个对正方式需指定两个参照点。

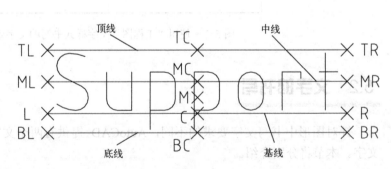

图 5-8　文字对正选项光标菜单　　　　　　　图 5-9　文字的对正方式

对齐（A）：通过指定基线左右的两个端点来指定文字的高度和方向，字符的大小根据其高度按比例调整，文字字符串越长，字符越矮。

布满（F）：指定文字按照由两点定义的方向和一个高度值布满一个区域，其只适用于水平方向的文字。

用户应根据文字书写外观布置要求，选择一种适当的文字对正方式。

● 样式（S）：确定当前使用的文字样式。

5．文字输入中的特殊字符

对有些特殊字符，如直径符号、正负公差符号、度符号以及上画线、下画线等，AutoCAD 提供了控制码的输入方法。常用控制码及其输入示例和输出效果见表 5-1。

表 5-1　常用控制码

控 制 码	意 义	输 入 示 例	输 出 效 果
%%o	文字上画线开关	%%oAB%%oCD	A̅B̅CD
%%u	文字下画线开关	%%uAB%%uCD	A̲B̲CD
%%d	度符号	45%%d	45°
%%p	正负公差符号	50%%p0.5	50±0.5
%%c	圆直径符号	%%c60	φ60

5.2.2　多行文字

MTEXT 命令允许用户在多行文字编辑器中创建多行文本，与 TEXT 命令创建的多行文本不同的是，前者所有文本行为一个对象，作为一个整体进行移动、复制、旋转、镜像等编辑操作。多行文本编辑器与 Windows 的文字处理程序类似，可以灵活方便地输入文字，不同的文字可以采用不同的字体和文字样式，而且支持 True Type 字体、扩展的字符格式（如粗体、斜体、下画线等）、特殊字符，并可实现堆叠效果以及查找和替换功能等。多行文本的宽度由用户在屏幕上画定一个矩形框来确定，也可在多行文本编辑器中精确设置，文字书写到该宽度后自动换行。

1．命令

命令名：MTEXT。

菜单："绘图"→"文字"→"多行文字"。

图标：。

2．功能

利用多行文字编辑器书写多行的段落文字，可以控制段落文字的宽度、对正方式，允许段落内文字采用不同字样、不同字高、不同颜色和排列方式，整个多行文字是一个对象。

图 5-10 所示为一个多行文字对象，其中包括五行，各行采用不同的字体、字样或字高。

ABCDEFGHIJKLMN
多行文字多行文字
多行文字多行文字
ABCDEFGHIJKLMN
ABCDEFGHIJKLMN

图 5-10　多行的段落文字

3．格式

命令：**MTEXT**↙
当前文字样式：Standard。文字高度：2.5
指定第一角点：（指定矩形框的第一个角点）
指定对角点或 [高度(H)/对正(J)/行距(L)/旋转(R)/样式(S)/宽度(W)]：（指定矩形框的另一个角点）

在此提示下指定矩形框的另一个角点，则显示一个矩形框，文字按默认的左上角对正方式排布，矩形框内有一箭头表示文字的扩展方向。当指定第二角点后，AutoCAD 弹出"文字格式"工具栏（图 5-11）和"多行文字编辑器"文本框，如图 5-12 所示，在其中可输入和编辑多行文字，并进行文字参数的多种设置。

图 5-11　"文字格式"工具栏

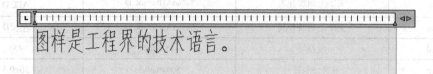

图 5-12　多行文字编辑器

4．说明与操作

"文字格式"工具栏用于控制多行文字对象的文字样式和选定文字的字符格式。其中从左至右的各选项说明如下：

- **文字样式**：设定多行文字的文字样式。
- **字体**：为新输入的文字指定字体或改变选定文字的字体。TrueType 字体按字体族的名称列出。AutoCAD 编译的形（SHX）字体按字体所在的文件名列出。
- **文字高度**：按图形单位设置新文字的字符高度或更改选定文字的高度。如果当前文字样式没有固定高度，则文字高度是 TEXTSIZE 系统变量中存储的值。多行文字对象可以包含不同高度的字符。
- **粗体**：为新输入文字或选定文字打开或关闭粗体格式。此选项仅适用于使用TrueType 字体的字符。
- **斜体**：为新输入文字或选定文字打开或关闭斜体格式。此选项仅适用于使用TrueType 字体的字符。
- **下画线**：为新输入文字或选定文字打开或关闭下画线格式。
- **放弃**：在多行文字编辑器中撤销操作，包括对文字内容或文字格式的更改。
- **重做**：在多行文字编辑器中重做操作，包括对文字内容或文字格式的更改。
- **堆叠**：如果选定文字中包含堆叠字符，则创建堆叠文字（如分数）。如果选定堆叠文字，则取消堆叠。使用堆叠字符、插入符（^）、正向斜杠（/）和磅符号（#）时，堆叠字符左侧的文字将堆叠在字符右侧的文字之上。

　　默认情况下，包含插入符（^）的文字转换为左对正的公差值。包含正斜杠（/）的文字转换为置中对正的分数值，斜杠被转换为一条同较长的字符串长度相同的水平线。包含磅符号（#）的文字转换为被斜线（高度与两个字符串高度相同）分开的分数。斜线上方的文字向右下对齐，斜线下方的文字向左上对齐。

- **文字颜色**：为新输入文字指定颜色或修改选定文字的颜色。可以将文字颜色设置为随层（ByLayer）或随块（ByBlock）。也可以从颜色列表中选择一种颜色。
- **关闭**：关闭多行文字编辑器并保存所做的任何修改。也可以在编辑器外的图形中单击以保存修改并退出编辑器。

5.3　文字的修改

用户可以利用 DDEDIT 命令或 PROPERTIES 命令编辑已创建的文本对象，但 DDEDIT 命令只能修改单行文本的内容和多行文本的内容及格式，而 PROPERTIES 命令不仅可以修改文本的内容，还可以改变文本的位置、倾斜角度、样式和字高等属性。

5.3.1　修改文字内容

1．命令

命令名：DDEDIT。

菜单："修改"→"对象"→"文字"→"编辑"。

图标：。

2．功能

修改已经绘制在图形中的文字内容。

3．格式

> 命令：**DDEDIT**✓
> 选择注释对象或 [放弃(U)]:

在此提示下选择想要修改的文字对象，如果选取的文本是用 TEXT 命令创建的单行文本，则文字将处于可编辑状态，可直接对其进行修改；如果选取的文本是用 MTEXT 命令创建的多行文本，选取后则打开"多行文字编辑器"，可在此编辑器中对已有文字进行修改和编辑。

5.3.2　修改文字大小

1．命令

命令名：SCALETEXT。

菜单："修改"→"对象"→"文字"→"比例"。

图标：。

2．功能

修改已经绘制在图形中文字的大小。

3．格式

> 命令：**SCALETEXT**✓
> 选择对象：（指定欲缩放的文字）
> 选择对象：✓
> 输入缩放的基点选项
> [现有(E)/左(L)/中心(C)/中间(M)/右(R)/左上(TL)/中上(TC)/右上(TR)/左中(ML)/正中(MC)/右中(MR)/左下(BL)/中下(BC)/右下(BR)] <现有>:（指定缩放的基准点）
> 指定新高度或 [匹配对象(M)/缩放比例(S)] <2.5>:（指定新高度或缩放比例）

5.3.3　一次修改文字的多个参数

1．命令

命令名：PROPERTIES。

菜单："修改"→"对象特性"。

图标：▨。

2．功能

修改文字对象的各项特性。

3．格式

命令：**PROPERTIES**✓

图 5-13　"特性"对话框

先选中需要编辑的文字对象，然后启动该命令，AutoCAD 将打开"特性"对话框，如图 5-13 所示，利用此对话框可以方便地修改文字对象的内容、样式、高度、颜色、线型、位置、角度等属性。

5.4　尺寸标注命令

由于标注类型较多，AutoCAD 把标注命令和标注编辑命令集中安排在"标注"下拉菜单和"标注"面板（图 5-1）中，使得用户可以灵活方便地进行尺寸标注。

一个完整的尺寸标注由四部分组成：尺寸界线、尺寸线、箭头和尺寸文字。AutoCAD 采用半自动标注的方法，即用户只需指定一个尺寸标注的关键数据，其余参数由预先设定的标注样式和标注系统变量来提供，从而使尺寸标注得到简化。

5.4.1　线性尺寸标注

命令名为 DIMLINEAR，用于标注线性尺寸，根据用户操作能自动判别从而标出水平尺寸或垂直尺寸，在指定尺寸线倾斜角后，可以标注斜向尺寸。

1．命令

命令名：DIMLINEAR。

菜单："标注"→"线性"。

图标：⊢⊣。

2．功能

标注垂直、水平或倾斜的线性尺寸。

3．格式

命令：**DIMLINEAR**✓
指定第一条尺寸界线原点或 <选择对象>：（指定第一条尺寸界线的起点）
指定第二条尺寸界线原点：（指定第二条尺寸界线的起点）
指定尺寸线位置或[多行文字(M)/文字(T)/角度(A)/水平(H)/垂直(V)/旋转(R)]：（指定尺寸线的位置）

用户指定了尺寸线位置之后，AutoCAD 自动判别标出水平尺寸或垂直尺寸，尺寸文字按 AutoCAD 自动测量值标出，如图 5-14 所示。

4．选项说明

● 在"指定第一条尺寸界线原点或<选择对象>："提示下，若按〈Enter〉键，则光标变为拾取框，系统要求拾取一条直线或圆弧对象，并自动取其两端点为两条尺寸界线的起点。

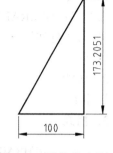

图 5-14　线性尺寸的标注

- 在"指定尺寸线位置或[多行文字(M)/文字(T)/角度(A)/水平(H)/垂直(V)/旋转(R)]："提示下，如选"M"（多行文字），则系统弹出多行文字编辑器，用户可以输入复杂的标注文字。
- 如选"T"（文字），则系统在命令窗口中显示尺寸的自动测量值，用户可以修改尺寸值。
- 如选"A"（角度），则可指定尺寸文字的倾斜角度，使尺寸文字倾斜标注。
- 如选"H"（水平），则取消自动判断并限定标注水平尺寸。
- 如选"V"（垂直），则取消自动判断并限定标注垂直尺寸。
- 如选"R"（旋转），则取消自动判断，尺寸线按用户输入的倾斜角标注斜向尺寸。

5.4.2　对齐尺寸标注

命令名为 DIMALIGNED，也是标注线性尺寸，其特点是尺寸线和两条尺寸界线起点连线平行，如图 5-15 所示。

1．命令

命令名：DIMALIGNED。

菜单："标注"→"对齐"。

图标：。

2．功能

标注对齐尺寸。

3．格式

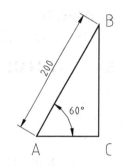

图 5-15　对齐尺寸和角度
尺寸的标注

> 命令：**DIMALIGNED**↙
> 指定第一条尺寸界线原点或 <选择对象>：（指定 A 点，如图 5-15 所示）
> 指定第二条尺寸界线原点：（指定 B 点）
> 指定尺寸线位置或[多行文字(M)/文字(T)/角度(A)]：（指定尺寸线位置）

尺寸线位置确定之后，AutoCAD 即自动标出尺寸，尺寸线和直线 AB 平行，如图 5-15 所示。

4．选项说明

- 如果直接按〈Enter〉键，用拾取框选择要标注的线段，则对齐标注的尺寸线与该线段平行。
- 其他选项"M""T""A"的含义与线性尺寸标注中相应选项相同。

5.4.3　半径标注

用于标注圆或圆弧的半径，并自动带半径符号 *R*，如图 5-16 中所示的 *R*50。

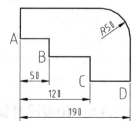

图 5-16　半径标注和基线标注

1．命令

命令名：DIMRADIUS。

菜单："标注"→"半径"。

图标：⊙。

2．功能

标注半径。

3．格式

> 命令：**DIMRADIUS**↙
>
> 选择圆弧或圆：（选择圆弧，国家标准规定对圆及大于半圆的圆弧应标注直径）
>
> 标注文字 =50
>
> 指定尺寸线位置或 [多行文字(M)/文字(T)/角度(A)]：（确定尺寸线的位置，尺寸线总是指向或通过圆心）

4．选项说明

三个选项的含义与前面相同。

5.4.4　直径标注

在圆或圆弧上标注直径尺寸，并自动带直径符号ϕ，如图 5-17 所示。

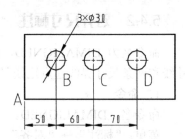

图 5-17　直径标注和连续标注

1．命令

命令名：DIMDIAMETER。

菜单："标注"→"直径"。

图标：⊙。

2．功能

标注直径。

3．格式及示例

> 命令：**DIMDIAMETER**↙
>
> 选择圆弧或圆：（选择要标注直径的圆弧或圆，如图 5-17 中所示的小圆）
>
> 标注文字 =30
>
> 指定尺寸线位置或 [多行文字(M)/文字(T)/角度(A)]：T↙（输入选项"T"）
>
> 输入标注文字 <30>：3-◇↙（"◇"表示测量值，"3×"为附加前缀）
>
> 指定尺寸线位置或 [多行文字(M)/文字(T)/角度(A)]：（确定尺寸线位置）

结果如图 5-16 中所示的 3×ϕ30。

4．选项说明

命令选项"M""T"和"A"的含义和前面相同。当选择"M"或"T"选项在多行文字编辑器或命令窗口中修改尺寸文字的内容时，用"◇"符号表示保留 AutoCAD 的自动测量值。若取消"◇"符号，则用户可以完全改变尺寸文字的内容。

5.4.5　角度尺寸标注

用于标注角度尺寸，角度尺寸线为圆弧。如图 5-15 所示，指定角度顶点 A 和 B、C 两点，标注角度 60°。此命令可标注两条直线所夹的角、圆弧的中心角及三点确定的角。

1．命令

命令名：DIMANGULAR。

菜单："标注"→"角度"。

图标：。

2．功能

标注角度。

3．格式

> 命令：**DIMANGULAR**↙
> 选择圆弧、圆、直线或 <指定顶点>：（选择一条直线）
> 选择第二条直线：（选择角的第二条边）
> 指定标注弧线位置或 [多行文字(M)/文字(T)/角度(A)]：（确定尺寸线圆弧的位置）
> 标注文字 =60

5.4.6 基线标注

用于标注有公共的第一条尺寸界线（作为基线）的一组尺寸线互相平行的线性尺寸或角度尺寸。但必须先标注第一个尺寸后才能使用此命令，如图 5-16 所示，在标注 AB 间尺寸 50 后，才可用基线尺寸命令选择第二条尺寸界线起点 C、D 来标注尺寸 120、190。

1．命令

命令名：DIMBASELINE。

菜单："标注"→"基线"。

图标：。

2．功能

标注具有共同基线的一组线性尺寸或角度尺寸。

3．格式及示例

> 命令：**DIMBASELINE**↙
> 指定第二条尺寸界线原点或 [放弃(U)/选择(S)] <选择>：（按〈Enter〉键选择作为基准的尺寸标注）
> 选择基准标注：（如图 5-16 所示，选择 AB 间的尺寸标注"50"为基准标注）
> 指定第二条尺寸界线原点或 [放弃(U)/选择(S)] <选择>：（指定 C 点，标注出尺寸 120）
> 指定第二条尺寸界线原点或 [放弃(U)/选择(S)] <选择>：（指定 D 点，标注出尺寸 190）

5.4.7 连续标注

用于标注尺寸线连续或链状的一组线性尺寸或角度尺寸。如图 5-17 所示，从 A 点标注尺寸 50 后，可用连续尺寸命令继续选择第二条尺寸界线起点，链式标注尺寸 60、70。

1．命令

命令名：DIMCONTINUE。

菜单："标注"→"连续"。

图标：。

2．功能

标注连续形链式尺寸。

3．格式及示例

命令：**DIMCONTINUE**✓

指定第二条尺寸界线原点或 [放弃(U)/选择(S)] <选择>：（按〈Enter〉键选择作为基准的尺寸标注）

选择连续标注：（选择图 5-17 中所示的尺寸标注"50"作为基准）
指定第二条尺寸界线原点或 [放弃(U)/选择(S)] <选择>：（指定 C 点，标出尺寸 60）
指定第二条尺寸界线原点或 [放弃(U)/选择(S)] <选择>：（指定 D 点，标出尺寸 70）

5.4.8　引线标注

用引线将图形中的有关内容引出标注。引线标注的基本命令有 LEADER 命令和 QLEADER 命令。另有多重引线标注命令 MQLEADER，可进行多种形式和多个内容的标注，其具体操作与 LEADER 命令和 QLEADER 命令相似，此处不再详述。

1．LEADER 命令

（1）命令

命令名：LEADER。

菜单："标注"→"多重引线"。

图标：如图 5-18 所示。

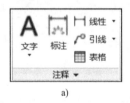 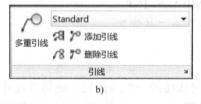

a)　　　　　　　　　　　　　　　b)

图 5-18　引线标注命令面板

a)"默认"选项卡下的"注释"面板　b)"注释"选项卡下的"引线"面板

（2）功能　完成带文字的注释或几何公差标注。图 5-19 所示为用不带箭头的引线标注圆柱管螺纹和圆锥管螺纹代号的标注示例。

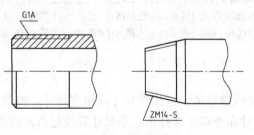

图 5-19　引线标注

（3）格式

命令：**LEADER**✓

指定引线起点：

指定下一点：
指定下一点或 [注释(A)/格式(F)/放弃(U)] <注释>：

在此提示下直接按〈Enter〉键，则输入文字注释。按〈Enter〉键后提示如下：

输入注释文字的第一行或 <选项>：

在此提示下，输入一行注释后按〈Enter〉键，则出现以下提示：

输入注释文字的下一行：

在此提示下可以继续输入注释，按〈Enter〉键则结束注释的输入。

若需要改变文字注释的大小、字体等，在提示"输入注释文字的第一行或 <选项>："下直接按〈Enter〉键，则提示"输入注释选项 [公差(T)/副本(C)/块(B)/无(N)/多行文字(M)] <多行文字>："，继续按〈Enter〉键将打开"多行文字编辑器"对话框。可由此输入和编辑注释。

如果需要修改标注格式，在提示"指定下一点或[注释(A)/格式(F)/放弃(U)] <注释>："下选择选项"格式（F）"，则后续提示为：

输入引线格式选项 [样条曲线(S)/直线(ST)/箭头(A)/无(N)] <退出>：

其中各选项说明如下：
● 样条曲线（S）：设置引线为样条曲线。
● 直线（ST）：设置引线为直线。
● 箭头（A）：在引线的起点绘制箭头。
● 无（N）：绘制不带箭头的引线。

2．QLEADER 命令

（1）命令
命令名：QLEADER。

（2）功能 快速绘制引线和进行引线标注。利用 QLEADER 命令可以实现以下功能：
● 进行引线标注和设置引线标注格式。
● 设置文字注释的位置。
● 限制引线上的顶点数。
● 限制引线线段的角度。

（3）格式

命令：**QLEADER**↙
指定第一个引线点或 [设置(S)]<设置>：
指定下一点：
指定下一点：
指定文字宽度 <0>：
输入注释文字的第一行 <多行文字(M)>：（在该提示下按〈Enter〉键，则打开"多行文字编辑器"）
输入注释文字的下一行：

若在提示"指定第一个引线点或 [设置(S)]<设置>："时直接按〈Enter〉键，则打开

"引线设置"对话框，如图 5-20 所示。

图 5-20   "引线设置"对话框

在"引线设置"对话框中有三个选项卡，通过选项卡可以设置引线标注的具体格式。

5.4.9 几何公差标注

对于一个零件，其实际形状和位置相对于理想形状和位置存在一定的误差，该误差称为几何公差。在工程图中，通常应当标注出零件中某些重要因素的几何公差。AutoCAD 提供了标注几何公差的功能，其标注命令为 TOLERANCE。所标注的几何公差文字的大小由系统变量 DIMTXT 确定。

1．命令

命令名：TOLERANCE。

菜单："标注"→"公差"。

图标：▦。

2．功能

标注几何公差。

3．格式

启动该命令后，打开"形位公差"对话框，如图 5-21 所示。在对话框中，单击"符号"下面的黑色方块，打开"特征符号"对话框，如图 5-22 所示，通过该对话框可以设置几何公差的代号。在该对话框中，选择某个符号则单击该符号，若不进行选择，则单击右下角的白色方块或按〈Esc〉键。

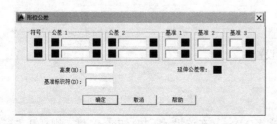

图 5-21   "形位公差"对话框

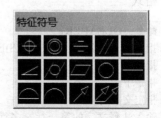

图 5-22   "特征符号"对话框

在"形位公差"对话框"公差 1"的文本框中输入公差数值，单击文本框左侧的黑色方块则设置直径符号 ϕ，单击文本框右侧的黑色方块，则打开"附加符号"对话框，利用该对话框设置包容条件，如图 5-23 所示。

若需要设置两个公差，利用同样的方法在"公差 2"输入区的文本框中进行设置。

在"形位公差"对话框的"基准"输入区设置基准，在其文本框中输入基准的代号，单击文本框右侧的黑色方块，则可以设置包容条件。

图 5-24 所示为标注的圆柱轴线的直线度公差。

图 5-23 　"附加符号"对话框

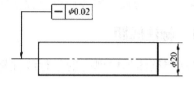

图 5-24 　圆柱轴线的直线度公差

5.4.10 　快速标注

一次选择多个对象，可同时标注多个相同类型的尺寸，这样可大大节省时间，提高工作效率。

1．命令

命令名：QDIM。

菜单："标注"→"快速标注"。

图标：![icon]。

2．功能

快速生成尺寸标注。

3．格式

> 命令：**QDIM**✓
>
> 　选择要标注的几何图形：（选择需要标注的对象，按〈Enter〉键则结束选择）
>
> 　指定尺寸线位置或[连续(C)/并列(S)/基线(B)/坐标(O)/半径(R)/直径(D)/基准点(P)/编辑(E)/设置(T)]<连续>：

系统默认状态为"指定尺寸线的位置"，通过拖动鼠标可以调整并确定尺寸线的位置。其中各选项说明如下：

● 连续（C）：对所选择的多个对象快速生成连续标注，如图 5-25a 所示。

● 并列（S）：对所选择的多个对象快速生成尺寸标注，如图 5-25b 所示。

● 基线（B）：对所选择的多个对象快速生成基线标注，如图 5-25c 所示。

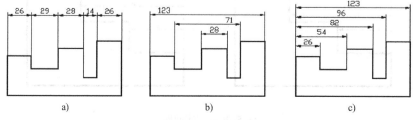

图 5-25 　快速标注

a) 连续标注　b) 并列标注　c) 基线标注

- 坐标（O）：对所选择的多个对象快速生成坐标标注。
- 半径（R）：对所选择的多个对象标注半径。
- 直径（D）：对所选择的多个对象标注直径。
- 基准点（P）：为基线标注和连续标注确定一个新的基准点。
- 编辑（E）：对已标注的尺寸进行编辑。
- 设置（T）：为尺寸界线原点设置默认的捕捉对象（端点或交点）。

5.4.11　标注间距

可以自动调整图形中现有的平行线性标注和角度标注，以使其间距相等或在尺寸线处相互对齐。

1．命令

命令名：DIMSPACE。

菜单："标注"→"标注间距"。

图标：　。

2．功能

调整多个尺寸线的间距。

3．格式

> 命令：**DIMSPACE**✓
> 选择基准标注：（选择平行线性标注或角度标注）
> 选择要产生间距的标注：（选择平行线性标注或角度标注以从基准标注均匀隔开，并按〈Enter〉键）
> 输入值或 [自动(A)]<自动>：（指定间距或按〈Enter〉键）

4．选项

- 输入值：指定从基准标注均匀隔开选定标注的间距值，如图 5-26a 所示。

注意：可以使用间距值 0（零）将选定的线性标注和角度标注的末端对齐，如图 5-26b 所示。

- 自动：基于选定基准标注的标注样式中指定的文字高度自动计算间距，所得的间距值是标注文字高度的两倍。

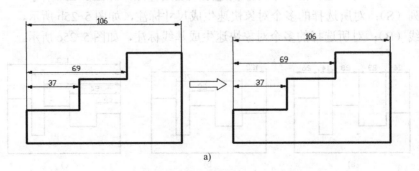

图 5-26　标注间距

a) 间距值为 15

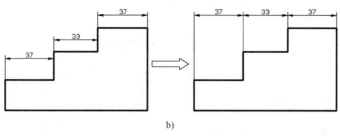

图 5-26 标注间距（续）

b) 间距值为 0

5.5 设置标注样式

AutoCAD 提供的尺寸标注功能是一种半自动标注，它只要求用户输入最少的标注信息，其他参数（如箭头的大小、尺寸数字的高低、尺寸界线的长短、尺寸线之间的间距等）都是通过标注样式的设置来确定的，而标注样式中的各种状态与参数都有相应的尺寸标注系统变量。

当进行尺寸标注时，AutoCAD 默认的设置往往不能满足需要，这就需要新建标注样式或对已有的标注样式进行修改，DIMSTYLE 命令提供了设置和修改标注样式的功能。

1．命令

命令名行：DIMSTYLE。

菜单："标注"→"标注样式"或"格式"→"标注样式"。

图标：🖾。

2．功能

创建和修改标注样式，设置当前标注样式。

3．格式

调用 DIMSTYLE 命令后，打开"标注样式管理器"对话框，如图 5-27 所示。在该对话框的"样式"列表框，显示标注样式的名称。若在"列出"下拉列表框选择"所有样式"，则在"样式"列表框显示所有样式名；若在"列出"下拉列表框选择"正在使用的样式"，则在"样式"列表框中显示当前正在使用的样式的名称。AutoCAD 提供的默认标注样式为 Standard。

在该对话框单击"修改"按钮，打开"修改标注样式"对话框，如图 5-28 所示。在"修改标注样式"对话框中，通过 7 个选项卡可以实现标注样式的修改。各选项卡的主要内容简介如下：

- "线"选项卡（图 5-28）：设置尺寸线、尺寸界线的格式及相关尺寸。
- "符号和箭头"选项卡（图 5-29）：设置箭头、圆心标记、弧长符号、半径标注折弯等格式及尺寸。
- "文字"选项卡（图 5-30）：设置尺寸文字的形式、位置、大小和对齐方式。
- "调整"选项卡（图 5-31）：在进行尺寸标注时，在某些情况下尺寸界线之间的距离太小，不能够容纳尺寸数字，在此情况下，可以通过该选项卡根据两条尺寸界线之间的空间，设置将尺寸文字、尺寸箭头放在两尺寸界线的里边还是外边，以及定义尺寸要素的缩放比例等。

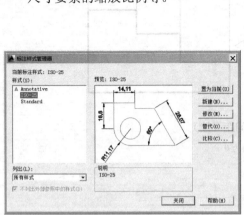

图 5-27　"标注样式管理器"对话框

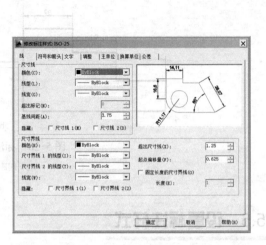

图 5-28　"线"选项卡

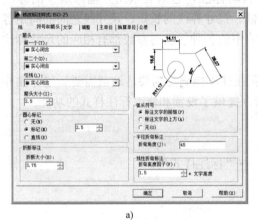

a)

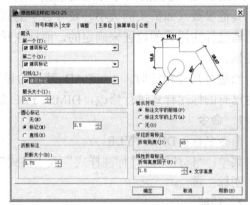

b)

图 5-29　"符号和箭头"选项卡

a) 机械图的通常设置　b) 建筑图的通常设置

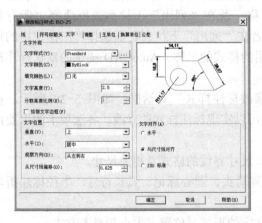

图 5-30　"文字"选项卡

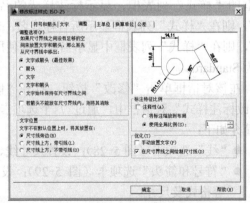

图 5-31　"调整"选项卡

- "主单位"选项卡（图 5-32）：设置尺寸标注的单位和精度等。注意一般应将其中的"小数分隔符"设置为"句点"。若均取整数，可将"精度"设置为"0"。

- "换算单位"选项卡（图 5-33）：设置换算单位及格式。

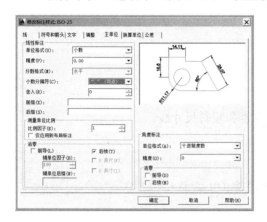

图 5-32　"主单位"选项卡

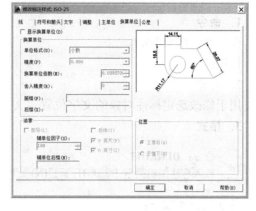

图 5-33　"换算单位"选项卡

- "公差"选项卡（图 5-34）：设置几何公
  差的标注形式和精度。

5.6　尺寸标注的修改

如前所述，AutoCAD 提供的尺寸标注功能
是一种半自动标注，它只要求用户输入最少的标
注信息，其他参数是通过标注样式的设置来确定
的。当进行尺寸标注时，AutoCAD 默认的设置
往往不能完全满足具体的需要，这就需要对已有
的标注进行修改。

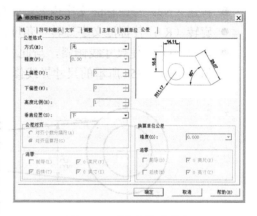

图 5-34　"公差"选项卡

对标注样式的修改仍然使用 DIMSTYLE 命令，具体方法与设置标注样式完全相同，此
处不再赘述。

在进行尺寸标注时，系统的标注形式和内容有时也可能不符合具体要求，在此情况
下，可以根据需要对所标注的尺寸进行编辑。

5.6.1　修改尺寸标注系统变量

标注样式中的各种状态与参数设置除可以通过上述"修改标注样式"对话框控制外，
还都对应有相应的尺寸标注系统变量，也可直接修改尺寸标注系统变量来设置标注状态与
参数。

尺寸标注系统变量的设置方法与其他系统变量的设置完全一样，下面以示例说明尺寸
标注中文字高度变量的设置过程：

命令：**DIMTXT**↙↙
输入 DIMTXT 的新值 <2.5000>：**5.0**↙↙

5.6.2　修改尺寸标注

1．命令

命令名：DIMEDIT。

图标：**A**。

2．功能

用于修改选定标注对象的文字位置、文字内容和倾斜尺寸线。

3．格式

> 命令：**DIMEDIT**↙
>
> 输入标注编辑类型 [默认(H)/新建(N)/旋转(R)/倾斜(O)] <默认>：

各选项说明如下：

- 默认（H）：使标注文字回到默认位置。
- 新建（N）：修改标注文字内容，弹出多行文字编辑器。
- 旋转（R）：使标注文字旋转一角度。
- 倾斜（O）：使尺寸线倾斜，与此相对应的菜单命令为"标注"→"倾斜"命令。例如，把图 5-35a 所示的尺寸界线修改成图 5-35b 所示。

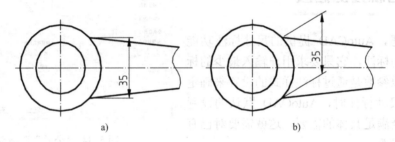

图 5-35　使尺寸界线倾斜

5.6.3　修改尺寸文字位置

1．命令

命令名：DIMTEDIT。

菜单："标注"→"对齐文字"。

图标：**⊿**。

2．功能

用于移动或旋转标注文字，可动态拖动文字。

3．操作

> 命令：**DIMTEDIT**↙
>
> 选择标注：（选择一标注对象）
>
> 指定标注文字的新位置或 [左(L)/右(R)/中心(C)/默认(H)/角度(A)]：

默认位置为指定标注所选择的标注对象的新位置，通过鼠标拖动所选对象到合适的位置。其余各选项说明见表 5-2。

表 5-2　尺寸文字编辑命令的选项

选 项 名	说 明	图 例
左（L）	把标注文字左移	图 5-36a
右（R）	把标注文字右移	图 5-36b
中心（C）	把标注文字放在尺寸线上的中间位置	图 5-36c
默认（H）	把标注文字恢复为默认位置	
角度（A）	把标注文字旋转一角度	图 5-36d

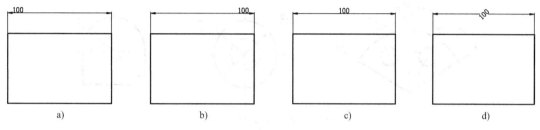

图 5-36　标注文本的编辑

5.7　思考题

一、连线题
请将下面左边所列尺寸标注命令与右边对应的命令功能用直线连接。

（1）DIMALIGNED　　　（a）对齐尺寸标注

（2）DIMLINEAR　　　（b）半径标注

（3）DIMRADIUS　　　（c）线性尺寸标注

（4）DIMDIAMETER　　（d）基线标注

（5）DIMANGULAR　　（e）引线标注

（6）DIMBASELINE　　（f）几何公差标注

（7）DIMCONTINUE　　（g）快速标注

（8）LEADER　　　　（h）角度型尺寸标注

（9）TOLERANCE　　　（i）连续标注

（10）QDIM　　　　（j）直径标注

二、填空题
1. 如图 5-37 所示七组图形的尺寸标注均系使用 AutoCAD 的某一标注命令得到的，请在题号后的括弧内填写出对应的命令并在上机时具体进行标注。

2. 图 5-38 所示四图为"修改标注样式"对话框中的界面，请填空回答样式设置中的调整内容及调整方向。

（1）当标注出的尺寸数字高度太小时，需增大_____处的数值；当发现尺寸数字与尺寸线几乎连在一起时，需增大_____处的数值；欲使标注出的尺寸格式基本符合国家标准的规定时，需使单选按钮选择_____处的选项。

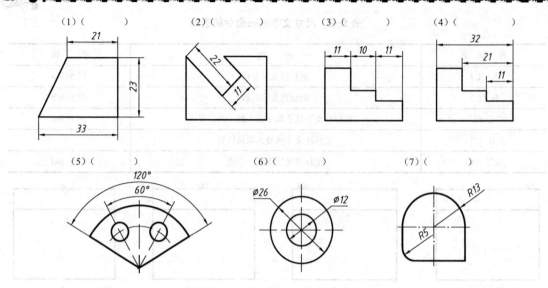

图 5-37　图形的尺寸标注命令

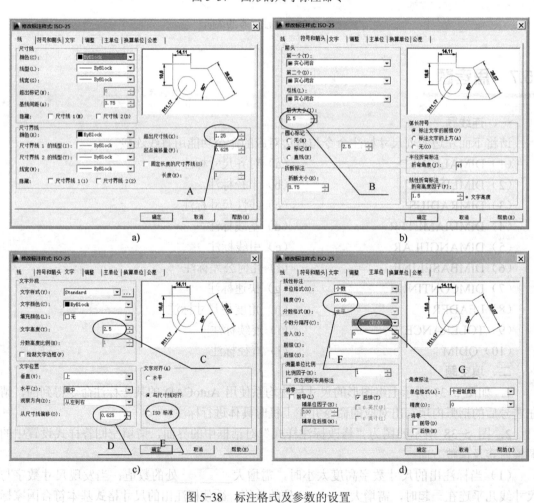

图 5-38　标注格式及参数的设置

（2）当标注出的尺寸箭头太大时，需减小_____处的数值；当尺寸界线超出箭头部分的长度太小时，需增大_____处的数值。

（3）当需标注出的尺寸数字均为整数时，需将_____处的精度设置为"0"；欲在图中正确地标注出带小数的尺寸时，需将_____处的"小数分隔符"设置为"句点"。

（4）欲在非圆视图上标注直径尺寸时，需先输入"T"选项，然后在直径尺寸数字前面加上_____。

三、分析题

分析标注如图 5-39 所示图形中各尺寸需应用的标注命令。

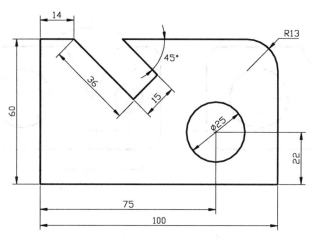

图 5-39 尺寸标注

5.8 上机练习

1．定义文字样式和输入文字。

（1）建立一个名为"USER"的工程制图用文字样式，采用仿宋体，固定字高 16mm，宽度比例 0.66。然后分别用"单行文字"（TEXT）和"多行文字"（MTEXT）命令输入读者的校名、班级和姓名。最后用编辑文字命令（DDEDIT）将读者的姓名修改为一位同学的姓名。

（2）输入下述文字和符号：

$$45° \quad Ø60 \quad 100±0.1$$

$$123\underline{456} \quad Auto\overline{CAD}$$

2*．按照图 5-40 中右侧图所示的格式上机分别为左侧图标注尺寸。

 提示

可用线性尺寸命令和连续尺寸命令标注图形的长度尺寸，用线性尺寸命令和基线尺寸命令标注图形的高度尺寸，用对齐尺寸命令标注图形的倾斜尺寸，用角度尺寸命令及直径和半径尺寸命令标注角度、圆和圆角尺寸。

3. 用 AutoCAD 抄画如图 5-41 所示平面图形并标注尺寸。

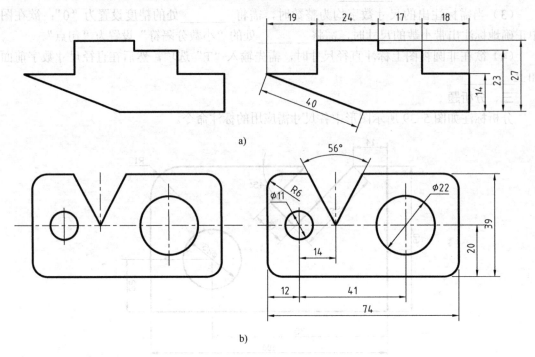

a)

b)

图 5-40　平面图形的尺寸标注

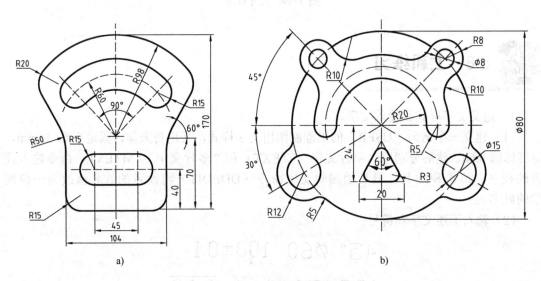

a)　　　　　　　　　　　b)

图 5-41　抄画平面图形并标注尺寸

第6章 图块及其运用

块（BLOCK）是可由用户定义的子图形，它是 AutoCAD 提供给用户的最有用的工具之一。对于在绘图中反复出现的图形（它们往往是多个图形对象的组合），不必再进行重复劳动、一遍又一遍地画，而只需将它们定义成一个块，在需要的位置插入即可。还可以给块定义属性，在插入时填写可变信息。块有利于用户建立图形库，便于对子图形的修改和重定义，同时节省存储空间。如机械图样中的螺钉、螺栓、螺母等标准件图形和表面粗糙度等符号，建筑设计中的门、窗、家具、橱具、卫生洁具等基础图形，在用 AutoCAD 进行绘图时大多是以图块的形式定义和应用的。

本章将学习块定义、属性定义、块插入、块存盘等内容。

AutoCAD 2019 中，与块相关的菜单命令位于"绘图"→"块"以及"插入"→"块"下（图 6-1a）；与块相关的命令图标位于"默认"选项卡下的"块"面板（图 6-1a、b）以及"插入"选项卡下的"块定义"与"块"面板（图 6-1c）中。

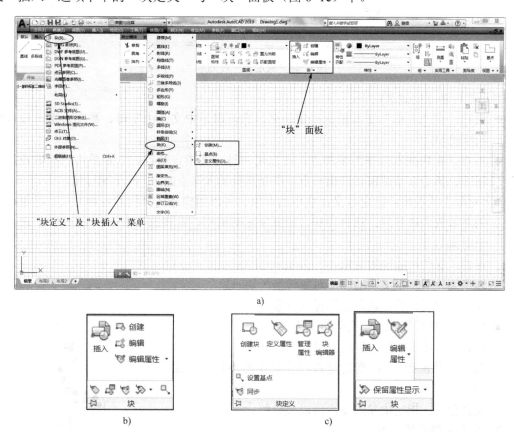

a)

b)　　　　　　　　　　　c)

图 6-1　块的相关命令

a)"块定义"、块"插入"菜单及面板　b)"默认"选项卡"块"面板　c)"插入"选项卡"块定义"面板和"块"面板

6.1　块定义

1．命令

命令名：BLOCK（缩写名：B）。

菜单："绘图"→"块"→"创建"。

图标：

2．功能

创建块定义，弹出如图 6-2 所示"块定义"对话框。

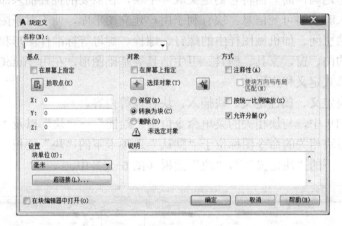

图 6-2　"块定义"对话框

对话框内各项的意义如下：

- 名称：在"名称"文本框中指定块名。它可以是中文或由字母、数字、下画线构成的字符串。
- 基点：在块插入时作为参考点。可以用两种方式指定基点，一是单击"拾取点"按钮，然后在绘图窗口给出一点；二是直接输入基点的 x、y、z 坐标值。
- "对象"选项组：指定定义在块中的对象。可以用构造选择集的各种方式，将组成块的对象放入选择集。选择完毕，重新显示对话框，并在选项组下部显示："已选择 x 个对象"。

　　保留：保留构成块的对象。

　　转换为块：将定义块的图形对象转换为块对象。

　　删除：定义块后，删除已选择的对象。

- "方式"选项组：指定块的定义方式。

　　注释性：指定块为注释性对象。

　　按统一比例缩放 ：指定是否阻止块参照不按统一比例缩放。

　　允许分解：指定块参照是否可以被分解。

3．块定义的操作步骤

下面以将图 6-3 所示图形定义成名为"梅花鹿"的块

图 6-3　块"梅花鹿"的定义

为例，介绍块定义的具体操作步骤。

1）画出块定义所需的梅花鹿图形。

2）调用 BLOCK 命令，弹出"块定义"对话框。

3）输入块名"梅花鹿"。

4）单击"拾取点"按钮，在图形中拾取基准点（也可以直接输入坐标值）。

5）单击"选择对象"按钮，在图形中选择欲定义成块的图形对象（如窗选如图 6-3 所示整个梅花鹿图形），对话框中将显示块成员的数目。

6）若选中"保留"复选框，则块定义后保留原图形，否则原图形将被删除。

7）单击"确定"按钮，完成块"梅花鹿"的定义，它将保存在当前图形中。

4．说明

● 用 BLOCK 命令定义的块称为内部块，它保存在当前图形中，且只能在当前图形中用块插入命令引用。

● 块可以嵌套定义，即块成员可以包括块插入。

6.2　块插入

1．命令

命令名：INSERT（缩写名：I）。

菜单："插入"→"块"。

图标：。

2．功能

执行此命令，弹出"插入"对话框，如图 6-4 所示。将块或另一个图形文件按指定位置插入到当前图中。插入时可改变图形 x、y 方向的比例和旋转角度（另一个命令"-INSERT"是通过命令窗口输入的块插入命令，两者功能相似）。

图 6-4　"插入"对话框

3．对话框操作说明

● 利用"名称"下拉列表框，显示出当前图中已定义的图块名，从中可选定某一图块。

● 单击"浏览"按钮，弹出"选择文件"对话框，可选择已存在的某一图形文件插入到当前图形中，并在当前图形中生成一个内部块。

● 可以在对话框中，用输入参数的方法指定插入点、缩放比例和旋转角，若选中"在屏幕上指定"复选框，则可以在命令窗口依次出现相应的提示：

指定插入点或 [比例(S)/X/Y/Z/旋转(R)/预览比例(PS)/PX/PY/PZ/预览旋转(PR)]：（给出插入点）
输入 X 比例因子，指定对角点，或者 [角点(C)/XYZ] <1>：（给出 X 方向的比例因子）
输入 Y 比例因子或 <使用 X 比例因子>：（给出 Y 方向的比例因子或按〈Enter〉键）
指定旋转角度 <0>：（给出旋转角度）

其中部分选项说明：

角点（C）：以确定一矩形两个角点的方式，对应给出 x, y 方向的比例值。

XYZ：用于确定三维块插入，给出 x, y, z 三个方向的比例因子。比例因子若使用负值，可产生对原块定义镜像插入的效果。图 6-5a、b 所示为将前述"梅花鹿"块定义 x 方向分别使用正比例因子和负比例因子插入后的结果。

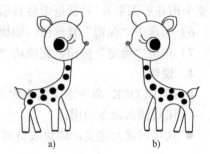

- "分解"复选框：若选中该复选框，则块插入后将分解为构成块的各成员对象；反之块插入后仍是一个对象。对于未进行分解的块，在插入后的任何时候都可以用 EXPLODE 命令将其分解。

图 6-5　使用正、负比例因子插入

a) X 方向正比例因子　b) X 方向负比例因子

4. 块和图层、颜色、线型的关系

块插入后，其信息（如插入点、比例、旋转角度等）记录在当前图层中，插入块的各成员一般继承各自原有的图层、颜色、线型等特性。但若块成员画在"0"层上，且颜色或线型使用 ByLayer（随层），则块插入后，该块成员的颜色或线型采用插入时当前图层的颜色或线型，称为"0"层浮动。若创建块成员时，对颜色或线型使用 ByBlock（随块），则块成员采用白色与连续线绘制，而在插入时则按当前层设置的颜色或线型画出。

5. 单位块的使用

为了控制块插入时的形状大小，可以定义单位块，如定义一个 1×1 的正方形为块，则插入时，x, y 方向的比例值就直接对应所画矩形的长和宽。

图 6-6 所示为将块"梅花鹿"用不同比例和旋转角插入后所构成的"梅花鹿一家"。

图 6-6　由块"梅花鹿"构成的"梅花鹿一家"

6.3　定义属性

图块除了包含图形对象以外，还可以具有非图形信息。例如，把一台电视机图形定义为图块后，还可把其型号、参数、价格以及说明等文本信息一并加入到图块中。图块的这些非图形信息，称作图块的属性。属性是图块的一个组成部分，与图形对象一起构成一个整体，在插入图块时 AutoCAD 把图形对象连同属性一起插入到图形中。

一个属性包括属性标记和属性值两方面的内容。例如，可以把 PRICE（价格）定义为属性标记，而具体的价格"2.09 元"是属性值。在定义图块之前，要事先定义好每个属性，包括属性标记、属性提示、属性的默认值、属性的显示格式（在图中是否可见）、属性在图中的位置等。属性定义好后，以其标记在图中显示出来，而把有关信息保存在图形文件中。

当插入图块时，AutoCAD 通过属性提示要求用户输入属性值，插入图块后，其属性以属性值显示出来。同一图块，在不同点插入时可以具有不同的属性值。若在属性定义时把属性值定义为常量，AutoCAD 则不询问属性值。在图块插入以后，可以对属性进行编辑，还可以把属性单独提取出来写入文件，以供统计、制表使用。

1．命令

命令名：ATTDEF（缩写名：ATT）。

菜单："绘图"→"块"→"定义属性"。

图标：。

2．功能

通过"属性定义"对话框（图 6-7）创建属性定义。（另一个命令-ATTDEF 是通过命令窗口输入的定义属性命令，两者功能相似）。

3．使用属性的操作步骤

以图 6-8 所示图形为例，如布置一办公室，各办公桌要注明编号、姓名、年龄等说明，则可以使用带属性的块定义，然后在块插入时给属性赋值。属性定义的操作步骤如下：

图 6-7　"属性定义"对话框

1）画出相关的图形办公桌，如图 6-8a 所示。

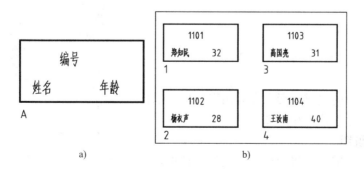

图 6-8　使用属性的操作步骤的例图

2）调用 DDATTDEF 命令，弹出"属性定义"对话框。

3）在"模式"选项组中，规定属性的特性。如属性值可以设为"可见"或"不可见"，属性值可以是"固定"或"非常数"等。

4）在"属性"选项组中，输入属性标记（如"编号"），属性提示（若不指定则用属性标记），属性值（指属性默认值，可不指定）。

5）在"插入点"选项组中，指定字符串的插入点，可以单击"拾取点"按钮在图形中定位，或直接输入插入点的 x、y、z 坐标。

6）在"文字设置"选项组中，指定字符串的对正方式、文字样式、字高和字符串旋转角。

7）单击"确定"按钮即定义了一个属性，此时在图形相应的位置会出现该属性的标记"编号"。

8）同理，重复步骤 2）～7）可定义属性"姓名"和"年龄"。在定义"姓名"时，若选中"在上一个属性定义下对齐"复选框，则"姓名"自动定位在"编号"的下方。

9）调用 BMAKE 命令，把办公桌及三个属性定义为块"办公桌"，其基准点为 A（图 6-8a）。

4．属性赋值的步骤

属性赋值是在插入带属性的块的操作中进行的，其操作步骤如下：

1）调用 DDINSERT 命令，指定插入块为"办公桌"。

2）如图 6-8b 中所示，指定插入基准点为 1，指定插入的 x，y 比例，旋转角为"0"。由于块"办公桌"带有属性，系统将出现属性提示（"编号""姓名"和"年龄"），应依次赋值，在插入基准点 1 处插入块"办公桌"。

3）同理，再调用 DDINSERT 命令，在插入基准点 2、3、4 处依次插入块"办公桌"，即完成如图 6-8b 所示的图形。

5．关于属性操作的其他命令

● ATTDEF：在命令窗口中定义属性。

● ATTDISP：控制属性值显示可见性。

● DDATTE：通过对话框修改一个插入块的属性值。

● DDATTEXT：通过对话框提取属性数据，生成文本文件。

6.4　块存盘

图 6-9　"写块"对话框

1．命令

命令名：WBLOCK（缩写名：W）。

2．功能

将当前图形中的块或图形保存为图形文件，以便其他图形文件引用。又称为外部块。

3．操作及说明

输入命令后，屏幕上将弹出"写块"对话框，如图 6-9 所示。其中的选项及其含义如下：

（1）"源"选项组

指定存盘对象的类型。

● 块：当前图形文件中已定义的块，可从下拉列表中选定。

● 整个图形：将当前图形文件存盘，相当于 SAVEAS 命令，但未被引用过的命名对象（如块、线型、图层、字样等）不写入文件。

● 对象：将当前图形中指定的图形对象赋名存盘，相当于在定义图块的同时将其存盘。此时可在"基点"和"对象"选项组中指定块基点及组成块的对象和处理方法。

（2）"目标"选项组

指定存盘文件的有关内容。

● 文件名和路径：存盘的文件名及其路径。文件名可以与被存盘块名相同，也可以不同。

● 插入单位：图形的计量单位。

4．一般图形文件和外部块的区别

一般图形文件和用 WBLOCK 命令创建的外部块都是*.dwg 文件，格式相同，但在生成与使用时略有不同。

1）一般图形文件常带有图框、标题栏等，是某一主题完整的图形，图形的基准点常采用默认值，即（0,0）点。

2）一般图形文件常按产品分类，在对应的文件夹中存放。

3）外部块常带有子图形性质，图形的基准点应以插入时能准确定位和使用方便为准，常定义在图形的某个特征点处。

4）外部块的块成员，其图层、颜色、线型等的设置，更应考虑通用性。

5）外部块常做成单位块，便于公用，使用户能通过插入比例方便地控制插入图形的大小。

6）外部块是用户建立图库的一个元素，因此其存放的文件夹和文件命名都应按图库创建与检索的需要而定。

6.5　块定义的分解与更新

用 INSERT 命令插入的图块是作为一个整体而存在的，是一个图形对象，不便直接对其中的组成元素进行编辑和修改。必要时，可用 EXPLODE 命令解除块约束，将构成块的图形元素分解为各自独立的图形对象。

另外，随着设计规范和设计标准的不断更新或设计的修改，一些图例符号会发生变化，因而会经常需要更新图库的块定义。更新内部块定义使用 BMAKE 或 BLOCK 命令。具体操作步骤为：

1）插入要修改的块或使用图中已存在的块。

2）用 EXPLODE 命令将块分解，使之成为独立的对象。

3）用编辑命令按新块图形要求修改旧块图形。

4）运行 BLOCK 命令，选择新块图形作为块定义选择对象，给出与分解前的块相同的名字。

5）完成此命令后会出现如图 6-10 所示警告框，此时若单击"重定义"按钮，块就被重新定义，图中所有对该块的引用插入同时被自动修改更新。

图 6-10　块重定义警告框

6.6　思考题

一、连线题

请将下列左侧块操作命令与右侧相应命令功能用连线连接：

（1）BMAKE 和 BLOCK　　　　　　　（a）分解块

（2）DDINSERT 和 INSERT　　　　　　（b）块存盘

（3）WBLOCK　　　　　　　　　　　（c）插入块

（4）EXPLODE　　　　　　　　　　　（d）定义块

二、选择题

1. 若欲在图中定义一个图块，必须（　　）。

　　A．指定插入基点

　　B．选择组成块的图形对象

　　C．给出块名

　　D．上述各条

2. 若欲在图中插入一个图块，必须（　　）。

　　A．指定插入点

　　B．给出插入图块块名

　　C．确定 x、y 方向的插入比例和图块旋转角度

　　D．上述各条

三、简答题

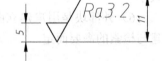

请分析将图 6-11 所示机械工程图表面粗糙度符号定义为图块，并将之插入到零件图中的方法和步骤。

图 6-11　表面粗糙度符号

6.7　上机练习

1. 块的定义、插入和存盘。绘制如图 6-12 所示卡通图，将其定义成名为"SMILE"的块，然后以不同的插入点、比例及旋转角度插入图中，形成由不同大小和胖瘦的笑脸组成的笑脸图。最后将该图块以"笑脸图"为文件名存盘。

2. 根据上面的分析，将图 6-11 所示表面粗糙度符号定义为图块并将之插入到图形中。

3*. 图块的机械应用——绘制螺栓联接图。在机械制图中绘制螺栓、螺母和垫圈时，其采用的是比例画法，即大小是随公称

图 6-12　笑脸

直径 d 的大小成比例变化的。根据对螺栓联接图（图 6-13d）的分析，可将螺栓联接分成三部分，上面部分包括螺母、垫圈和螺栓的伸出部分（图 6-13a），下面部分为螺栓头（图 6-13b），中间部分为两块带孔的板（图 6-13c）及螺栓的圆柱部分。其中上面部分和下面部分可分别定义成块，便于按比例插入到不同规格的螺栓联接图中，板

厚是不随公称直径而变化的，所以不宜定义成块。绘制图块图形时，可以公称直径 d=10 的尺寸来绘制螺栓和螺母，这样，在基于此图块绘制不同直径的螺栓连接图时只需参照当下直径与"10"的比例关系，并以此作为图块插入的比例即可。图中打"×"的位置为定义图块时的基点和插入图块时的插入点。请依上述思路将图 6-13a、b 所示图分别定义成名为"螺栓头"和"螺栓尾"的图块，然后通过图块的插入操作，分别绘制 d=6、d=20 以及 d=30 的螺栓联接图。

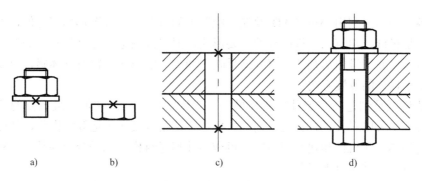

　　a)　　　　　　　b)　　　　　　　c)　　　　　　　　d)

图 6-13　螺栓联接及其图块分解

　　4. 图块的建筑应用——窗户。用"直线"命令绘制如图 6-14 所示建筑立面图中的窗户图形，然后将其定义为图块。自行设计一两层小楼的示意性立面图，然后将此窗户图块插入到图中。

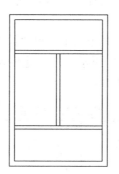

图 6-14　窗户

第7章　三维实体建模

前面各章介绍了利用 AutoCAD 绘制二维图形的方法，二维图形作图方便，表达图形全面、准确，是机械、建筑等工程图样的主要形式，但二维图形缺乏立体感，需要经过专门的训练才能看懂。而三维图形则能更直观地反映空间立体的形状，富有立体感，更易为人们所接受，是图形设计的发展方向。

实体建模就是创建三维形体的实体模型。三维实体是三维图形中最重要的部分，它具有实体的特征，可以对其进行打孔、切割、挖槽、倒角以及布尔运算等操作，从而形成具有实际意义的物体。在机械和建筑应用中，机械零件和建筑构件几乎全部都是三维实体。三维实体建模的方法通常有以下三种：

1）利用 AutoCAD 提供的绘制基本实体的相关命令，直接输入基本实体的控制尺寸，由 AutoCAD 自动生成。

2）由二维图形沿与图形平面垂直的方向或指定的路径拉伸完成，或者将二维图形绕平面内的一条直线回转而成，以及采用扫掠和放样的方法建立。

3）将用上面两种方法所创建的实体进行并、交、差等布尔运算从而得到更加复杂的形体。

AutoCAD 2019 的三维实体建模命令位于菜单"绘图"→"建模"子菜单下，三维显示命令位于"视图"菜单中，如图 7-1 所示。三维建模及显示命令的图标主要位于"三维基础"和"三维建模"工作空间功能区内。

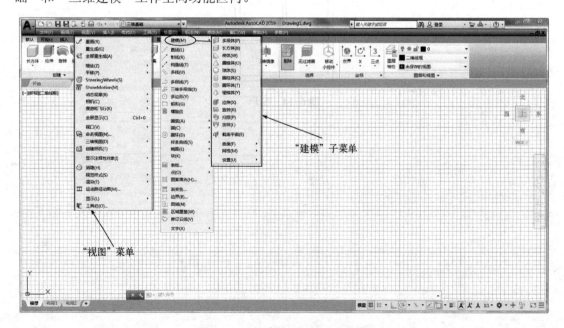

图 7-1　三维建模及显示命令菜单

本章将介绍实体建模和三维显示的基本命令及其主要操作，包括二维的面域建模，三维实体的创建，三维显示的设置，布尔运算和对三维实体的剖切，最后给出一个三维实体建模的示例。

7.1 创建面域

面域是指严格封闭的实心平面图形，其外部边界称为外环，内部边界称为内环。面域可以放在空间任何位置，可以计算面积。面域在某些方面具有实体的特征，如面域间也可以进行交、并、差布尔运算等。

1．命令

命令名：REGION（缩写名：REG）。

菜单："绘图"→"面域"。

图标：⬚。

2．格式

命令：**REGION**

选择对象：（可选闭合多段线、圆、椭圆、样条曲线、或由直线、圆弧、椭圆弧、样条曲线链接而成的封闭曲线）

3．说明

● 选择集中每一个封闭图形创建一个实心面域，如图 7-2 所示。

● 在创建面域时，会删除原对象，在当前图层创建面域对象。

图 7-2　面域

7.2 创建基本实体

基本实体包括长方体、球体、圆柱体、圆锥体、楔形体、圆环体。下面分别介绍这些基本实体的绘制方法。

7.2.1 长方体

长方体由底面的两个对角顶点和长方体的高度定义，如图 7-3 所示。

1．命令

命令名：BOX。

菜单："绘图"→"建模"→"长方体"。

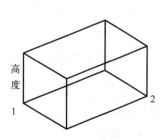

图 7-3　确定长方体的要素

图标：▣。

2．操作步骤

1）启动 BOX 命令。

2）指定长方体底面一个角点 1 的位置。

3）指定对角顶点 2 的位置。

4）指定一个距离作为长方体的高度，完成长方体的作图。高度值可以从键盘输入，也可以用鼠标在屏幕指定一个距离作为高度值。

7.2.2　球体

球体由球心的位置及半径（或直径）定义。

1．命令

命令名：SPHERE。

菜单："绘图"→"建模"→"球体"。

图标：◎。

2．操作步骤

1）启动 SPHERE 命令。

2）指定球体中心点的位置。

3）输入球体的半径，完成球体的作图。消隐后的球体如图 7-4
所示。

图 7-4　球体

7.2.3　圆柱体

圆柱体由圆柱底圆中心、圆柱底圆直径（或半径）和圆柱的高度确定，圆柱的底圆位于当前 UCS 的 xy 平面上。

1．命令

命令名：CYLINDER。

菜单："绘图"→"建模"→"圆柱体"。

图标：▣。

2．操作步骤

1）启动 CYLINDER 命令。

2）指定圆柱的底圆圆心。

3）确定底圆的半径。

4）确定圆柱的高度，完成圆柱的作图。消隐后的圆柱体如图 7-5
所示。

图 7-5　圆柱体

7.2.4　圆锥体

圆锥体由圆锥体的底圆中心、圆锥底圆直径（或半径）和圆锥的高度确定，底圆位于当前 UCS 的 xy 平面上。

1．命令

命令名：CONE。

菜单："绘图"→"建模"→"圆锥体"。

图标：。

2．操作步骤

1）启动 CONE 命令。

2）指定圆锥底圆的中心点。

3）确定圆锥底圆的半径。

4）确定圆锥的高度，完成圆锥的作图。消隐后的圆锥体如图 7-6 所示。

图 7-6　圆锥体

7.2.5　圆环

圆环由圆环的中心、圆环的直径（或半径）和圆管的直径（或半径）确定，圆环的中心位于当前 UCS 的 xy 平面上且对称面与 xy 平面重合。

1．命令

命令名：TORUS。

菜单："绘图"→"建模"→"圆环体"。

图标：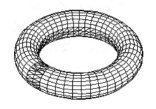。

2．操作步骤

1）启动 TORUS 命令。

2）指定圆环的中心。

3）指定圆环的半径。

4）指定圆管的半径，完成圆环体的作图。消隐后的圆环体如图 7-7 所示。

图 7-7　圆环体

7.2.6　楔体

楔体由底面的一对对角顶点和楔体的高度确定，其斜面正对着第一个顶点，底面位于 UCS 的 xy 平面上，与底面垂直的四边形通过第一个顶点且平行于 UCS 的 y 轴，如图 7-8 所示。

1．命令

命令名：WEDGE。

菜单："绘图"→"建模"→"楔体"。

图标：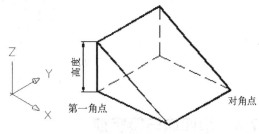。

2．操作步骤

1）启动 WEDGE 命令。

2）指定底面上的第一个顶点。

3）指定底面上的对角顶点。

4）给出楔形体的高度，完成作图。

图 7-8　楔体

7.3　绘制多段体

将已有直线、二维多段线、圆弧或圆转换为具有等宽和等高的实体。也可使用

POLYSOLID 命令绘制实体，在具体操作上几乎与绘制二维多段线完全一样。

1．命令

命令名：POLYSOLID。

菜单："绘图"→"建模"→"多段体"。

图标：

2．格式

> 命令：**POLYSOLID**
> 指定起点或 [对象(O)/高度(H)/宽度(W)/对正(J)] <对象>：（指定实体轮廓的起点，按〈Enter〉键指定要转换为实体的对象，或输入选项）
> 指定下一点或 [圆弧(A)/放弃(U)]：（指定实体轮廓的下一点，或输入选项）

3．选项说明

● 对象：指定要转换为实体的对象。转换对象可以是直线、圆弧、二维多段线或圆。

● 高度：指定实体的高度。默认高度为当前系统变量 PSOLHEIGHT 的数值。

● 宽度：指定实体的宽度。默认宽度为当前系统变量 PSOLWIDTH 的数值。

● 对正：使用命令定义轮廓时，可以将实体的宽度和高度设置为左对正、右对正或居中。对正方式由轮廓的第一条线段的起始方向决定。默认对正方式为居中对正。

其他提示及含义同二维多段线命令。

图 7-9 所示为分别将直线、圆、二维多段线用 POLYSOLID 命令转换为多段体前后的情况。

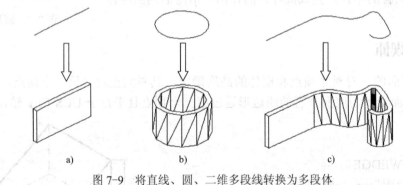

图 7-9　将直线、圆、二维多段线转换为多段体

a) 直线　b) 圆　c) 二维多段线

7.4　拉伸体与旋转体

AutoCAD 提供的另外两种创建实体的方法是拉伸体与旋转体，它是更为常用的创建实体方法。

7.4.1　拉伸体

1．命令

命令名：EXTRUDE（缩写名：EXT）。

菜单："绘图"→"建模"→"拉伸"。

图标：。

2．格式

> 命令：**EXTRUDE**
> 选择对象：（可选闭合多段线、正多边形、圆、椭圆、闭合样条曲线、圆环和面域，对于宽线，忽略其宽度，对于带厚度的二维对象，忽略其厚度）
> 指定拉伸高度或 [路径(P)]：（给出高度，沿轴方向拉伸）
> 指定拉伸的倾斜角度 <0>：（可给出拉伸时的倾斜角度，角度为正，拉伸时向内收缩，如图 7-10b 所示；角度为负拉伸时向外扩展，如图 7-10c 所示；默认值为 0，如图 7-10a 所示）

图 7-10 所示为用不同的拉伸锥角拉伸圆的效果。

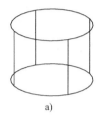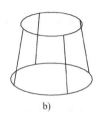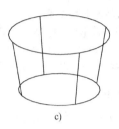

a)　　　　　　　　　　　b)　　　　　　　　　　　c)

图 7-10　圆的拉伸

a) 拉伸锥角为 0°　b) 拉伸锥角为 10°　c) 拉伸锥角为-10°

3．选项说明

当选择"路径（P）"时，提示为：

> 选择拉伸路径或 [倾斜角]：（可选直线、圆、圆弧、椭圆、椭圆弧、多段线或样条曲线作为拉伸路径）

注意下列沿路径拉伸的规则：
- 路径曲线不能和拉伸轮廓共面。
- 当路径曲线一端点位于拉伸轮廓上时，拉伸轮廓沿路径曲线拉伸。否则，AutoCAD 将路径曲线平移到拉伸轮廓重心点处，沿该路径曲线拉伸。
- 在拉伸时，拉伸轮廓与路径曲线垂直。

沿路径曲线拉伸，大大扩展了创建实体的范围。图 7-11a 所示为拉伸轮廓和路径曲线，图 7-11b 所示为拉伸结果。

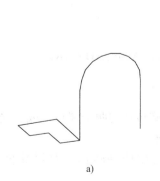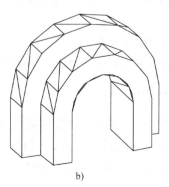

a)　　　　　　　　　　　　　　　　b)

图 7-11　沿路径曲线拉伸

7.4.2 旋转体

1．命令

命令名：REVOLVE（缩写名：REV）。

菜单："绘图"→"建模"→"旋转"。

图标：。

2．格式

> 命令：**REVOLVE**
> 选择对象：（可选择闭合多段线、正多边形、圆、椭圆、闭合样条曲线、圆环和面域）
> 指定旋转轴的起点或
> 定义轴依照 [对象(O)/X 轴(X)/Y 轴(Y)]：（输入轴线起点）
> 指定轴端点：（输入轴线端点）
> 指定旋转角度 <360>：（指定旋转轴，按轴线指向，逆时针为正）

3．选项说明

● 对象（O）：选择已画出的直线段或多段线为旋转轴。

● X 轴（X）/Y 轴（Y）：选择当前 UCS 的 x 轴或 y 轴为旋转轴。

4．示例

下面以图 7-12 所示圆形盆体为例介绍绘制旋转实体的方法和步骤。

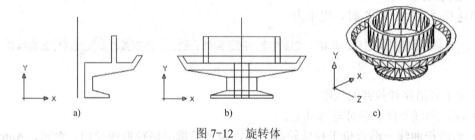

图 7-12　旋转体

a) 轮廓线与旋转轴　b) 生成的回转体的正面图（轮廓线）　c) 回转体的等轴测图

1）为使旋转轴平行于正立面，需改变视点：单击"视图"工具栏中的"主视图"按钮 或选择菜单"视图"→"三维视图"→"前视图"，此时 UCS 与正立面平行。

2）在当前 UCS 平面上用二维多段线绘制闭合的二维图形（半个纵断面图）和旋转轴，如图 7-12a 所示。

3）启动 REVOLVE 命令。

4）选择要旋转的对象（闭合的二维图形），此时 AutoCAD 提示：

> 定义轴依照[对象（O）/X 轴（X）/Y 轴（Y）]

5）指定旋转轴。可以利用对象捕捉功能确定旋转轴的两个端点；或者输入"O"，然后直接拾取旋转轴；也可以指定 x、y、z 轴作为旋转轴。

6）输入旋转角度。取默认值 360°。此时已生成回转体，且以线框模式表示，如图 7-12b 所示。

7）单击"视图"→"三维视图"→"西南等轴测"，绘图窗口显示轴测图的线框模型。

8）单击"视图"→"消隐"，显示消隐后的轴测图，如图 7-12c 所示。

7.5 扫掠实体和放样实体

扫掠和放样是从 AutoCAD 2007 起新增加的两个三维建模命令。使用这两个命令，可以创建不规则的三维实体或曲面。

7.5.1 绘制扫掠实体

使用"扫掠"命令，可以通过沿开放或闭合的二维或三维路径扫掠开放或闭合的平面曲线（轮廓）来创建新实体或曲面。图 7-13 所示为将一小圆沿一条螺旋线扫掠形成弹簧的情况。

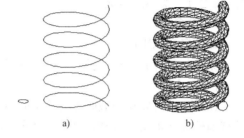

a)   b)

图 7-13 用"扫掠"命令绘制弹簧

1．命令

命令名：SWEEP。

菜单："绘图"→"建模"→"扫掠"。

图标：。

SWEEP 命令用于沿指定路径、以指定轮廓的形状（扫掠对象）绘制实体或曲面。 可以一次扫掠多个对象，但是这些对象必须位于同一平面中。

2．操作步骤

1）启动 SWEEP 命令。

2）选择要扫掠的对象（如图 7-13a 所示左下位置处的小圆）。

3）按〈Enter〉键结束选择扫掠对象。

4）选择扫掠路径（如图 7-13a 中所示的螺旋线），结果如图 7-13b 所示。

如果沿一条路径扫掠闭合的曲线，则生成实体；如果沿一条路径扫掠开放的曲线，则生成曲面。扫掠与拉伸不同。沿路径扫掠轮廓时，轮廓将被移动并与路径垂直对齐，然后，沿路径扫掠该轮廓。扫掠对象可以是直线、圆弧、椭圆弧、二维多段线、二维样条曲线、圆、椭圆、平面三维面、二维实体、宽线、面域、平面曲面、实体的平面等。可作为扫掠路径的对象有直线、圆弧、椭圆弧、二维多段线、二维样条曲线、圆、椭圆、三维多段线、螺旋线以及实体或曲面的边等。

当选择"扫掠路径"选项时，提示为：

选择扫掠路径或 [对齐(A)/基点(B)/比例(S)/扭曲(T)]:

3．选项说明

- 对齐（A）：指定是否对齐轮廓以使其作为扫掠路径切向的法向。默认情况下，轮廓是对齐的。
- 基点（B）：指定要扫掠对象的基点。如果指定的点不在选定对象所在的平面上，则该点将被投影到该平面上。
- 比例（S）：指定比例因子以进行扫掠操作。从扫掠路径的开始到结束，比例因子将统一应用到扫掠的对象。
- 扭曲（T）：设置正被扫掠的对象的扭曲角度。扭曲角度指定了沿扫掠路径全部长度的旋转量。

7.5.2 绘制放样实体

使用"放样实体"命令，可以通过一组两个
或多个曲线之间放样来创建三维实体或曲面。
图 7-14 所示为在一圆和正方形之间放样形成
"天圆地方"实体的情况。

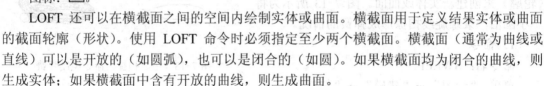

图 7-14   用放样方法生成"天圆地方"实体

1．命令

命令名：LOFT。

菜单："绘图"→"建模"→"放样"。

图标：。

LOFT 还可以在横截面之间的空间内绘制实体或曲面。横截面用于定义结果实体或曲面
的截面轮廓（形状）。使用 LOFT 命令时必须指定至少两个横截面。横截面（通常为曲线或
直线）可以是开放的（如圆弧），也可以是闭合的（如圆）。如果横截面均为闭合的曲线，则
生成实体；如果横截面中含有开放的曲线，则生成曲面。

2．操作步骤

1）启动 LOFT 命令。

2）按照用户希望的实体或曲面依次选择横截面。

3）按〈Enter〉键。

4）执行以下操作之一：

● 按〈Enter〉键或输入"C"选项以仅使用横截面。

● 输入"G"选项选择导向曲线。选择导向曲线，然后按〈Enter〉键。

● 输入"P"选项选择路径。选择路径，然后按〈Enter〉键。

放样以后，依 DELOBJ 系统变量设置的不同而可以删除或保留原放样对象。

按放样次序选择横截面后，系统将提示：

输入选项 [引导(G)/路径(P)/仅横截面(C)] <仅横截面>：

3．选项说明

● 引导（G）：指定控制放样实体或曲面形状的导向曲线。导向曲线是直线或曲线，可
通过将其他线框信息添加至对象来进一步定义实体或曲面的形状。可以使用导向曲
线来控制点如何匹配相应的横截面，以防止出现不希望看到的效果（如结果实体或
曲面中的皱褶）。每条导向曲线必须满足下述三个条件才能正常工作：①与每个横截
面相交；②从第一个横截面开始；③到最
后一个横截面结束。可以为放样曲面或实
体选择任意数量的导向曲线。

● 路径（P）：指定放样实体或曲面的单一
路径。路径曲线必须与横截面的所有平面
相交。

● 仅横截面（C）：显示"放样设置"对话框。

图 7-15 所示为用放样方法由五个断面生成的

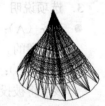

图 7-15   用放样方法由五个
断面生成的三维实体

类似山体的三维实体。

可以作为横截面使用的对象包括：直线、圆弧、椭圆弧、二维多段线、二维样条曲线、圆、椭圆、点（仅第一个和最后一个横截面）；作为放样路径使用的对象可以是直线、圆弧、椭圆弧、样条曲线、螺旋线、圆、椭圆、二维多段线、三维多段线；可以作为引导曲线使用的对象有：直线、圆弧、椭圆弧、二维样条曲线、二维多段线、三维多段线。

7.6　实体建模中的布尔运算

实体建模中的布尔运算是指对实体或面域进行并、交、差布尔逻辑运算，以创建组合实体。图 7-16 所示为对两个同高的圆柱体进行布尔运算的结果。

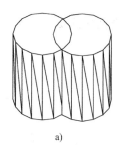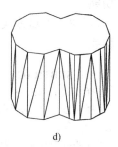

a)　　　　　　　　b)　　　　　c)　　　　　　　d)

图 7-16　两同高圆柱体的布尔运算

a) 独立的两圆柱体　b) 两圆柱体的"差"　c) 两圆柱体的"交"　d) 两圆柱体的"并"

7.6.1　并运算

1．命令

命令名：UNION（缩写名：UNI）。

菜单："修改"→"实体编辑"→"并集"。

图标：。

2．功能

把相交叠的面域或实体合并为一个组合面域或实体。

3．格式

> 命令：**UNION**
> 选择对象：（可选择面域或实体）

7.6.2　交运算

1．命令

命令名：INTERSECT（缩写名：IN）。

菜单："修改"→"实体编辑"→"交集"。

图标：。

2．功能

把相交叠的面域或实体，取其交叠部分创建为一个组合面域或实体。

3. 格式

命令：**INTERSECT**
选择对象：（可选择面域或实体）

7.6.3 差运算

1. 命令

命令名：SUBTRACT（缩写名：SU）。

菜单："修改"→"实体编辑"→"差集"。

图标：。

2. 功能

从需减对象（面域或实体）减去另一组对象，创建为一个组合面域或实体。

3. 格式

命令：**SUBTRACT**
选择要从中减去的实体或面域...
选择对象：（可选择面域或实体）
选择对象：✓
选择要减去的实体或面域 ..
选择对象：（可选择面域或实体）
选择对象：✓

7.6.4 应用示例

【例7-1】 创建如图7-17a所示扳手。

操作步骤如下：

1）画出圆1，2；矩形3；正六边形4，5，如图7-17b所示。

2）利用 REGION 命令，创建5个面域。

3）利用 SUBTRACT 命令，需减去的面域选1、2、3；被减去的面域选4、5，构造组合面域扳手平面轮廓。

4）利用 EXTRUDE 命令，把扳手平面轮廓拉伸为实体。如图7-17a所示。

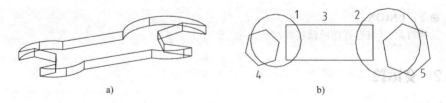

a)　　　　　　　　　　　　　　　　　b)

图7-17　创建扳手

【例7-2】 画出如图7-18所示圆柱与圆锥相贯体的并、交、差运算结果。

操作步骤如下：

1）利用 CONE 命令画出直立圆锥体。

2）利用 CYLINDER 命令，使用指定两端面圆心位置的方法，画出一轴线为水平的圆柱体。

3）利用 COPY 命令，分别把圆柱，圆锥复制四组。

4）利用 UNION 命令，求出圆柱，圆锥相贯的组合体，如图 7-18a 所示。

5）利用 INTERSECT 命令，求出圆柱、圆锥相贯体的交集，即其公共部分，如图 7-18b 所示。

6）利用 SUBTRACT 命令，求圆锥体挖去圆柱后的结果，如图 7-18c 所示。

7）利用 SUBTRACT 命令，求圆柱体挖去圆锥体部分后的结果，如图 7-18d 所示。

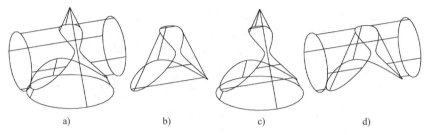

a)　　　　　　　　　b)　　　　　　　　　c)　　　　　　　　　d)

图 7-18　布尔运算

a) 圆柱体与圆锥体的"并"　b) 圆柱体与圆锥体的"交"　c) 圆锥体差去圆柱体　d) 圆柱体差去圆锥体

图 7-19 所示为渲染后的结果。

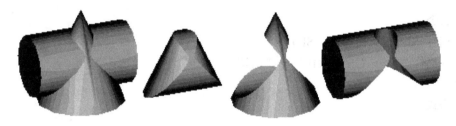

图 7-19　渲染图

7.7　三维形体的编辑

7.7.1　图形编辑命令

"修改"菜单中的图形编辑命令，如复制、移动等，均适用于三维形体，并且还可以对实体的棱边作圆角、倒角，在三维操作项中，还增添了三维形体阵列、三维镜像、三维旋转、对齐等命令。简介如下。

1．对实体棱边作倒角

利用 CHAMFER（倒角）命令，如选一三维实体的棱边（图 7-20a），可修改为倒角（图 7-20b），并可同时对一边环的环中各边作倒角（图 7-20c）。

2．对实体棱边作圆角

利用 FILLET（圆角）命令，如选一三维实体的棱边（图 7-21a），可修改为圆角（图 7-21b），并可同时对一边链（即边和边相切连接成链）的各边作圆角（图 7-21c）。

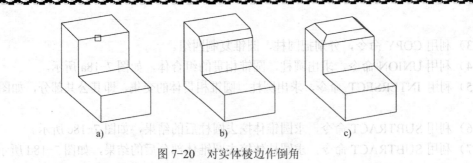

图 7-20 对实体棱边作倒角

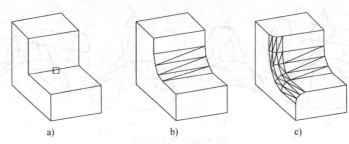

图 7-21 对实体棱边作圆角

7.7.2 对三维实体作剖切

1. 命令

命令名：SLICE（缩写名：SL）。

菜单："修改" → "三维操作" → "剖切"。

图标：![icon]。

2. 格式

> **命令：SLICE**
> 选择对象：（选择三维实体）
> 指定切面上的第一个点，依照 [对象(O)/Z 轴(Z)/视图(V)/XY 平面(XY)/YZ 平面(YZ)/ZX 平面(ZX)/三点(3)] <三点>：（可以根据二维图形对象，指定点和 Z 轴方向，指定点并平行屏幕平面和当前 UCS 的坐标面或平面上三点来确定剖切平面）
> 在要保留的一侧指定点或 [保留两侧(B)]：（剖切后，可以保留两侧，也可以删去一侧，保留一侧）

图 7-22 所示为用 3 点定义剖切平面，图 7-22a 所示为保留两侧，图 7-22b、c 所示为保留一侧的剖切结果。

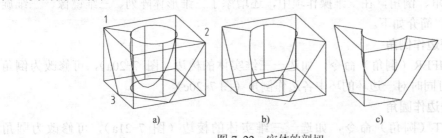

图 7-22 实体的剖切

a) 保留两侧 b) 保留后侧 c) 保留前侧

7.8　用户坐标系

AutoCAD 作图，通常以当前用户坐标系 UCS 的 *XOY* 平面为作图基准面，因此，不断变化 UCS 的设置，就可以在三维空间创造任意方位的三维形体。本节将对和 UCS 有关的命令及其应用作一介绍。

7.8.1　UCS 图标

1．命令

命令名：UCSICON。

菜单："视图"→"显示"→"UCS 图标"→"开，原点"。

图标：⌞。

2．功能

控制 UCS 图标是否显示和是否放在 UCS 原点位置。

3．格式

命令：**UCSICON**
输入选项 [开(ON)/关(OFF)/全部(A)/非原点(N)/原点(OR)/特性(P)] <开>：

4．说明

- 开（ON）/关（OFF）：在图中显示/不显示 UCS 图标。默认设置为开。
- 全部（A）：在所有视口显示 UCS 图标的变化。
- 非原点（N）：UCS 图标显示在图形窗口左下角处，此为默认设置。
- 原点（O）：UCS 图标显示在 UCS 原点处。
- 特性（P）：弹出"UCS 图标"对话框，从中可设置 UCS 图标的样式、大小、颜色等外观显示。

当进行三维作图时，一般应把 UCS 图标设置为显示在 UCS 原点处。

7.8.2　平面视图

1．命令

命令名：PLAN。

菜单："视图"→"三维视图"→"平面视图"。

图标：▣。

2．功能

按坐标系设置，显示相应的平面视图，即俯视图，便于作图。

3．格式

命令：**PLAN**
输入选项 [当前 UCS(C)/UCS(U)/世界(W)] <当前 UCS>：

4．说明

- 当前 UCS（C）：按当前 UCS 显示平面视图，即当前 UCS 下的俯视图。

- UCS（O）：按指定的命名 UCS 显示其平面视图，即命名 UCS 下的俯视图。
- 世界（W）：按世界坐标系 WCS 显示其平面视图，即 WCS 下的俯视图。

7.8.3 用户坐标系

1．命令

命令名：UCS。

菜单："工具"→"新建 UCS"→级联菜单。

图标：⌞。

2．功能

设置与管理 UCS。

3．格式

命令：**UCS**
输入选项
[新建(N)/移动(M)/正交(G)/上一个(P)/恢复(R)/保存(S)/删除(D)/应用(A)/?/世界(W)]
<世界>：**N**（新建一用户坐标系）
指定新 UCS 的原点或 [Z 轴(ZA)/三点(3)/对象(OB)/面(F)/视图(V)/X/Y/Z] <0,0,0>：

4．选项说明

- 原点：平移 UCS 到新原点。
- Z 轴（ZA）：指定新原点和新 Z 轴指向，AutoCAD 自动定义一个当前 UCS。
- 三点（3）：指定新原点、新 X 轴正向上一点和 XY 平面上 Y 轴正向一侧的一点，用"三点"定义当前 UCS。
- 对象（OB）：选定一个对象（如圆，圆弧，多段线等），按 AutoCAD 规定对象的局部坐标系定义当前 UCS。
- 面（F）：将 UCS 与实体对象的选定面对齐。
- 视图（V）：UCS 原点不变，按 UCS 的 XY 平面与屏幕平行定义当前 UCS。
- X/Y/Z：分别绕 X，Y，Z 轴旋转一指定角度，定义当前 UCS。
- 移动（M）：平移当前 UCS 的原点或修改其 Z 轴深度来重新定义 UCS。
- 正交（G）：指定 AutoCAD 提供的六个正交 UCS（俯视、仰视、主视、后视、左视、右视）之一。这些 UCS 设置通常用于查看和编辑三维模型。
- 上一个（P）：恢复上一次的 UCS 为当前 UCS。
- 恢复（R）：把命名保存的一个 UCS 恢复为当前 UCS。
- 保存（S）：把当前 UCS 命名保存。
- 删除（D）：删除一个已命名保存的 UCS。
- 应用（A）：将当前 UCS 设置应用到指定的视口或所有活动视口。
- ？：列出保存的 UCS 名称表。
- 世界（W）：把世界坐标系 WCS 定义为当前 UCS。

利用用户坐标系命令，可以方便地实现在如图 7-23 所示立体的不同侧面上写字以及在斜面上绘制圆柱体等三维绘图操作。

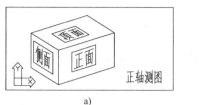
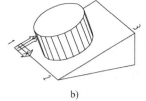

a)　　　　　　　　　　　　　　　　b)

图 7-23　用户坐标系的应用

a) 在不同方位绘图，写字　b) 斜面上绘制圆柱

7.9　设置视口与三维视图

视口是 AutoCAD 在屏幕上用于显示图形的区域，通常用户总是把整个绘图区作为一个视口，用户观察和绘制图形都是在视口中进行的。绘制三维图形时，常常要把一个绘图区域分割成为几个视口，并在各个视口中设置不同的三维视图，从而可以更加全面地观察物体。如图 7-24 所示的屏幕被分割成了四个视口，所显示的视图分别被设置为基本视图和轴测立体图。

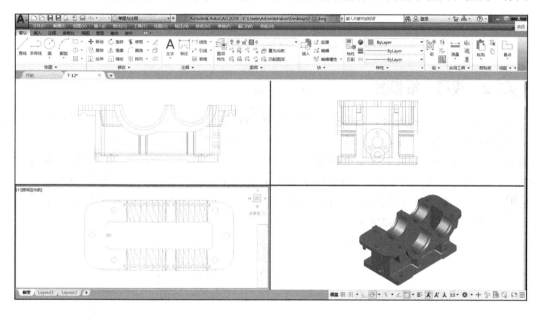

图 7-24　视口的应用

7.9.1　设置多视口

在模型空间中设置多视口，其目的是为了用户在绘制三维图形时全面地观察物体，而无须反复更改视点的设置。

1. 命令

命令名：VPORTS。

菜单："视图"→"视口"→"新建视口"，如图 7-25 所示。

图 7-25　"视口"子菜单

图标：▤。

2．说明

执行"视口"命令后，弹出"视口"对话框，如图 7-26 所示。从中可以设置视口的数量以及每一视口的显示方式。

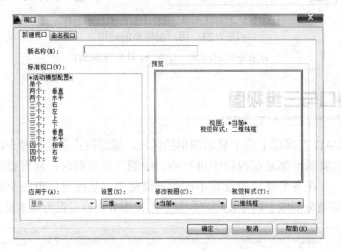

图 7-26   "视口"对话框

7.9.2   设置三维视图

绘制二维图形时，所进行的绘图工作都是在 *XY* 坐标面上进行的，绘图的视点不需要改变。但在绘制三维图形时，一个视点往往不能满足观察物体各个部位的需要，用户常常需要变换视点，从不同的方向来观察三维物体。在模型空间的多视口中，各视口如果设置成不同的视点，则可使多视口中的图形构成真正意义上的多个视图和等轴测图，使用户不需要变换视点，就能够同时观察到物体不同方向的形状。如图 7-27 和图 7-28 所示分别显示了零件不同投射方向的平面视图和轴测图。

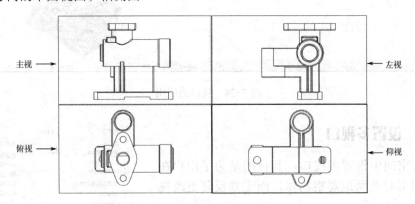

图 7-27   四个基本视图

1．命令

菜单："视图"→"三维视图"，如图 7-29a 所示。

图标：如图 7-29b 所示。

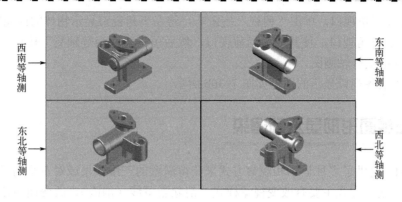

图 7-28　四个方位的正等轴测图

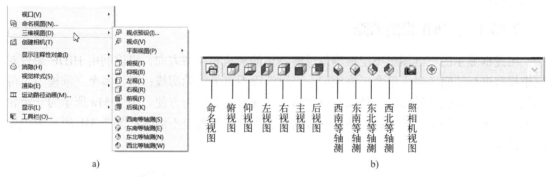

图 7-29　三维视图命令

a) "三维视图" 子菜单　b) 三维视图图标

2. 示例

假设已经有如图 7-30a 所示的三维模型，现欲将其设置为如图 7-30b 所示的四个视口，且各视口分别显示立体的三维视点的主视、俯视、左视和正等轴测图。具体方法步骤如下：

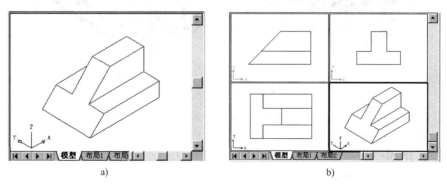

图 7-30　设置视口与视点

a) 单视口　b) 四个视口

1）选择菜单 "视图" → "视口" → "四个视口"，将绘图区分成四个视口。

2）单击左上角视口，使其成为活动视口，然后单击 "主视" 按钮 ，则左上角视口显示物体的主视图。

3）单击右上角视口，单击 "左视" 按钮 ，将右上角视口显示物体的左视图。

4）单击左下角视口，单击"俯视"按钮▣，将左下角视口显示物体的俯视图。

5）单击右下角视口，使其成为当前视口，然后单击"西南等轴测"按钮◉，则右下角视口显示物体的正等轴测图。

设置视点后各视口显示的图形如图 7-30b 所示。

7.10　三维图形的显示和渲染

AutoCAD 提供了多种显示和观察方式来获得满意的三维效果或对三维场景进行全面的观察和了解，这些方式主要有改变视觉样式、消除隐藏线（消隐）、改变曲面轮廓线密度及显示方式、渲染、使用相机、动态观察、漫游和飞行、创建运动路径动画等。本节将择其常用命令进行介绍。

7.10.1　三维图形的消隐

用线框显示的三维图形不能准确地反映物体的形状和观察方向。可以利用 HIDE 命令对三维模型进行消隐。对于单个三维模型，可以消除不可见的轮廓线；对于多个三维模型，可以消除所有被遮挡的轮廓线，使图形更加清晰，观察起来更为方便。图 7-31a 所示为一齿轮减速器三维模型消隐前的情况，所有图线均可看到，但图形很不清晰；图 7-31b 所示为消隐后的结果。

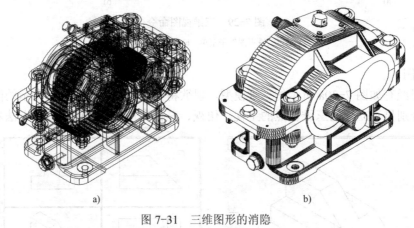

a)　　　　　　　　　　　　b)

图 7-31　三维图形的消隐

a) 消隐前　b) 消隐后

启动"消隐"命令的方法是：

命令名：HIDE。

菜单："视图"→"消隐"。

图标：◉。

启动"消隐"命令后，用户无须进行目标选择，AutoCAD 将当前视口内的所有对象自动进行消隐。

7.10.2　三维图形的渲染

消隐和改变视觉样式虽然能够改善三维实体的外观效果，但是与真实的物体还是有一定的差距，这是因为缺少真实的表面纹理、色彩、阴影、灯光等要素。通过赋予材质和渲染能够使三维图形的显示更加逼真。渲染适用于三维表面和三维实体。在 AutoCAD 中进行渲染时，用户可对物体的表面纹理、光线和明暗等进行详细的设置，以使生成的渲染效果图更为真实。图 7-32 所示为在 AutoCAD 环境下建模并渲染生成的建筑设计合成效果图。

图 7-32 渲染效果图

启动"渲染"命令的方法是：

命令名：RENDER。

菜单："视图"→"渲染"→"渲染"。

图标：。

启动"渲染"命令可以在打开的渲染窗口中快速渲染当前视口中的图形，如图 7-33 所示。

图 7-33 渲染图形窗口

7.10.3 三维图形显示设置

1. 以线框形式显示实体轮廓

使用系统变量 DISPSILH 可以以线框形式显示实体轮廓，此时需要将其值设置为 1，并用"消隐"（HIDE）命令隐藏曲面的小平面，如图 7-34 所示。

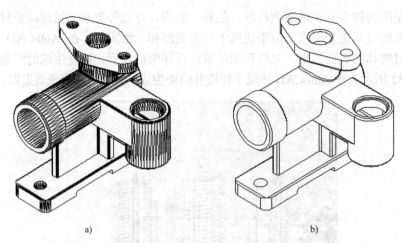

a)   b)

图 7-34   以线框形式显示实体轮廓

a) DISPSILH=0   b) DISPSILH=1

2. 改变实体表面的平滑度

要改变实体表面的平滑度，可通过修改系统变量 FACETRES 来实现。该变量用于设置曲面的面数，取值范围为 0.01~10。其值越大，曲面越平滑，如图 7-35 所示。

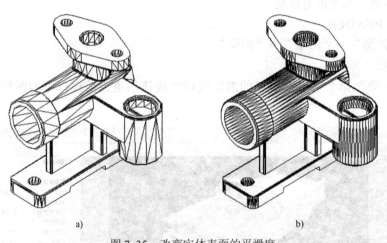

a)   b)

图 7-35   改变实体表面的平滑度

a) FACETRES=0.5   b) FACETRES=10

提示

如果 DISPSILH 变量值为 1，那么在执行"消隐""渲染"命令时并不能看到 FACETRES 设置的效果，此时必须将 DISPSILH 值设置为 0。

7.11   实体建模综合示例

下面以绘制如图 7-36 所示烟灰缸的三维图形为例，介绍实体建模的方法和步骤。

　　绘图的基本思路为，首先绘制一个长方体，然后对长方体进行倒角，再绘制一圆球体，利用长方体和球体间的布尔差运算来形成烟灰槽，最后利用缸体和 4 个水平小圆柱体间的布尔差运算来形成顶面上的 4 个半圆槽。

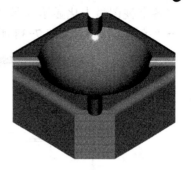

图 7-36　烟灰缸

1．设置视图

　　将绘图区设置为三个视口，如图 7-37 所示。然后依次激活各视口，分别设置成：左上为主视图，左下为俯视图，右边为东南轴测图。

> 命令：**-VPORTS**✓
> 输入选项 [保存(S)/恢复(R)/删除(D)/合并(J)/单一(SI)/?/2/3/4] <3>：**3**✓
> 输入配置选项 [水平(H)/垂直(V)/上(A)/下(B)/左(L)/右(R)] <右>：✓
> （用鼠标在左上视口内单击一下，激活之）
> 命令：**-VIEW**✓
> 输入选项 [?/分类(C)/图层状态(A)/正交(O)/删除(D)/恢复(R)/保存(S)/UCS(U)/窗口(W)]：**O**✓
> 输入选项 [俯视(T)/仰视(B)/主视(F)/后视(BA)/左视(L)/右视(R)] <俯视>：**F**✓
> 正在重生成模型。
> （用鼠标在左下视口内单击一下，激活之）
> 命令：**-VIEW**✓
> 输入选项 [?/分类(C)/图层状态(A)/正交(O)/删除(D)/恢复(R)/保存(S)/UCS(U)/窗口(W)]：**O**✓
> 输入选项 [俯视(T)/仰视(B)/主视(F)/后视(BA)/左视(L)/右视(R)] <俯视>：**T**✓
> 正在重生成模型。
> （用鼠标在右视口内单击一下，激活之；选择菜单"视图"→"三维视图"→"东南等轴测"）

结果如图 7-37 所示。

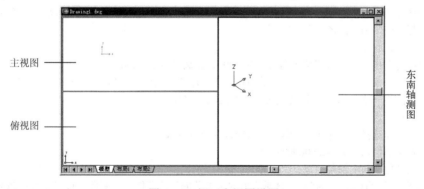

图 7-37　视口和视图设置

2．绘制长方体

> 命令：**BOX**✓
> 指定长方体的角点或 [中心点(CE)] <0,0,0>：**100,100,100**✓
> 指定角点或 [立方体(C)/长度(L)]：**L**✓
> 指定长度：**100**✓
> 指定宽度：**100**✓
> 指定高度：**40**✓

将各个视图最大化显示（具体为分别激活三个视口，然后选择菜单"视图"→"缩放"→"范围"），结果如图 7-38 所示。

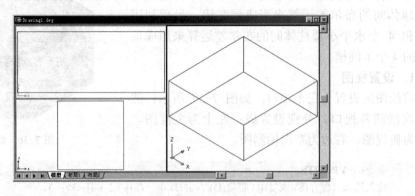

图 7-38　长方体

3．为长方体倒角

命令：CHAMFER↙
（"修剪"模式）当前倒角距离 1＝0.0000，距离 2＝0.0000
选择第一条直线或 [放弃(U)/多段线(P)/距离(D)/角度(A)/修剪(T)/方式(E)/多个(M)]：**D**↙
指定第一个倒角距离 <20.0000>：**20**↙
指定第二个倒角距离 <20.0000>：**20**↙
选择第一条直线或 [放弃(U)/多段线(P)/距离(D)/角度(A)/修剪(T)/方式(E)/多个(M)]：（选择长方体垂直方向的一条棱，则该棱所在的一个侧面轮廓将变虚）
基面选择...
输入曲面选择选项 [下一个(N)/当前(OK)] <当前>：↙
指定基面倒角距离 <20.0000>：↙
指定其他曲面的倒角距离<20.0000>：↙
选择边或[环(L)]：（选择长方体变虚侧面垂直方向的两条棱线，则此二棱线将被倒角）
选择边或[环(L)]：↙
命令：↙
（"修剪"模式）当前倒角距离 1＝20.0000，距离 2＝20.0000
选择第一条直线或 [放弃(U)/多段线(P)/距离(D)/角度(A)/修剪(T)/方式(E)/多个(M)]：（选择长方体垂直方向尚未倒角的一条棱线，则该棱线所在的侧面轮廓将变虚）
基面选择...
输入曲面选择选项 [下一个(N)/当前(OK)] <当前>：↙
指定基面倒角距离 <20.0000>：↙
指定其他曲面的倒角距离 <20.0000>：↙
选择边或[环(L)]：（选择长方体垂直方向未倒角的另两条棱线，则此二棱线将被倒角）
选择边或[环(L)]：↙

倒角之后的长方体如图 7-39 所示。

4．在长方体顶面中间位置开球面凹槽

首先绘制一个圆球。操作过程如下：

命令：**SPHERE**↙
当前线框密度：ISOLINES=4
指定球体球心 <0,0,0>：**150,150,160**↙

指定球体半径或 [直径(D)]：**45**✓

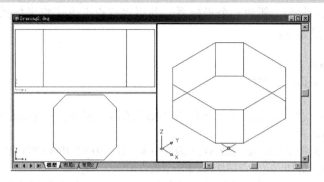

图 7-39　长方体倒角

对各视口最大化后的图形如图 7-40 所示。通过布尔运算进行开槽，操作过程如下：

命令：**SUBTRACT**✓
选择要从中减去的实体或面域 ..
选择对象：（选择长方体）
选择对象：✓
选择要减去的实体或面域 ..
选择对象：（选择球体）
选择对象：✓

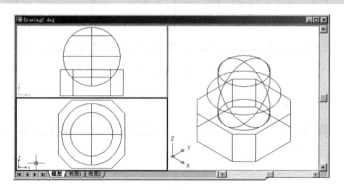

图 7-40　绘制圆球

布尔运算并最大化后的图形如图 7-41 所示。

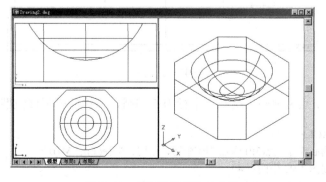

图 7-41　布尔运算后的长方体

5．在缸体顶面上构造四个水平半圆柱面凹槽

首先执行 UCS 命令，新建一个坐标系，并用"三点"方式将坐标系定在烟灰缸的一个倒角面上。操作过程如下：

命令：**UCS**↙
当前 UCS 名称：*世界*
输入选项
　[新建(N)/移动(M)/正交(G)/上一个(P)/恢复(R)/保存(S)/删除(D)/应用(A)/?/世界(W)]
　<世界>：**N**↙
指定新 UCS 的原点或 [Z 轴(ZA)/三点(3)/对象(OB)/面(F)/视图(V)/X/Y/Z] <0,0,0>：**3**↙
指定新原点 <0,0,0>：（捕捉图 7-42 中所示的点 1）
在正 X 轴范围上指定点 <181.0000,100.0000,100.0000>：（捕捉图 7-42 中所示的点 2）
在 UCS XY 平面的正 Y 轴范围上指定点<179.2929,100.7071,100.0000>：（捕捉图 7-42 中所示的点 3）

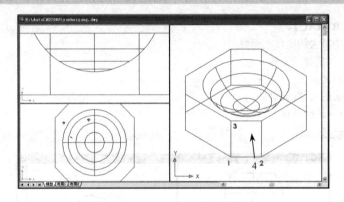

图 7-42　新建坐标系的位置设置

新建的坐标系如图 7-43 所示。

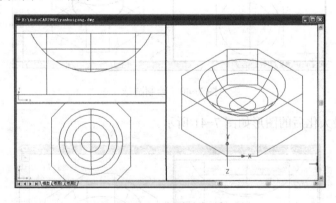

图 7-43　新建坐标系

以倒角面顶边中点为圆心，绘制一半径为 5 的圆，为拉伸成圆柱做准备。

命令：**CIRCLE**↙
指定圆的圆心或 [三点(3P)/两点(2P)/相切、相切、半径(T)]：**MID**↙
于　（捕捉图 7-42 中的点 4）
指定圆的半径或 [直径(D)]：**5**↙

结果如图 7-44 所示。

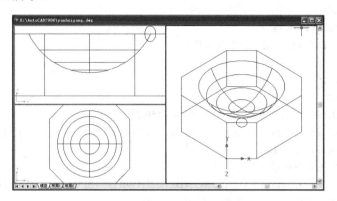

图 7-44　绘制小圆

把系统变量 ISOLINES（弧面表示线）由默认的 4 改为 12（密一些），再用 EXTRUDE 命令将刚画的圆拉伸成像一根香烟的圆柱体。操作过程如下：

> 命令：**ISOLINES**↙
> 输入 ISOLINES 的新值 <4>：**12**↙
> 命令：**EXTRUDE**↙
> 当前线框密度：ISOLINES=12
> 选择对象：**L**↙（选择刚绘制的圆）
> 找到 1 个
> 选择对象：↙
> 指定拉伸高度或 [路径(P)]：**−50**↙（负值表示沿 Z 轴反方向拉伸）
> 指定拉伸的倾斜角度 <0>：↙

结果如图 7-45 所示。

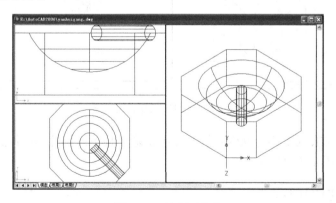

图 7-45　绘制圆柱体

用 UCS 命令将系统坐标系恢复为世界坐标系，再用 ARRAYPOLAR 命令将所绘圆柱体绕缸体铅垂中心线环形阵列为 4 个。操作过程如下：

> 命令：**UCS**↙
> 当前 UCS 名称：*没有名称*
> 输入选项

[新建(N)/移动(M)/正交(G)/上一个(P)/恢复(R)/保存(S)/删除(D)/应用(A)/?/世界(W)]
<世界>：✓
命令：**ARRAYPOLAR**✓
选择对象：**L**✓（选择最后绘制的实体）
找到 1 个
选择对象：✓
类型 = 极轴　关联 = 是
指定阵列的中心点或 [基点(B)/旋转轴(A)]：**150,150**✓
选择夹点以编辑阵列或 [关联(AS)/基点(B)/项目(I)/项目间角度(A)/填充角度(F)/行(ROW)/层(L)/旋转项目(ROT)/退出(X)] <退出>：**I**✓
输入阵列中的项目数或 [表达式(E)] <6>：**4**✓
选择夹点以编辑阵列或 [关联(AS)/基点(B)/项目(I)/项目间角度(A)/填充角度(F)/行(ROW)/层(L)/旋转项目(ROT)/退出(X)] <退出>：**F**✓（指定阵列的角度范围）
指定填充角度(+=逆时针、-=顺时针)或 [表达式(EX)] <360>：✓
选择夹点以编辑阵列或 [关联(AS)/基点(B)/项目(I)/项目间角度(A)/填充角度(F)/行(ROW)/层(L)/旋转项目(ROT)/退出(X)] <退出>：**ROT**✓
是否旋转阵列项目？[是(Y)/否(N)] <是>：**Y**✓（阵列时旋转项目）
选择夹点以编辑阵列或 [关联(AS)/基点(B)/项目(I)/项目间角度(A)/填充角度(F)/行(ROW)/层(L)/旋转项目(ROT)/退出(X)] <退出>：✓

结果如图 7-46 所示。

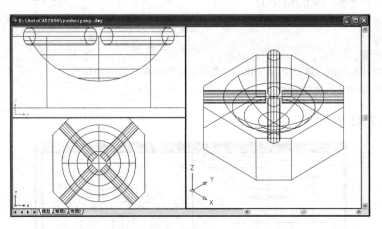

图 7-46　将圆柱体阵列为 4 个

最后，用 SUBTRACT 命令从烟灰缸实体中扣除 4 根香烟圆柱体，得到 4 个可以放香烟的半圆形凹槽。操作过程如下：

命令：**SUBTRACT**✓
选择要从中减去的实体或面域...
选择对象：（选择烟灰缸）
找到 1 个
选择对象：✓
选择要减去的实体或面域 ..
选择对象：（依次选取 4 个小圆柱体）
找到 1 个，总计 4 个
选择对象：✓

结果如图 7-47 所示。

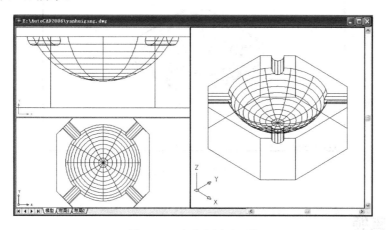

图 7-47　生成半圆形凹槽

6．为顶面上外沿倒圆角

用 FILLET 命令为顶面上外沿的 4 条长棱边作倒圆角处理。操作过程如下：

> 命令：**FILLET**↙
> 当前设置：模式 = 不修剪，半径 = 0.0000
> 选择第一个对象或 [放弃(U)/多段线(P)/半径(R)/修剪(T)/多个(M)]：**R**↙
> 指定圆角半径 <0.0000>：**5**↙
> 选择第一个对象或 [放弃(U)/多段线(P)/半径(R)/修剪(T)/多个(M)]：（选择一条欲倒圆角的长棱边）
> 输入圆角半径 <5.0000>：↙
> 选择边或 [链(C)/半径(R)]：（依次选择 4 条欲倒圆角的长棱边）
> 已选定 4 个边用于圆角。

结果如图 7-48 所示。

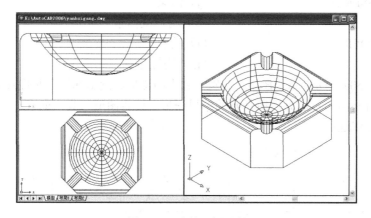

图 7-48　为外沿倒圆角

7．三维显示与渲染

为显示三维效果，激活轴测图视口，选择菜单 "视图" → "视口" → "一个视口"，则设置为一个视图，用 HIDE 命令消隐后得到的图形如图 7-49 所示。

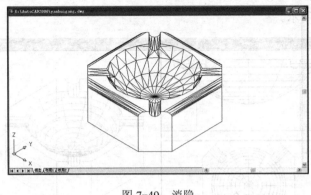

图 7-49　消隐

7.12　思考题

一、连线题

1. 请将下面左侧所列三维命令名与右侧对应命令功能用连线连接。

（1）SLICE　　　　　　　　（a）剖切实体

（2）REGION　　　　　　　（b）创建球体

（3）CYLINDER　　　　　　（c）创建面域

（4）UNION　　　　　　　 （d）创建圆柱体

（5）EXTRUDE　　　　　　 （e）创建拉伸体

（6）INTERSECT　　　　　 （f）创建旋转体

（7）SPHERE　　　　　　　（g）实体并运算

（8）REVOLVE　　　　　　 （h）实体差运算

（9）SUBTRACT　　　　　　（i）实体交运算

（10）MASSPROP　　　　　 （j）渲染

（11）HIDE　　　　　　　 （k）用户坐标系

（12）RENDER　　　　　　 （l）消隐

（13）UCS　　　　　　　　 （m）物性计算

2. 如图 7-50a 所示，A、B、C 分别为独立的矩形、圆形和三角形面域，图 7-50b～e 所示为对其进行不同布尔运算后所得到的结果图形。请将图形与其下面一行中所列的相应布尔运算操作用连线连接。

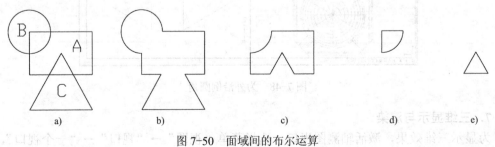

a)　　　　　　　　b)　　　　　　　　c)　　　　　　　　d)　　　　　　　e)

图 7-50　面域间的布尔运算

（1）A 并 B 并 C　　（2）A 差 B 差 C　　（3）A 交 B　　（4）A 交 C

二、简答题

分析如图 7-51 所示两立体的特点，请针对每一立体提出两种不同的方法构建其三维实体模型。

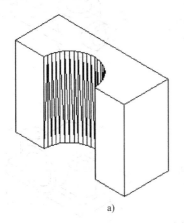 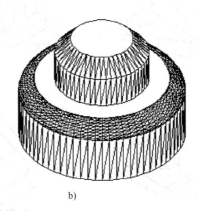

图 7-51　实体模型

a) 长方体上开一半圆槽　b) 同轴圆柱体上加一环形倒角和圆角

7.13　上机练习

1*. 打开基础图档，由已给图 7-52a 所示圆柱体和长方体（底部共面），通过并、差、交布尔运算，分别生成如图 7-52b～d 所示的不同实体。

2. 据前述分析，各用两种不同的方法分别构建如图 7-51 所示两立体的三维实体模型。

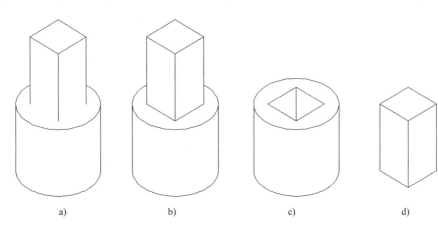

图 7-52　形体的布尔运算

3. 按 7.11 节中介绍的方法和步骤完成烟灰缸的三维实体造型。

4. 分析如图 7-53 所示各实体的结构特点，选用合适的命令完成其中两个立体的三维实体建模。

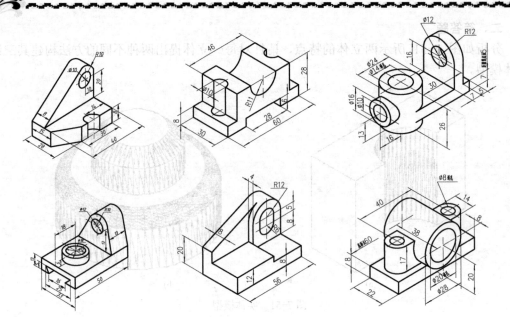

图 7-53　立体的三维实体造型

本章将结合 6 个不同结构特点的工程图形的绘制过程，介绍综合应用前面所学图形绘制命令、图形编辑命令进行平面图形绘制的具体方法，以巩固和加深对前面所学命令的理解和掌握，提高对 AutoCAD 的运用能力。

8.1 机加模板

按照所给尺寸绘制如图 8-1 所示机加模板图形。

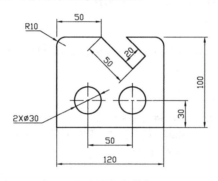

图 8-1　机加模板

【分析】：该图形比较简单，主要由直线、圆和圆弧组成，因此可以用绘制"直线"（LINE）命令和绘制"圆"（CIRCLE）命令绘制图形的主要轮廓线；用"圆角"（FILLET）命令绘制图形上端的 R10 圆角；用"修剪"（TRIM）命令进行编辑。

【步骤】：

1）启动 AutoCAD。

2）设置图形界限，并进行缩放操作，使所绘制的图形尽可能大地显示在窗口中。

命令: **LIMITS**↙（在命令行输入 LIMITS 命令，设置图形界限）

重新设置模型空间界限指定左下角点或 [开(ON)/关(OFF)] <0.0000,0.0000>:↙（按〈Enter〉键，取默认值）

指定右上角点 <420.0000,297.0000>:↙（按〈Enter〉键，取默认值）

命令: **ZOOM**↙（输入 ZOOM 命令，对图形界限进行缩放）

指定窗口角点，输入比例因子 (nX 或 nXP)，或

[全部(A)/中心点(C)/动态(D)/范围(E)/上一个(P)/比例(S)/窗口(W)] <实时>: **E**↙（输入"E"，选择"范围"缩放模式，使所绘制的图形尽可能大地显示在窗口内）

正在重生成模型

3）用"矩形"（RECTANG）命令和"直线"（LINE）命令绘制外轮廓线。

命令: **LINE**✓（输入绘制"直线"命令 LINE，绘制图形外轮廓线）
指定第一点: **150,100**✓（输入如图 8-2 所示矩形左下角点的直角坐标）
指定下一点或 [放弃(U)]: **@0,100**✓（输入矩形左上角点对左下角点的相对直角坐标）
指定下一点或 [放弃(U)]: **@120,0**✓（输入矩形右上角点对左上角点的相对直角坐标）
指定下一点或 [闭合(C)/放弃(U)]: **@0,-100**✓（输入矩形右下角点对右上角点的相对直角坐标）
指定下一点或 [闭合(C)/放弃(U)]: **C**✓（闭合为矩形）
命令:✓（按〈Enter〉键，重复执行上一命令，即继续绘制直线）
指定第一点: **200,200**✓（输入如图 8-2 所示点 1 的直角坐标）
指定下一点或 [放弃(U)]: **@50<-45**✓（输入点 2 的相对极坐标）
指定下一点或 [放弃(U)]: **@20<45**✓（输入点 3 的相对极坐标）
指定下一点或 [闭合(C)/放弃(U)]: **@50<135**✓（输入点 4 的相对极坐标）
指定下一点或 [闭合(C)/放弃(U)]: ✓（按〈Enter〉键，结束绘制直线命令）

绘制的图形如图 8-2 所示。

4）用"修剪"（TRIM）命令修剪多余的外轮廓线，用"圆角"（FILLET）命令绘制图形上端的 R10 圆角。

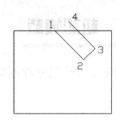

图 8-2　绘制图形外轮廓线

命令: **TRIM**✓（输入 TRIM 命令，进行修剪操作）
当前设置:投影=UCS，边=无
选择剪切边……
选择对象:（用鼠标依次选取矩形的上水平边及线段 12、34，选中的部分将变虚，如图 8-3 所示）
……
找到 1 个，总计 3 个
选择对象: ✓（按〈Enter〉键，结束对象选取）
选择要修剪的对象，按住〈Shift〉键选择要延伸的对象，或 [投影(P)/边(E)/放弃(U)]:（用鼠标选取欲修剪掉的线段，修剪后的图形如图 8-4 所示）
……
命令: **FILLET**✓（输入 FILLET 命令，绘制如图 8-5 中所示的两处 R10 的圆角）
当前设置: 模式 = 修剪，半径 = 0.0000
选择第一个对象或 [多段线(P)/半径(R)/修剪(T)/多个(U)]: **R**✓（更改半径值）
指定圆角半径 <0.0000>: **10**✓（输入圆角半径）
选择第一个对象或 [多段线(P)/半径(R)/修剪(T)/多个(U)]:（用鼠标选取矩形的左竖直边）
选择第二个对象:（用鼠标选取矩形的左上水平边，则绘制完成图形左上角处的 R10 圆角）
命令: ✓（按〈Enter〉键，继续执行 FILLET 命令）
FILLET 当前模式: 模式 = 修剪，半径 = 10.0000
选择第一个对象或 [多段线(P)/半径(R)/修剪(T) /多个(U)]:（用鼠标选取矩形的右竖直边）
选择第二个对象:（用鼠标选取矩形的右上水平边，则绘制完成图形右上端 R10 的圆角）

绘制的图形如图 8-5 所示。

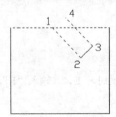

图 8-3　选择剪切边

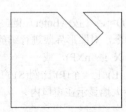

图 8-4　修剪后的图形

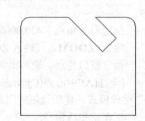

图 8-5　绘制圆角后的图形

5）用绘制"圆"（CIRCLE）命令绘制$\phi30$的圆。

> 命令: **CIRCLE**✓（输入 CIRCLE 命令，绘制$\phi30$的圆）
> 指定圆的圆心或 [三点(3P)/两点(2P)/相切、相切、半径(T)]: **185,130**✓（输入图形左侧$\phi30$ 圆的圆心坐标）
> 指定圆的半径或 [直径(D)] <20.0000>: **15**✓（输入圆的半径值）
> 命令: ✓（按〈Enter〉键，继续执行绘制圆命令）
> CIRCLE 指定圆的圆心或 [三点(3P)/两点(2P)/相切、相切、半径(T)]: **235,130**✓（输入图形右侧$\phi30$ 圆的圆心坐标）
> 指定圆的半径或 [直径(D)] <15.0000>:✓（按〈Enter〉键，圆的半径取默认值）

6）保存图形。

> 命令: **QSAVE**✓（🖫，快速保存文件命令。以"机加模板.dwg"为文件名保存图形）

8.2 电话机

绘制如图 8-6 所示电话机图形。

【分析】：该图形比较简单，主要是由带圆角的矩形、带倒角的矩形及自由曲线组成。因此，可以用绘制"矩形"（RECTANG）命令绘制图形的主要轮廓线；用"圆角"（FILLET）命令和"倒角"（CHAMFER）命令对矩形进行圆角和倒角处理；用"样条曲线"（SPLINE）命令绘制听筒与电话主机的连线。

图 8-6 电话机

【步骤】：

1）启动 AutoCAD。

2）绘制基本轮廓。使用"RECTANG"命令，在点 A（10,10）和点 B（70,90）、点 C（17,20）和点 D（32,80）、点 E（36,63）和点 F（66,83）、点 G（38,24）和点 H（43,27）之间分别绘制 4 个矩形作为基本轮廓线。具体操作过程如下：

> 命令: RECTANG✓
> 指定第一个角点或 [倒角(C)/标高(E)/圆角(F)/厚度(T)/宽度(W)]: **10,10**✓
> 指定另一个角点或 [面积(A)/尺寸(D)/旋转(R)]: **70,90**✓
> 命令: ✓（重复执行"矩形"命令）
> RECTANG
> 指定第一个角点或 [倒角(C)/标高(E)/圆角(F)/厚度(T)/宽度(W)]: **17,20**✓
> 指定另一个角点或 [面积(A)/尺寸(D)/旋转(R)]: **32,80**✓
> 命令: ✓
> RECTANG
> 指定第一个角点或 [倒角(C)/标高(E)/圆角(F)/厚度(T)/宽度(W)]: **36,63**✓
> 指定另一个角点或 [面积(A)/尺寸(D)/旋转(R)]: **66,83**✓
> 命令: ✓
> RECTANG
> 指定第一个角点或 [倒角(C)/标高(E)/圆角(F)/厚度(T)/宽度(W)]: **38,24**✓
> 指定另一个角点或 [面积(A)/尺寸(D)/旋转(R)]: **43,27**✓

结果如图 8-7 所示。

3）修改轮廓线。使用 FILLET 命令，将矩形的四个角改为圆弧状。单击"修改"面板中的"修剪"按钮 ⌐，并根据提示进行如下操作：

> 命令: FILLET↙
> 当前设置: 模式 = 修剪，半径 = 0.0000
> 选择第一个对象或 [放弃(U)/多段线(P)/半径(R)/修剪(T)/多个(M)]: **R**↙
> 指定圆角半径 <0.0000>: **5**↙（指定圆角的半径）
> 选择第一个对象或 [放弃(U)/多段线(P)/半径(R)/修剪(T)/多个(M)]: **P**↙（指定采用多段线方式进行圆角操作）
> 选择二维多段线: （选择如图 8-7 中所示最外面的矩形）
> 4 条直线已被圆角

修改的结果如图 8-8 所示。

再次调用 FILLET 命令，对图形内左侧的矩形进行圆角操作，半径为 6；对图形中最小的矩形进行圆角操作，半径为 1。结果如图 8-9 所示。

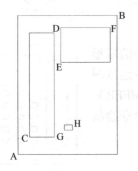

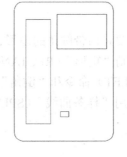

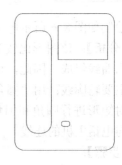

图 8-7　电话机的基本轮廓　　　　图 8-8　圆角后的外轮廓线　　　　图 8-9　对其他轮廓线进行圆角

使用 CHAMFER 命令，将右上方的矩形的四个角改为折线。单击"修改"面板中的"倒角"按钮 ⌐，并根据提示进行如下操作：

> 命令: CHAMFER↙
> （"修剪"模式）当前倒角距离 1 = 0.0000，距离 2 = 0.0000
> 选择第一条直线或 [放弃(U)/多段线(P)/距离(D)/角度(A)/修剪(T)/方式(E)/多个(M)]: **D**↙（指定倒角的距离）
> 指定第一个倒角距离 <0.0000>: **1.5**↙（指定倒角的距离 1 为 1.5）
> 指定第二个倒角距离 <1.5000>: **1.5**↙（指定倒角的距离 2 为 1.5）
> 选择第一条直线或 [放弃(U)/多段线(P)/距离(D)/角度(A)/修剪(T)/方式(E)/多个(M)]: **P**↙（指定采用多段线方式进行倒角操作）
> 选择二维多段线: （选择如图 8-9 中所示右上角的矩形）
> 4 条直线已被倒角

倒角操作的结果如图 8-10 所示。

4）创建电话按键和连线。首先利用"矩形阵列"命令由已创建的按键来生成其余按键。单击"修改"面板中"阵列"按钮 ⊞，并根据提示进行如下操作：

> 命令: ARRAYRECT↙
> 选择对象: （在绘图区选择最小的矩形）

找到 1 个

选择对象: ✓

类型 = 矩形　关联 = 是

选择夹点以编辑阵列或 [关联(AS)/基点(B)/计数(COU)/间距(S)/列数(COL)/行数(R)/层数(L)/退出(X)] <退出>: **R**✓

　输入行数数或 [表达式(E)] <3>: **5**✓

　指定 行数 之间的距离或 [总计(T)/表达式(E)] <377.8634>: **8**✓　（输入行间距数值）

　指定 行数 之间的标高增量或 [表达式(E)] <0>: ✓

选择夹点以编辑阵列或 [关联(AS)/基点(B)/计数(COU)/间距(S)/列数(COL)/行数(R)/层数(L)/退出(X)] <退出>: **COL**✓

　输入列数数或 [表达式(E)] <4>: **3**✓

　指定 列数 之间的距离或 [总计(T)/表达式(E)] <769.582>: **10**✓　（输入列间距数值）

选择夹点以编辑阵列或 [关联(AS)/基点(B)/计数(COU)/间距(S)/列数(COL)/行数(R)/层数(L)/退出(X)] <退出>: ✓

绘制结果如图 8-11 所示。

图 8-10　倒角后的轮廓线　　　　　图 8-11　通过阵列产生其余按键

调用 SPLINE 命令，用样条曲线将话筒与主机连接起来，结果如图 8-6 所示。

5）保存文件。

命令: **QSAVE**✓　（📁以　"电话机.dwg"为文件名保存图形）

8.3　底板

本节将结合如图 8-12 所示底板的绘制过程（不必标注尺寸），介绍图形编辑命令复制、镜像和修剪在绘制对称结构图形时的具体使用方法。

【分析】：对于对称结构图形，可以采用"复制"（COPY）及"镜像"（MIRROR）命令对图形的对称部分进行编辑操作，这样可以大大简化绘图过程，提高绘图速度。

该图形主要由圆、圆弧和直线组成，并且上下、左右均对称，因此可以用画"圆"（CIRCLE）命令、绘制"多段线"（PLINE）命令，并配合"修剪"（TRIM）命令绘制出图形的右上部分，然后再利用镜像命令分别进行上下及左右的镜像操作，即可绘制完成该图形。

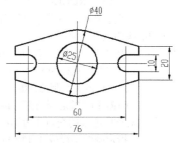

图 8-12　底板

需要注意的是，该图形中有两种线型，即粗实线及细点画线，因此在绘制图形之前，必须创建两个图层：①CSX 层：线型为 CONTINOUS，颜色为白色，线宽为 0.3mm，用于绘制粗实线；②XDHX 层：线型为 CENTER2，线宽为 0.09mm，用于绘制细点画线。

【步骤】：

1）设置绘图环境。用 LIMITS 命令设置图幅：297×210。

> 命令: **LIMITS**✓（设置图纸界限命令）
> 重新设置模型空间界限:
> 指定左下角点或 [开(ON)/关(OFF)] <0.0000,0.0000>:✓（按〈Enter〉键，图纸左下角点坐标取默认值）
> 指定右上角点 <420.0000,297.0000>: **297,210**✓（设置图纸右上角点坐标值）
> 命令: **ZOOM**✓（图形"缩放"命令）
> 指定窗口角点，输入比例因子 (nX 或 nXP)，或
> [全部(A)/中心点(C)/动态(D)/范围(E)/上一个(P)/比例(S)/窗口(W)] <实时>: **A**✓（进行全部缩放操作，显示全部图形）
> 正在重生成模型。

用 LAYER 命令创建图层"CSX"及"XDHX"。

> 命令: **LAYER**✓（输入"图层"命令，或单击"图层"面板中的"图层"按钮，打开"图层特性管理器"对话框，分别设置"CSX"与"XDHX"层，并将"XDHX"层设置为当前层）

2）用绘制"直线"（LINE）命令绘制图形的对称中心线。

> 命令:<线宽 开>（单击状态栏中的"线宽"按钮，显示线宽）
> 命令: **LINE**✓（✍，"直线"命令，绘制水平对称中心线）
> 指定第一点: **57,100**✓（给出第一点的坐标）
> 指定下一点或 [放弃(U)]: **143,100**✓（给出第二点的坐标）
> 指定下一点或 [放弃(U)]:✓
> 命令:✓（按〈Enter〉键，继续执行"直线"命令）
> 指定第一点: **100,75**✓
> 指定下一点或 [放弃(U)]: **100,125**✓
> 指定下一点或 [放弃(U)]:✓

3）将当前层设置为"CSX"，用"圆"（CIRCLE）命令及"多段线"（PLINE）命令绘制图形的右上部分。

> 命令: **LA**✓（将"CSX"设置为当前层）
> 命令: **CIRCLE**✓（⊙，"圆"命令，绘制φ40 圆）
> 指定圆的圆心或 [三点(3P)/两点(2P)/相切、相切、半径(T)]: _int 于（打开交点捕捉功能，捕捉对称中心线的交点作为圆心）
> 指定圆的半径或 [直径(D)]: **D**✓（选择输入直径方式绘制圆）
> 指定圆的直径: **40**✓（输入圆的直径）
> 命令: ✓（绘制φ25 圆）
> CIRCLE 指定圆的圆心或 [三点(3P)/两点(2P)/相切、相切、半径(T)]: _int 于（打开交点捕捉功能，捕捉对称中心线的交点作为圆心）
> 指定圆的半径或 [直径(D)] <20.0000>: **D**✓
> 指定圆的直径 <40.0000>: **25**✓
> 命令: **PLINE**✓（⊃，"多段线"命令）

指定起点：**125,100**✓（输入起点坐标）

当前线宽为 0.0000

指定下一个点或 [圆弧(A)/半宽(H)/长度(L)/放弃(U)/宽度(W)]：**A**✓（绘制圆弧）

指定圆弧的端点或

[角度(A)/圆心(CE)/方向(D)/半宽(H)/直线(L)/半径(R)/第二个点(S)/放弃(U)/宽度(W)]：**CE**✓（选择指定圆心方式）

指定圆弧的圆心：**130,100**✓（输入圆心坐标）

指定圆弧的端点或 [角度(A)/长度(L)]：**A**✓（选择角度方式）

指定包含角：**-90**✓（输入圆弧的包角）

指定圆弧的端点或

[角度(A)/圆心(CE)/闭合(CL)/方向(D)/半宽(H)/直线(L)/半径(R)/第二个点(S)/放弃(U)/宽度(W)]：**L**✓（绘制直线）

指定下一点或 [圆弧(A)/闭合(C)/半宽(H)/长度(L)/放弃(U)/宽度(W)]：**@8,0**✓

指定下一点或 [圆弧(A)/闭合(C)/半宽(H)/长度(L)/放弃(U)/宽度(W)]：**@0,5**✓

指定下一点或 [圆弧(A)/闭合(C)/半宽(H)/长度(L)/放弃(U)/宽度(W)]：**_tan** 到（捕捉ϕ40 圆的切点）

指定下一点或 [圆弧(A)/闭合(C)/半宽(H)/长度(L)/放弃(U)/宽度(W)]：✓

绘制结果如图 8-13 所示。

4）用"镜像"（MIRROR）命令，镜像所绘制的图形。

命令：**LA**✓（将当前图层设置为"XDHX"）

命令：**L**✓（，绘制右端竖直对称中心线）

LINE 指定第一点：**130,110**✓

指定下一点或 [放弃(U)]：**@0,-20**✓

指定下一点或 [放弃(U)]：✓

命令：**MIRROR**✓（，"镜像"命令，对所绘制的多段线进行镜像操作）

选择对象：（选择绘制的多段线）

指定镜像线的第一点：_endp 于（捕捉水平对称中心线的左端点）

指定镜像线的第二点：_endp 于（捕捉水平对称中心线的右端点）

是否删除源对象？ [是(Y)/否(N)] <N>:✓

命令：**MI**✓（）

选择对象：（用"窗口选择"方式，指定窗口角点，选择右端的两段多段线与中心线）

指定镜像线的第一点：_endp 于（捕捉中间竖直对称中心线的上端点）

指定镜像线的第二点：_endp 于（捕捉中间竖直对称中心线的下端点）

是否删除源对象？ [是(Y)/否(N)] <N>:✓

命令：**TRIM**✓（，"修剪"命令，剪去多余的线段）

当前设置：投影=UCS，边=无

选择剪切边...

选择对象：（选择四条多段线，如图 8-14 所示）

......总计 4 个

选择对象：✓

选择要修剪的对象，按住 Shift 键选择要延伸的对象，或 [投影(P)/边(E)/放弃(U)]：（分别选择中间大圆的左右段）

绘制的结果如图 8-14 所示。

5）保存图形

命令：（以"底板.dwg"为文件名，将图形保存在指定路径中）

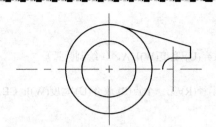

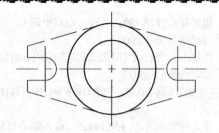

图 8-13　图形的主要轮廓线　　　　　图 8-14　选择剪切边

8.4　轮盘

本节将结合如图 8-15 所示轮盘的绘制过程（不必标注尺寸），介绍利用"环形阵列"命令绘制环形均布结构的图形。

【分析】：对于均布结构的图形，可以采用"环形阵列"（ARRAYPOLAR）命令对图形的均布结构进行编辑操作，以避免重复绘制，提高绘图效率。

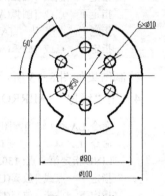

该图形主要由圆、圆弧和直线组成，并且外形与内部的六个小圆均为均布结构，因此可以用画"圆"（CIRCLE）命令、绘制"直线"（LINE）命令，并配合"修剪"（TRIM）命令绘制出一个小圆及一个外形结构，然后再利用"环形阵列"（ARRAYPOLAR）命令分别对其进行环形阵列操作，即可绘制完成该图形。

图 8-15　轮盘

绘制该图形前，同样需要建立两个图层，方法同前。

【步骤】：

1）设置绘图环境。用 LIMITS 命令设置图幅：297×210；用 LAYER 命令创建图层"CSX"及"XDHX"。

2）将"XDHX"设置为当前层，绘制图形的对称中心线。

> 命令: **LA**✓（将当前图层设置为"XDHX"）
> 命令: **L**✓（✓，绘制水平对称中心线）
> LINE 指定第一点: **50,100**✓
> 指定下一点或 [放弃(U)]: **160,100**✓
> 指定下一点或 [放弃(U)]:✓
> 命令:✓（绘制竖直对称中心线）
> LINE 指定第一点: **100,50**✓
> 指定下一点或 [放弃(U)]: **100,160**✓
> 指定下一点或 [放弃(U)]:✓
> 命令: **C**✓（◎，绘制⌀50 圆）
> CIRCLE 指定圆的圆心或 [三点(3P)/两点(2P)/相切、相切、半径(T)]: _int 于（捕捉中心线的交点作为圆心）
> 指定圆的半径或 [直径(D)]: **D**✓
> 指定圆的直径: **50**✓

3）将"CSX"设置为当前层，绘制图形的主要轮廓线。

命令: **LA**✓（将当前图层设置为"CSX"）

命令: ⊙（绘制φ80 圆）

_circle 指定圆的圆心或 [三点(3P)/两点(2P)/相切、相切、半径(T)]: _int 于（捕捉中心线的交点作为圆心）

指定圆的半径或 [直径(D)] <25.0000>: **D**✓

指定圆的直径 <50.0000>: **80**✓

命令: ✓（绘制φ100 圆）

CIRCLE 指定圆的圆心或 [三点(3P)/两点(2P)/相切、相切、半径(T)]: _cen 于（捕捉φ80 圆的圆心）

指定圆的半径或 [直径(D)] <40.0000>: **D**✓

指定圆的直径 <80.0000>: **100**✓

命令: ✓（绘制φ10 圆）

CIRCLE 指定圆的圆心或 [三点(3P)/两点(2P)/相切、相切、半径(T)]: _int 于（捕捉中心线圆与竖直中心线的交点作为圆心）

指定圆的半径或 [直径(D)] <40.0000>: **D**✓

指定圆的直径 <80.0000>: **10**✓

命令: ✓

_line 指定第一点: _int 于（捕捉φ80 圆与水平对称中心线的交点）

指定下一点或 [放弃(U)]: _int 于（捕捉φ100 圆与水平对称中心线的交点）

指定下一点或 [放弃(U)]:✓

结果如图 8-16 所示。

4）用"环形阵列"（ARRAYPOLAR）命令进行环形阵列操作。

命令: ARRAYPOLAR✓

选择对象:（选择所绘制的直线和φ10 圆）

找到 2 个

选择对象:✓

类型 = 极轴 关联 = 是

指定阵列的中心点或 [基点(B)/旋转轴(A)]:（捕捉φ100 圆的圆心）

选择夹点以编辑阵列或 [关联(AS)/基点(B)/项目(I)/项目间角度(A)/填充角度(F)/行(ROW)/层(L)/旋转项目(ROT)/退出(X)] <退出>: **I**✓

输入阵列中的项目数或 [表达式(E)] <6>:**6**✓

选择夹点以编辑阵列或 [关联(AS)/基点(B)/项目(I)/项目间角度(A)/填充角度(F)/行(ROW)/层(L)/旋转项目(ROT)/退出(X)] <退出>: **F**✓（指定阵列的角度范围）

指定填充角度(+=逆时针、-=顺时针)或 [表达式(EX)] <360>:✓

选择夹点以编辑阵列或 [关联(AS)/基点(B)/项目(I)/项目间角度(A)/填充角度(F)/行(ROW)/层(L)/旋转项目(ROT)/退出(X)] <退出>:✓

结果如图 8-17 所示。

5）用"修剪"（TRIM）命令对所绘制的图形进行修剪。

命令: ⊬（剪去多余的线段）

TRIM 当前设置:投影=UCS，边=无

选择剪切边...

选择对象:（分别选择六条直线，如图 8-18 所示）

……

找到 1 个，总计 6 个

选择要修剪的对象，按住 Shift 键选择要延伸的对象，或 [投影(P)/边(E)/放弃(U)]:（分别选择要修剪的圆弧）

绘制结果如图 8-18 所示。

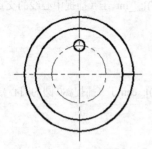　　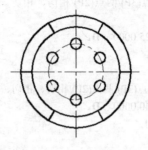　　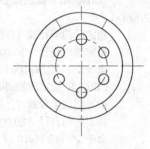

图 8-16　图形的主要轮廓线图　　　　图 8-17　阵列结果　　　　　图 8-18　选择剪切边

6）保存图形。

命令: 🖫（以"轮盘.dwg"为文件名，将该图形保存在指定路径中）

8.5　曲柄

本节将结合如图 8-19 所示曲柄的绘制过程（不必标注尺寸），介绍图形编辑命令移动和旋转在绘制旋转结构图形时的具体使用方法。

【分析】：该曲柄由左右两臂组成，并且结构相同，因此，可以用绘制直线及圆命令，首先绘制出右臂，然后，再利用"旋转"（ROTATE）命令对其进行旋转操作。

绘制该图形前，同样需要建立两个图层，方法同前。

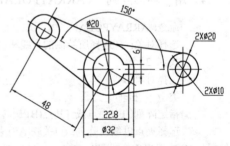

图 8-19　曲柄

【步骤】：

1）设置绘图环境。用 LIMITS 命令设置图幅：297×210；用 LAYER 命令创建图层"CSX"及"XDHX"。

2）将 XDHX 设置为当前层，绘制对称中心线。

命令: **LA**✓（将当前图层设置为"XDHX"）
命令: ▱（绘制水平对称中心线）
_line 指定第一点: **100,100**✓
指定下一点或 [放弃(U)]: **180,100**✓
指定下一点或 [放弃(U)]:✓
命令:✓（绘制竖直对称中心线）
LINE 指定第一点: **120,120**✓
指定下一点或 [放弃(U)]: **120,80**✓
指定下一点或 [放弃(U)]:✓
命令: **O**✓（▱，对所绘制的竖直对称中心线进行偏移操作）
OFFSET 指定偏移距离或 [通过(T)] <通过>: **48**✓

选择要偏移的对象或 <退出>：（选择所绘制竖直对称中心线）
指定点以确定偏移所在一侧：（在选择的竖直对称中心线右侧任意一点单击鼠标）
选择要偏移的对象或 <退出>：✓

3）将 CSX 设置为当前层，绘制图形的水平部分。

命令：**LA**✓（将当前图层设置为"CSX"）
命令：（绘制 ϕ32 圆）
　_circle 指定圆的圆心或 [三点(3P)/两点(2P)/相切、相切、半径(T)]：_int 于（捕捉左端对称中心线的交点）
指定圆的半径或 [直径(D)]：**D**✓
指定圆的直径：**32**✓
命令：✓（绘制左端 ϕ20 圆）
CIRCLE 指定圆的圆心或 [三点(3P)/两点(2P)/相切、相切、半径(T)]：_int 于（捕捉左端对称中心线的交点）
指定圆的半径或 [直径(D)]：**D**✓
指定圆的直径：**20**✓
命令：✓（绘制右端 ϕ20 圆）
CIRCLE 指定圆的圆心或 [三点(3P)/两点(2P)/相切、相切、半径(T)]：_int 于（捕捉右端对称中心线的交点）
指定圆的半径或 [直径(D)]：**D**✓
指定圆的直径：**20**✓
命令：✓（绘制右端 ϕ10 圆）
CIRCLE 指定圆的圆心或 [三点(3P)/两点(2P)/相切、相切、半径(T)]：_int 于（捕捉右端对称中心线的交点）
指定圆的半径或 [直径(D)]：**D**✓
指定圆的直径：**10**✓
命令：（绘制左端 ϕ32 圆与右端 ϕ20 圆的切线）
　_line 指定第一点：_tan 到（捕捉右端 ϕ20 圆上部的切点）
指定下一点或 [放弃(U)]：_tan （捕捉左端 ϕ32 圆上部的切点）
指定下一点或 [放弃(U)]：✓
命令：（镜像所绘制的切线）
　_mirror 选择对象：（选择绘制的切线）
指定镜像线的第一点：_endp 于（捕捉水平对称中心线的左端点）
指定镜像线的第二点：_endp 于（捕捉水平对称中心线的右端点）
是否删除源对象？[是(Y)/否(N)] <N>：✓
命令：（偏移水平对称中心线）
　_offset 指定偏移距离或 [通过(T)] <通过>：**3**✓
选择要偏移的对象或 <退出>：（选择水平对称中心线）
指定点以确定偏移所在一侧：（在选择的水平对称中心线上侧任意一点处单击鼠标）
选择要偏移的对象或 <退出>：（继续选择水平对称中心线）
指定点以确定偏移所在一侧：（在选择的水平对称中心线下侧任意一点处单击鼠标）
选择要偏移的对象或 <退出>：✓
命令：✓（偏移竖直对称中心线）
　_offset 指定偏移距离或 [通过(T)] <通过>：**12.8**✓
选择要偏移的对象或 <退出>：（选择竖直对称中心线）
指定点以确定偏移所在一侧：（在选择的竖直对称中心线右侧任意一点处单击鼠标）
选择要偏移的对象或 <退出>：✓（结果如图 8-20 所示）

命令: （绘制中间的键槽）

_line 指定第一点: _int 于（捕捉上部水平线与小圆的交点）

指定下一点或 [放弃(U)]: _int 于（捕捉上部水平线与竖直线的交点）

指定下一点或 [放弃(U)]: _int 于（捕捉下部水平线与竖直线的交点）

指定下一点或 [闭合(C)/放弃(U)]: _int 于（捕捉下部水平线与小圆的交点）

指定下一点或 [闭合(C)/放弃(U)]: ✓（结果如图 8-21 所示）

命令: **ERASE**✓（ ，删除偏移的对称中心线）

选择对象:（分别选择偏移的三条对称中心线）

……

找到 1 个，总计 3 个

选择对象: ✓

命令: （剪去多余的线段）

_trim 当前设置: 投影=UCS，边=无

选择剪切边...

选择对象:（分别选择键槽的上下边）

……

找到 1 个，总计 2 个

选择对象: ✓

选择要修剪的对象，按住 Shift 键选择要延伸的对象，或 [投影(P)/边(E)/放弃(U)]:（选择键槽中间的圆弧，结果如图 8-22 所示）

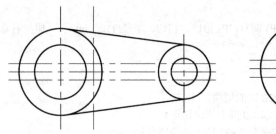

图 8-20　偏移对称中心线

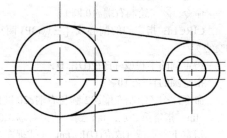

图 8-21　绘制键槽

4）用"旋转"（ROTATE）命令及其"复制"选项，将所绘制的图形进行复制旋转。

命令: **ROTATE**✓（ ，"旋转"命令。旋转复制的图形）

UCS 当前的正角方向:　ANGDIR=逆时针　ANGBASE=0

选择对象:　（如图 8-23 所示，选择图形中要旋转的部分）

……

找到 1 个，总计 6 个

选择对象: ✓

指定基点: _int 于（捕捉左边中心线的交点）

指定旋转角度，或 [复制(C)/参照(R)] <0>: **C**✓

旋转一组选定对象。

指定旋转角度，或 [复制(C)/参照(R)] <0>: **150**✓

🐝 **提示**

此步也可采用先镜像、后旋转的方法绘制。

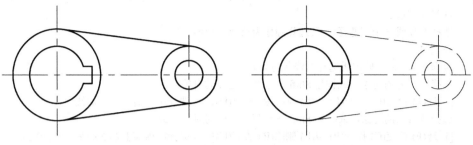

图 8-22　图形的水平部分　　　　　　图 8-23　选择复制对象

结果如图 8-19 所示。

5）保存图形。

命令：📄（将绘制完成的图形以"曲柄.dwg"为文件名保存在指定的路径中）

8.6　压力表

本节将结合如图 8-24 所示压力表图形的绘制过程，介绍综合应用图形绘制及编辑命令创建仪表类图形的具体方法。

【分析】：由图可知，压力表的最外轮廓可由重叠的矩形和圆经相互裁剪形成；中间表盘部分的主要轮廓线及表轴均为同心圆，可分别通过"偏移"（OFFSET）命令获得；表针可利用镜像和剪切得到；刻度线可借助绘制直线及环形阵列命令产生；文字可利用"单行文字"（TEXT）命令书写。

图 8-24　压力表

【步骤】：

1）启动 AutoCAD，以"acadiso.dwt"为模板建立新的图形文件。

2）绘制压力表轮廓。首先使用 CIRCLE 命令，以点（100,100）为圆心，以 50 为半径绘制一个圆；然后调用 RECTANG 命令，在点（85,45）和点（115,155）之间绘制一个矩形。具体过程如下：

命令: CIRCLE↙
指定圆的圆心或 [三点(3P)/两点(2P)/相切、相切、半径(T)]: **100,100**↙
指定圆的半径或 [直径(D)]: **50**↙
命令: **RECTANG**↙
指定第一个角点或 [倒角(C)/标高(E)/圆角(F)/厚度(T)/宽度(W)]: **85,45**↙
指定另一个角点或 [面积(A)/尺寸(D)/旋转(R)]: **115,155**↙

结果如图 8-25 所示。

利用 TRIM 命令将圆内的矩形部分去掉。单击"修改"面板中的按钮🔧，并根据提示进行如下操作：

命令: TRIM↙
当前设置:投影=UCS, 边=无

选择剪切边...
选择对象或 <全部选择>:（选择圆作为修剪的边界）
找到 1 个
选择对象: ✓（确定所选择的修剪边界）
选择要修剪的对象，或按住 Shift 键选择要延伸的对象，或
[栏选(F)/窗交(C)/投影(P)/边(E)/删除(R)/放弃(U)]:（选择圆内需要修剪的线段）
选择要修剪的对象，或按住 Shift 键选择要延伸的对象，或
[栏选(F)/窗交(C)/投影(P)/边(E)/删除(R)/放弃(U)]:（选择圆内需要修剪的另一条线段）
选择要修剪的对象，或按住 Shift 键选择要延伸的对象，或
[栏选(F)/窗交(C)/投影(P)/边(E)/删除(R)/放弃(U)]: ✓（结束"修剪"命令）

结果如图 8-26 所示。

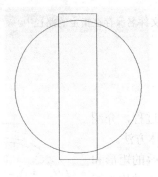

图 8-25　修剪前的图形

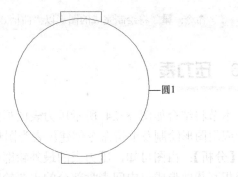

图 8-26　修剪后的图形

　　3）绘制表盘。绘制另外两个圆。可以不必使用 CIRCLE 命令来绘制，而是利用 OFFSET 命令，由已有的圆直接生成新的圆。为了便于说明，将上一步骤中绘制的圆称为圆 1，本步骤中所绘制的圆分别称为圆 2 和圆 3。单击"修改"面板中的按钮，并根据提示进行如下操作：

命令: OFFSET✓
当前设置: 删除源=否　图层=源　OFFSETGAPTYPE=0
指定偏移距离或 [通过(T)/删除(E)/图层(L)] <1.0000>: 5✓（指定偏移距离为5）
选择要偏移的对象，或 [退出(E)/放弃(U)] <退出>:（选择圆1作为偏移对象）
指定要偏移的那一侧上的点，或 [退出(E)/多个(M)/放弃(U)] <退出>:（选择圆1内任意一点来指定偏移方向）
选择要偏移的对象，或 [退出(E)/放弃(U)] <退出>: ✓（结束"偏移"命令）

　　这样，就通过对圆 1 的偏移操作而生成了与其具有同一圆心的圆 2，结果如图 8-27 所示。

　　再次利用 OFFSET 命令，由圆 2 生成圆 3。单击"修改"面板中的按钮，并根据提示进行如下操作：

命令: OFFSET✓
当前设置: 删除源=否　图层=源　OFFSETGAPTYPE=0
指定偏移距离或 [通过(T)/删除(E)/图层(L)] <1.0000>: 3 ✓
选择要偏移的对象，或 [退出(E)/放弃(U)] <退出>:（选择圆2作为偏移对象）
指定要偏移的那一侧上的点，或 [退出(E)/多个(M)/放弃(U)] <退出>:（选择圆2内任意一点来指

定偏移方向)

指定偏移方向)
　　选择要偏移的对象，或 [退出(E)/放弃(U)] <退出>: ✓（结束"偏移"命令）

完成后的结果如图 8-28 所示。

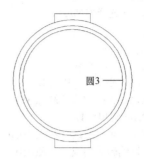

图 8-27　用"偏移"命令生成圆 2　　图 8-28　用"偏移"命令生成圆 3

4）绘制刻度线。首先绘制零刻度线。调用 LINE 命令，利用中心点捕捉功能来选择圆心作为起点，然后输入极坐标"@3<-45"确定端点。具体过程如下：

命令: LINE✓
指定第一点:CEN✓
于　（选择圆 1）
指定下一点或 [放弃(U)]: @3<-45✓
指定下一点或 [放弃(U)]: ✓

绘制结果如图 8-29 所示。

将绘制好的零刻度线移动到指定的位置。单击"修改"面板中的 ✚ 图标按钮，并根据提示进行如下操作：

命令: MOVE✓
选择对象：（选择已绘制好的直线）
找到 1 个
选择对象: ✓（结束选择）
指定基点或 [位移(D)] <位移>：（利用端点捕捉功能来选择直线上的右下端点作为移动的基点）
指定第二个点或 <使用第一个点作为位移>: APPINT✓
（利用外观交点捕捉功能来选择直线与圆 3 的外观交点作为移动的第二点）

完成后的结果如图 8-30 所示。

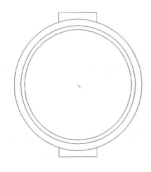
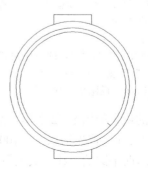

图 8-29　绘制零刻度线　　　　　　图 8-30　移动零刻度线

利用零刻度线来生成其他刻度线。单击"修改"面板中的环形阵列按钮，按提示进行如下设置：

```
命令: ARRAYPOLAR↙
选择对象: （选择零刻度线）
找到 1 个
选择对象: ↙
类型 = 极轴　关联 = 是
指定阵列的中心点或 [基点(B)/旋转轴(A)]: （捕捉大圆的圆心）
选择夹点以编辑阵列或 [关联(AS)/基点(B)/项目(I)/项目间角度(A)/填充角度(F)/行(ROW)/层(L)/旋转项目(ROT)/退出(X)] <退出>: I↙
输入阵列中的项目数或 [表达式(E)] <6>:31↙
选择夹点以编辑阵列或 [关联(AS)/基点(B)/项目(I)/项目间角度(A)/填充角度(F)/行(ROW)/层(L)/旋转项目(ROT)/退出(X)] <退出>: F↙ （指定阵列的角度范围）
指定填充角度(+=逆时针、-=顺时针)或 [表达式(EX)] <360>:270↙
选择夹点以编辑阵列或 [关联(AS)/基点(B)/项目(I)/项目间角度(A)/填充角度(F)/行(ROW)/层(L)/旋转项目(ROT)/退出(X)] <退出>: ROT↙
是否旋转阵列项目? [是(Y)/否(N)] <是>: Y↙ （阵列时旋转项目）
选择夹点以编辑阵列或 [关联(AS)/基点(B)/项目(I)/项目间角度(A)/填充角度(F)/行(ROW)/层(L)/旋转项目(ROT)/退出(X)] <退出>:↙
```

绘制结果如图 8-31 所示。

利用"延伸"命令来着重显示主刻度线（即从零刻度线开始，每隔 4 条刻度线为主刻度线）。再次使用 OFFSET 命令，将圆 3 向内部偏移来生成一个临时的圆作为辅助线，偏移距离为"5.5"；单击"修改"面板中的"修剪"按钮，并根据提示进行如下操作：

```
命令: OFFSET↙
当前设置: 删除源=否　图层=源　OFFSETGAPTYPE=0
指定偏移距离或 [通过(T)/删除(E)/图层(L)] <1.0000>: 5.5↙
选择要偏移的对象，或 [退出(E)/放弃(U)] <退出>:（选择圆 3 作为偏移对象）
指定要偏移的那一侧上的点，或 [退出(E)/多个(M)/放弃(U)] <退出>:（选择圆 3 内任意一点来指定偏移方向）
选择要偏移的对象，或 [退出(E)/放弃(U)] <退出>:↙ （结束"偏移"命令）
命令: EXTEND↙
当前设置:投影=UCS，边=无
选择边界的边……
选择对象或 <全部选择>: （选择辅助圆作为延伸的边界）
找到 1 个
选择对象: ↙
选择要延伸的对象，或按住 Shift 键选择要修剪的对象，或
[栏选(F)/窗交(C)/投影(P)/边(E)/放弃(U)]: （依次选择主刻度线（共 7 条），使之延伸至辅助圆上，最后按〈Enter〉键结束"延伸"命令）
```

完成后的结果如图 8-32 所示。绘制结束后删除辅助圆。

5）绘制表针。首先仍以点（100,100）为圆心，分别以 3、5 为半径绘制两个圆；再绘制一条穿过这两个圆的直线，其大概位置如图 8-33 所示。

调用"镜像"命令绘制表针的另一条边。然后用"圆"命令中的"相切、相切、半

径"方式作与表针两直线相切的半径为"3"的圆；再用"修剪"命令剪去该圆靠表针两直
线内侧的圆弧部分及表针两直线超出圆的部分。具体过程如下：

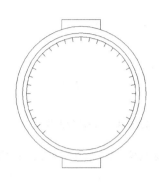

图 8-31　通过"阵列"命令绘制其他刻度线图

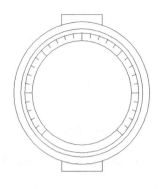

图 8-32　绘制主刻度线

命令: MIRROR↙
选择对象：（选择已绘制好的直线）
找到 1 个
选择对象: ↙（结束选择）
指定镜像线的第一点：（利用端点捕捉功能来选择直线上的端点，即针尖上的点）
指定镜像线的第二点：（利用中心点捕捉功能来选择圆心点）
要删除源对象吗？[是(Y)/否(N)] <N>: ↙（选择"N"选项来保留源对象）
命令:CIRCLE↙
指定圆的圆心或 [三点(3P)/两点(2P)/相切、相切、半径(T)]: **T**↙（指定用"相切、相切、半径"
方式画圆）
指定对象与圆的第一个切点：（选择构成表针的第一条直线）
指定对象与圆的第二个切点：（选择构成表针的第二条直线）
指定圆的半径 <5.0000>: **3**↙
命令: **TRIM**↙
当前设置:投影=UCS，边=无
选择剪切边……
选择对象或 <全部选择>：（依次选择构成表针的第一条直线、第二条直线及与其相切的圆）找
到 1 个
选择对象: 找到 1 个，总计 2 个
选择对象: 找到 1 个，总计 3 个
选择对象: ↙
选择要修剪的对象，或按住 Shift 键选择要延伸的对象，或
[栏选(F)/窗交(C)/投影(P)/边(E)/删除(R)/放弃(U)]：（依次选择构成表针的第一条直
线、第二条直线及与其相切的圆中多余的部分，最后按〈Enter〉键结束"修剪"命令）

结果如图 8-34 所示。

最后，调用 TRIM 命令，先以两条表针直线为边界，将两条直线之间表轴处的部分圆
弧修剪掉；再以剩下的圆弧为边界，将圆弧内部的部分直线修剪掉。具体过程如下：

命令: TRIM↙
当前设置:投影=UCS，边=无
选择剪切边...

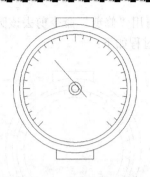

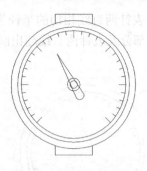

图 8-33　表针绘制图一　　　　　　　图 8-34　表针绘制图二

选择对象或 <全部选择>:（依次选择构成表针的第一条直线、第二条直线及位于表轴处的大圆）
找到 1 个
选择对象: 找到 1 个，总计 2 个
选择对象: 找到 1 个，总计 3 个
选择对象: ↙
选择要修剪的对象，或按住 Shift 键选择要延伸的对象，或
[栏选(F)/窗交(C)/投影(P)/边(E)/删除(R)/放弃(U)]:（依次选择构成表针的第一条直线和第二条直线位于圆内的部分及圆位于两直线之间的部分，最后按〈Enter〉键结束"修剪"命令）

完成后的表针如图 8-35 所示。

6）绘制文字和数字。在绘制文字前应首先对当前的文字样式进行设置。选择菜单"格式"→"文字样式"，弹出"文字样式"对话框。在"字体名"下拉列表框中选择"宋体"，并保持其他选项不变。单击"应用"按钮使设置生效，然后单击"关闭"按钮关闭对话框。

调用 TEXT 命令，并根据提示进行如下操作：

命令: TEXT↙
当前文字样式: Standard　当前文字高度: 2.5000
指定文字的起点或 [对正(J)/样式(S)]:（在表盘下部偏左位置选择一点作为文字的起点）
指定高度 <2.5000>: 5↙
指定文字的旋转角度 <0>: ↙
（在图中输入欲创建的文字"压力表"）
（按〈Enter〉键结束创建文字命令）

完成后结果如图 8-36 所示。再次调用 TEXT 命令创建数字"0"，其位置如图 8-37 所示。然后利用数字"0"来产生其他数字。启动"环形阵列"命令，按提示进行如下设置：

图 8-35　完成后的表针　　　　　　　图 8-36　创建文字

命令: ARRAYPOLAR✓
选择对象: （选择数字"0"）
找到 1 个
选择对象:✓
类型 = 极轴　关联 = 是
指定阵列的中心点或 [基点(B)/旋转轴(A)]: （捕捉大圆的圆心）
选择夹点以编辑阵列或 [关联(AS)/基点(B)/项目(I)/项目间角度(A)/填充角度(F)/行(ROW)/层(L)/旋转项目(ROT)/退出(X)] <退出>: **I**✓
输入阵列中的项目数或 [表达式(E)] <6>:**7**✓
选择夹点以编辑阵列或 [关联(AS)/基点(B)/项目(I)/项目间角度(A)/填充角度(F)/行(ROW)/层(L)/旋转项目(ROT)/退出(X)] <退出>: **F**✓　（指定阵列的角度范围）
指定填充角度(+=逆时针、-=顺时针)或 [表达式(EX)] <360>:**270**✓
选择夹点以编辑阵列或 [关联(AS)/基点(B)/项目(I)/项目间角度(A)/填充角度(F)/行(ROW)/层(L)/旋转项目(ROT)/退出(X)] <退出>: **ROT**✓
是否旋转阵列项目? [是(Y)/否(N)] <是>: **N**✓　（阵列时旋转项目）
选择夹点以编辑阵列或 [关联(AS)/基点(B)/项目(I)/项目间角度(A)/填充角度(F)/行(ROW)/层(L)/旋转项目(ROT)/退出(X)] <退出>:**B**✓
指定基点或 [关键点(K)] <质心>: （单击数字"0"的中心）
选择夹点以编辑阵列或 [关联(AS)/基点(B)/项目(I)/项目间角度(A)/填充角度(F)/行(ROW)/层(L)/旋转项目(ROT)/退出(X)] <退出>:✓

绘制结果如图 8-38 所示。

图 8-37　创建数字"0"

图 8-38　创建其他数字

调用 DDEDIT 命令，并根据提示选择第二个数字"0"，在图中将其修改为"1"，然后按〈Enter〉键确定。以此方式依次将其他数字分别改为 2、3、4、5 和 6，最后完成的结果，如图 8-24 所示。

7）保存文件。

命令: 🖫（以"压力表.dwg"为文件名保存图形）

8.7　思考题

分析本章所给 6 个示例工程图形的具体绘图过程，并对此过程中的某一部分提出不同的绘图方案。

8.8　上机练习

1．按正文中所述方法和步骤上机完成 6 个示例图形的绘制。

2．针对 6 个示例绘图过程中的某一部分提出不同的绘图方案，然后上机验证所提绘图方案的正确性。

3．按所标注尺寸上机绘制如图 8-39 所示各工程图形并标注尺寸。

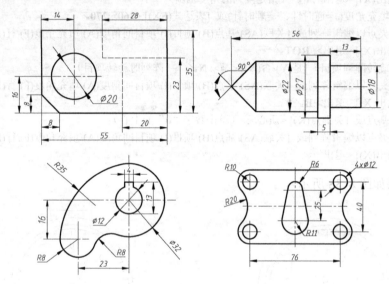

图 8-39　工程图形绘图练习

第9章 机械图样的绘制及示例

机械图样主要包括零件图和装配图。本章将结合前面学习过的绘图命令、编辑命令及尺寸标注命令，详细介绍机械工程中零件图和装配图的绘制方法、步骤及图中技术要求的标注，使读者掌握灵活运用所学过的命令，方便快捷地绘制机械图样的方法，提高绘图效率。

9.1 绘制零件图概述

9.1.1 零件图的内容

零件图是反映设计者意图及生产部门组织生产的重要技术文件。因此，它不仅应将零件的材料、内、外部的结构形状和大小表达清楚，而且还要对零件的加工、检验、测量提供必要的技术要求。一张完整的零件图应包含的内容有：

1. 一组视图

包括视图、剖视图、断面图、局部放大图等，用以完整、清晰地表达出零件的内、外形状和结构。

2. 完整的尺寸

零件图中应正确、完整、清晰、合理地标注出用以确定零件各部分结构形状和相对位置、制造零件所需的全部尺寸。

3. 技术要求

用以说明零件在制造和检验时应达到的技术要求，如表面粗糙度、尺寸公差、形状和位置公差以及表面处理和材料热处理等。

4. 标题栏

位于零件图的右下角，用以填写零件的名称、材料、比例、数量、图号以及设计、制图、校核人员签名等。

9.1.2 用 AutoCAD 绘制零件图的一般过程

在使用计算机绘图时，必须遵守机械制图国家标准的规定。以下是用 AutoCAD 绘制零件图的一般过程及须注意的一些问题：

1) 建立零件图模板。在绘制零件图之前，应根据图纸幅面大小和格式的不同，分别建立符合机械制图国家标准及企业标准的若干机械图模板。模板中应包括图纸幅面、图层、使用文字的一般样式、尺寸标注的一般样式、图块等。这样，在绘制零件图时，就可直接调用建立好的模板进行绘图，以提高工作效率。图形模板文件的扩展名为 dwt。

2）使用绘图命令、编辑命令及绘图辅助工具完成图形的绘制。在绘制过程中，应根据零件图形结构的对称性、重复性等特征，灵活运用镜像、阵列、多重复制等编辑操作，避免不必要的重复劳动，提高绘图效率；要充分利用正交、捕捉等功能，以保证绘图的速度和准确度。

3）进行工程标注。将标注内容分类，可以首先标注线性尺寸、角度尺寸、直径及半径尺寸等操作比较简单、直观的尺寸，然后标注技术要求，如几何公差及表面粗糙度等，并注写技术要求中的文字。

4）定义图形库和符号库。由于在 AutoCAD 中没有直接提供表面粗糙度符号、剖切位置符号、基准符号等，因此可以通过定义块的方式创建针对用户绘图特点的专用图形库和符号库，以达到快速标注符号和提高绘图速度的目的。

5）填写标题栏，并保存图形文件。

9.1.3 零件图中投影关系的保证

如前所述，零件图中包含一组表达零件形状的视图，绘制零件图中的视图是绘制零件图的重要内容。对此的要求是：视图应布局匀称、美观，且符合"主、俯视图长对正，主、左视图高平齐，俯、左视图宽相等"的投影规律。

用 AutoCAD 绘制零件图形时如何保证上述"长对正、高平齐、宽相等"的投影规律并无定法，为叙述方便起见，本书将其归纳为辅助线法和对象捕捉跟踪法，供读者参考并根据图形特点灵活运用。

1. 辅助线法

即通过"构造线"（XLINE）命令等绘制出一系列的水平与竖直辅助线，以便保证视图之间的投影关系，并结合图形绘制及编辑命令完成零件图的绘制。

2. 对象捕捉跟踪法

即利用 AutoCAD 提供的对象捕捉追踪功能，来保证视图之间的投影关系，并结合图形绘制及编辑命令完成零件图的绘制。

在本章的第 9.4 节中，将结合两张零件图的绘制实例，分别介绍采用上述两种方法绘制零件图的过程及步骤。

9.2 图框和标题栏的绘制

在机械图样中必须绘制出图框及标题栏，装配图中还要绘制明细栏。标题栏位于图纸的右下角，其格式和尺寸应符合国家标准 GB/T 10609.1—2008《技术制图标题栏》的有关规定，如图 9-1 所示。

可将图框和标题栏定义在样板文件里。如果自定义的样板图中没有图框和标题栏，既可按上述格式和尺寸自行绘制，也可以从 AutoCAD 提供的样板图中直接复制使用。AutoCAD 的样板图中文件名以"GB"开头的，都包含符合国标的图框和标题栏。如果需要插入 A3 图框和标题栏，可打开文件名为"Gb_a3 -Color Dependent Plot Styles.dwt"的样板图，然后将图框和标题栏选中，将其复制到剪贴板，把窗口切换到原先的绘图窗口，再从剪贴板粘贴到当前窗口中。复制过来的图框和标题栏是一个图块，要编辑标题栏中的内容，可用"分解"（X）命令将其分解。

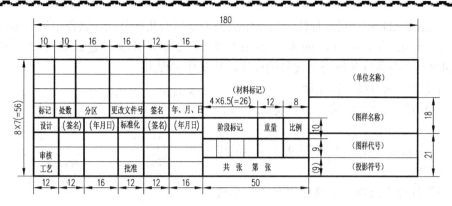

图 9-1　标题栏的格式和尺寸

9.3　零件图中技术要求的标注

零件图中的技术要求一般包括表面粗糙度、尺寸公差、几何公差、零件的材料、热处理和表面处理等内容。其中，前三项应按国家标准规定的代号在视图中标注，下面分别详述。其他内容则可在标题栏的上方或右方空白处使用 TEXT 或 MTEXT 命令用文字书写，这里不再赘述。

9.3.1　表面粗糙度代号的定义

用创建"块"（BLOCK）命令创建用于表达零件表面加工要求的表面粗糙度代号块，然后用"插入"（INSERT）命令将其插入到需要标注的表面。注意插入前务必使"最近点"对象捕捉功能有效。创建块时需先按图 9-2 所示的尺寸绘制出用于去除材料的表面粗糙度代号。图中的尺寸数字高度为 3.5。

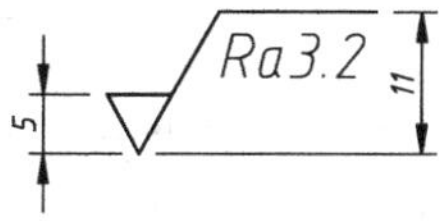

图 9-2　表面粗糙度代号

对于不同的表面粗糙度参数值可以做多个块，也可以把粗糙度参数值定义成"属性"后再创建块，这样一个块插入可输入不同的表面粗糙度参数值。

对于其他较常用的基本图形或符号，也可以分别定义成图块存放在一个图形文件中，利用设计中心的功能，拖入到当前绘图窗口中。

9.3.2　几何公差的标注

几何公差代号包括几何特征符号，公差框格及指引线，公差数值和其他有关符号，以及基准符号等，如图 9-3 所示。

a)　　　　　　　　　　　　　　　　　　b)

图 9-3　几何公差代号及基准

a) 几何公差代号　b) 基准符号

虽然 AutoCAD 在"尺寸标注"命令中提供了专门的几何公差（软件中称为形位公差）标注工具，但其并不实用，尚需单独另行为其绘制指引线。建议使用"快速引线"（QLEADER）命令进行几何公差代号的标注，其操作过程为：

1）启动"快速引线"标注命令。

2）命令行提示"指定第一个引线点或[设置（S）]<设置>:"。

3）按〈Enter〉键，弹出如图 9-4 所示的引线设置对话框。

4）在"注释"选项卡下选中"公差"单选按钮，单击"确定"按钮退出对话框。

5）在被测要素上指定指引线的起点，指引线画好后系统自动弹出如图 9-5 所示的"形位公差"对话框。

图 9-4　"引线设置"对话框

6）单击"形位公差"对话框中"符号"选项组内的小方框，弹出如图 9-6 所示的几何公差"特征符号"选择框，从中选取对应的项目符号即可。

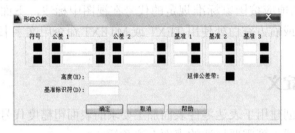

图 9-5　"形位公差"对话框

图 9-6　"特征符号"选择框

7）单击"公差 1"选项组内左边第一方框，可出现一个符号"ϕ"（公差带为圆柱时使用）。

8）在"公差 1"选项组内第二方框中输入公差值。

9）当有两项公差要求时，在"公差 2"选项组内重复操作。

10）在"基准 1"选项组内左边第一框格内输入基准字母。

11）单击"确定"按钮，"形位公差"对话框关闭，系统自动在指引线结束处画出几何公差框。

12）当同一要素有两个几何公差特征要求时，在"形位公差"对话框中第二行各选项组内重复操作。

几何公差基准符号（图 9-3b）的标注还可通过定义为带属性的图块来实现。

9.3.3　尺寸公差的标注

在标注尺寸时，可以运用"尺寸样式"设置尺寸标注的格式，并设定尺寸公差的具体数值。但由于一张零件图上尺寸公差相同的尺寸较少，为每一个尺寸设定一个样式也没有必要，所以可以将"公差格式"选项组中的"方式"设定为"无"公差，如图 9-7 所示。在设定无公差的样式之前，可将"精度"改成"0.000"，将"高度比例"改成"0.5"。这样可以省去为每个公差都要修改这两个值的麻烦。

图 9-7　修改公差标注样式

　　有公差的尺寸先标注成没有公差的尺寸，然后可双击此尺寸启动"特性"对话框，在"特性"编辑表内对公差的尺寸进行编辑。例如，上、下极限偏差是 $50^{+0.009}_{-0.025}$，有两种标注方法：

　　1）修改"特性"编辑表中"公差"的有关参数，如图 9-8 所示。此方法对人为修改过的尺寸数值无效。

　　在填写参数值时，注意表格中下极限偏差在上，上极限偏差在下，默认符号为上极限偏差为正，下极限偏差为负。因此，若上极限偏差为负值，则应在数值前加"-"号，下极限偏差为正值时在数值前加"-"号。

　　2）用文字格式控制符对有公差的尺寸文字进行修改，可在尺寸"特性"编揖表中的"文本替代"处输入"\A0;<>\H0.5X;\S+0.009^-0.025"，如图 9-9 所示。

图 9-8　设定公差数值

图 9-9　进行公差数值文字替代

其中：

- A0;：表示公差数值与尺寸数值底边对齐。
- <>：表示系统自动测量的尺寸数值，也可写成具体的数字。
- \H0.5X;：表示公差数值的字高是尺寸数字高度的 0.7 倍。
- \S....^....：表示堆叠，"^"符号前的数字是上极限偏差（+0.009），"^"符号后的数字是下极限偏差（-0.025）。

提示

1）上述操作中，输入的控制字符均应为半角字符，且"\"后的控制符必须是大写字母。

2）以上两种方法请勿同时使用，如果尺寸数值无须人为改动，建议使用第一种方法。

9.4 零件图绘制示例

9.4.1 曲柄零件图

本节将结合如图 9-10 所示曲柄零件图的绘制，介绍利用辅助线方法绘制零件图的具体过程。

【步骤】

1）使用创建的机械图样模板绘制曲柄零件图。

命令:**NEW**✓（📄，方法同前，打开模板文件"A4 图纸－竖放.dwt"。由于在 8.5 节中已经绘制过该曲柄零件图的主视图，因此可以直接重用之，即将该图形复制到此处并关闭尺寸层）

命令:**SAVEAS**✓（将包含一个主视图的曲柄图形以"曲柄零件图.dwg"为文件名保存在指定路径中）

2）将"0"层设置为当前层，绘制辅助线。

命令: **LA**✓（将当前图层设置为"0"）

命令: **XLINE**✓（📐，绘制"构造线"命令。绘制作图辅助线）

指定点或 [水平(H)/垂直(V)/角度(A)/二等分(B)/偏移(O)]: **V**✓（绘制竖直构造线）

指定通过点:<对象捕捉 开>（打开对象捕捉功能，捕捉主视图中竖直中心线的端点）

指定通过点:（捕捉主视图中间ϕ32 圆右边与水平中心线的交点）

指定通过点:（分别捕捉主视图右边ϕ20 及ϕ10 圆与水平中心线的四个交点）

…

（总共绘制六条竖直辅助线）

命令:✓（继续绘制构造线）

XLINE 指定点或 [水平(H)/垂直(V)/角度(A)/二等分(B)/偏移(O)]: **H**✓（绘制水平构造线）

指定通过点:（在主视图下方适当位置处单击鼠标，确定俯视图中曲柄最后面的线）

指定通过点: ✓（按〈Enter〉键，结束绘制）

命令:✓

XLINE 指定点或 [水平(H)/垂直(V)/角度(A)/二等分(B)/偏移(O)]: **O**✓（绘制偏移构造线）

指定偏移距离或 [通过(T)] <通过>: **12**✓（输入偏移距离）

选择直线对象:（选择刚刚绘制的水平构造线）

指定向哪侧偏移:（在所选水平构造线的下方任意一点单击鼠标，偏移生成俯视图中水平对称线）

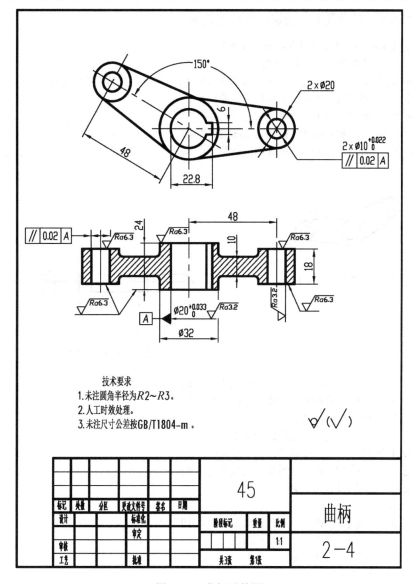

图 9-10　曲柄零件图

选择直线对象:✓

命令:✓

XLINE 指定点或 [水平(H)/垂直(V)/角度(A)/二等分(B)/偏移(O)]: **O**✓

指定偏移距离或 [通过(T)] <12.0000>: **5**✓

选择直线对象:（选择偏移生成的水平构造线）

指定向哪侧偏移:（在所选水平构造线的上方任意一点单击鼠标,偏移生成曲柄臂的后端线）

选择直线对象: ✓

命令:✓

XLINE 指定点或 [水平(H)/垂直(V)/角度(A)/二等分(B)/偏移(O)]: **O**✓

指定偏移距离或 [通过(T)] <5.0000>: **9**✓

选择直线对象:（仍选择第一次偏移生成的水平构造线）

指定向哪侧偏移:（在所选水平构造线的上方任意一点单击鼠标。偏移生成曲柄右边圆柱的后端线）

选择直线对象: ✓（绘制的一系列辅助线如图 9-11 所示）

3）将"LKX"层设置为当前层，绘制俯视图

命令: **LA**✓（将当前图层设置为"LKX"）

命令: ✒（绘制俯视图中轮廓线）

_line 指定第一点: <对象捕捉 开>（如图 9-12 所示，捕捉最左边构造线与最上边构造线的交点 1）

指定下一点或 [放弃(U)]:（捕捉构造线的交点 2）

指定下一点或 [放弃(U)]:（捕捉构造线的交点 3）

指定下一点或 [放弃(U)]:（捕捉构造线的交点 4）

指定下一点或 [放弃(U)]:（捕捉构造线的交点 5）

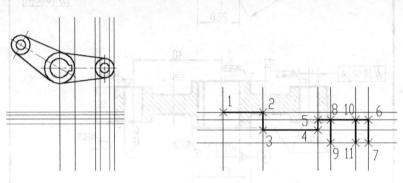

图 9-11　绘制辅助线　　　　　　　图 9-12　捕捉辅助线交点

指定下一点或 [放弃(U)]:（捕捉构造线的交点 6）

指定下一点或 [放弃(U)]:（捕捉构造线的交点 7）

指定下一点或 [放弃(U)]:✓

命令: ✓（绘制俯视图右边孔的轮廓线）

_line 指定第一点:（捕捉构造线的交点 8）

指定下一点或 [放弃(U)]:（捕捉构造线的交点 9）

指定下一点或 [放弃(U)]:✓

命令: ✓

指定下一点或 [放弃(U)]:（捕捉构造线的交点 10）

指定下一点或 [放弃(U)]:（捕捉构造线的交点 11）

指定下一点或 [放弃(U)]:✓

命令: ◠（绘制 R2 圆角）

_fillet 当前模式: 模式 = 修剪，半径 = 16.0000

选择第一个对象或 [多段线(P)/半径(R)/修剪(T)/多个(U)]: **R**✓

指定圆角半径 <16.0000>: **2**✓

选择第一个对象或 [多段线(P)/半径(R)/修剪(T)/多个(U)]: **U**✓

选择第一个对象或 [多段线(P)/半径(R)/修剪(T)/多个(U)]:（选择中间水平线）

选择第二个对象:（选择左边竖直线）

选择第一个对象或 [多段线(P)/半径(R)/修剪(T)/多个(U)]:

…

（方法同前，绘制右边 R2 圆角）

命令: ⚠（镜像所绘制的轮廓线）

选择对象:（选择绘制的轮廓线）

指定镜像线的第一点:（捕捉最下边水平构造线与最左边竖直构造线的交点）

指定镜像线的第二点:（捕捉最下边水平构造线与最右边竖直构造线的交点 7）

是否删除源对象？ [是(Y)/否(N)] <N>:✓

命令: **LA**↙（将当前图层设置为"DHX"）

命令: ↙（绘制俯视图右边孔的中心线）

_line 指定第一点:（如图 9-12 所示，捕捉交点 5、6 的中点）

指定下一点或 [放弃(U)]:（捕捉与交点 5、6 对称的水平线中点）

指定下一点或 [放弃(U)]:↙

命令: ↙（绘制俯视图中间孔的中心线）

_line 指定第一点:（如图 9-12 所示，捕捉交点 1）

指定下一点或 [放弃(U)]:（捕捉与交点 1 对称的点）

指定下一点或 [放弃(U)]:↙

命令: ↙（删除辅助线）

_erase 选择对象:（选择所有辅助线）

…

找到 1 个，总计 10 个（结果如图 9-13 所示）

命令: ↙（镜像所绘制的右边轮廓线）

选择对象:（用"窗口选择"方式，选择竖直中心线右边所有图线）

指定镜像线的第一点:（捕捉竖直中心线的上端点）

指定镜像线的第二点:（捕捉竖直中心线的下端点）

是否删除源对象？[是(Y)/否(N)] <N>:↙

命令: **LA**↙（将当前图层设置为"0"）

命令: ↙（绘制俯视图中间的竖直辅助线）

_xline 指定点或 [水平(H)/垂直(V)/角度(A)/二等分(B)/偏移(O)]: **V**↙

指定通过点:（捕捉主视图中间$\phi 20$ 圆左边与水平中心线的交点）

指定通过点:（捕捉主视图中键槽与$\phi 20$ 圆的交点）

指定通过点:（捕捉主视图中键槽右端面与水平中心线的交点）

指定通过点: ↙

命令: **LA**↙（将当前图层设置为"LKX"）

命令: ↙（绘制俯视图中间孔与键槽的轮廓线）

_line 指定第一点:（捕捉最左边构造线与中间圆柱后端面的交点）

指定下一点或 [放弃(U)]:（捕捉最左边构造线与中间圆柱前端面的交点）

指定下一点或 [放弃(U)]:↙

…

（方法同前，分别绘制俯视图中剩余轮廓线）

命令: ↙（删除辅助线）

_erase 选择对象:（选择所有辅助线）

…

找到 1 个，总计 3 个

命令: **LEN**↙（↙，调整$\phi 20$ 孔的中心线）

选择对象或 [增量(DE)/百分数(P)/全部(T)/动态(DY)]: **DY**↙（选择动态调整）

选择要修改的对象或 [放弃(U)]:（选择俯视图中竖直中心线）

指定新端点:（将所选中心线的端点调整到新的位置）

命令: **LA**↙（将当前图层设置为"PMX"）

命令: **BH**↙（🔲，绘制俯视图中的剖面线。按〈Enter〉键后，弹出"边界图案填充"对话框，将"类型"设置为"用户定义"，"角度"为"45"，"间距"为"2"，单击"拾取点"按钮，在图形中欲绘制剖面线的区域内单击鼠标，如图 9-14 所示。选择完成后，按〈Enter〉键即可返回到对话框，此时单击"确定"按钮，即可完成剖面线绘制）

5）标注尺寸。将当前层设置为"BZ"层，方法同前，标注曲柄零件图中的尺寸。

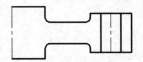

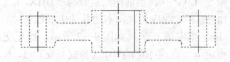

图9-13　俯视图右边轮廓线　　　　　　　　图9-14　选择填充区域

6）填写标题栏及技术要求。将当前层设置为"WZ"层，方法同前，填写标题栏及技术要求。

7）保存图形。

命令:🖫

9.4.2　轴承座零件图

本节将结合如图 9-15 所示轴承座零件图的绘制，介绍利用对象捕捉追踪方法绘制零件图的具体过程。

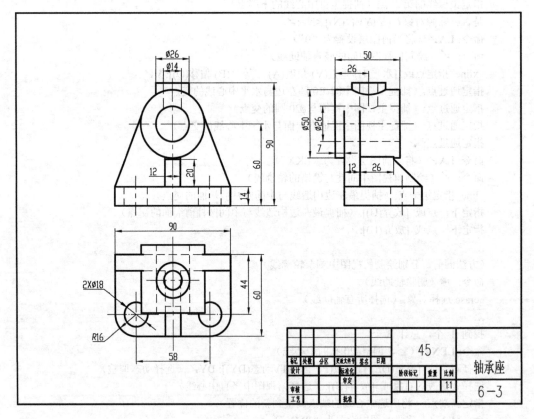

图9-15　轴承座零件图

【步骤】

1）使用创建的机械图样模板绘制轴承座零件图。

命令: **NEW**✓（🖫，方法同前，打开模板文件"A3图纸－横放.dwt"，在此基础上绘制图形）
命令: **SAVEAS**✓（以"轴承座零件图.dwg"为文件名保存图形）

2）将"LKX"层设置为当前层，绘制主视图。

命令: **LA**✓（将当前图层设置为"LKX"）

命令: ☑（绘制主视图中轴承座底板轮廓线）

_line 指定第一点:（在图框适当处单击鼠标，确定底板左上点的位置）

指定下一点或 [放弃(U)]: **@0,-14**✓

指定下一点或 [放弃(U)]: **@90,0**✓

指定下一点或 [放弃(U)]: **@0,14**✓

指定下一点或 [放弃(U)]: **C**✓

命令: **LA**✓（将当前图层设置为"DHX"）

命令: ☑（绘制主视图中竖直中心线）

_line 指定第一点: <对象捕捉 开> <对象捕捉追踪 开> <正交 开>（打开对象捕捉、对象追踪及正交功能，捕捉绘制的底板下边的中点，并向下拖动鼠标，此时出现一条闪动的虚线，并且虚线上有一个小叉随着光标的移动而移动，小叉即代表当前点的位置，在适当位置处单击鼠标，确定竖直中心线的下端点）

指定下一点或 [放弃(U)]:（向上拖动鼠标，在适当位置处单击鼠标，确定竖直中心线的上端点）

指定下一点或 [放弃(U)]: ✓

命令: **LA**✓（将当前图层设置为"LKX"）

命令: ◎（绘制主视图中 φ50 圆）

_circle 指定圆的圆心或 [三点(3P)/两点(2P)/相切、相切、半径(T)]: _from 基点:（打开捕捉自功能，捕捉竖直中心线与底板底边的交点作为基点）

<偏移>: **@0,60**✓

指定圆的半径或 [直径(D)]: **D**✓

指定圆的直径: **50**✓

命令:✓（绘制主视图中 φ26 圆）

_circle 指定圆的圆心或 [三点(3P)/两点(2P)/相切、相切、半径(T)]:（捕捉 φ50 圆的圆心）

指定圆的半径或 [直径(D)]: **D**✓

指定圆的直径: **26**✓

命令: **LA**✓（将当前图层设置为"DHX"）

命令: ☑（绘制 φ50 圆的水平中心线）

_line 指定第一点:（利用对象捕捉追踪功能捕捉 φ50 圆左端象限点，向左拖动鼠标到适当位置，单击鼠标）

指定下一点或 [放弃(U)]:（向右拖动鼠标到适当位置，单击鼠标）

指定下一点或 [放弃(U)]:✓

命令: **LA**✓（将当前图层设置为"LKX"）

命令: ☑（绘制主视图中左边切线）

_line 指定第一点:（捕捉底板左上角点）

指定下一点或 [放弃(U)]: <正交 关>（捕捉 φ50 圆的切点）

指定下一点或 [放弃(U)]:✓

…（方法同上，绘制主视图中右边切线，也可以使用"镜像"命令对左边切线进行镜像操作）

命令: �😊（偏移底板底边，绘制凸台的上边）

_offset 指定偏移距离或 [通过(T)] <通过>: **90**✓

选择要偏移的对象或 <退出>:（选择底板底边）

指定点以确定偏移所在一侧:（向上偏移）

选择要偏移的对象或 <退出>:✓

命令: ✓（偏移竖直中心线，绘制凸台 φ26 圆柱的左边）

_offset 指定偏移距离或 [通过(T)] <90.0000>: **13**✓

选择要偏移的对象或 <退出>:（选择竖直中心线）

指定点以确定偏移所在一侧:（向左偏移）

选择要偏移的对象或 <退出>:✓

…（方法同上，将偏移距离设置为"7"，继续向左偏移竖直中心线，绘制凸台ϕ14孔的左边）

命令: ✓（连线）

_line 指定第一点:（捕捉左边竖直中心线与上边水平线的交点）

指定下一点或 [放弃(U)]:<正交 开>（捕捉左边竖直中心线与ϕ50圆的交点）

指定下一点或 [放弃(U)]:✓

命令: **LA**✓（将当前图层设置为"XX"）

命令: ✓（方法同前，绘制凸台ϕ14孔的左边）

…

命令: ✓（删除偏移的中心线）

_erase 选择对象:（选择偏移的中心线）

找到 1 个，总计 2 个

命令: ✓（镜像所绘制的凸台轮廓线）

_mirror 选择对象:（选择绘制的凸台轮廓线）

找到 2 个

指定镜像线的第一点:（捕捉竖直中心线的上端点）

指定镜像线的第二点:（捕捉竖直中心线的下端点）

是否删除源对象？ [是(Y)/否(N)] <N>:✓

命令: ✓（修剪凸台上边）

_trim 当前设置:投影=UCS，边=无

选择剪切边…

选择对象:（分别选择凸台ϕ26圆柱的左、右边）

找到 1 个，总计 2 个

选择对象:✓

选择要修剪的对象，按住 Shift 键选择要延伸的对象，或 [投影(P)/边(E)/放弃(U)]:（选择凸台上边在所选对象外面的部分）

命令: ✓（偏移竖直中心线，绘制底板左边孔的中心线）

_offset 指定偏移距离或 [通过(T)] <通过>: **29**✓

选择要偏移的对象或 <退出>:（选择竖直中心线）

指定点以确定偏移所在一侧:（向左偏移）

选择要偏移的对象或 <退出>:✓

命令: ✓（偏移生成的竖直中心线，绘制底板上孔的轮廓线）

_offset 指定偏移距离或 [通过(T)] <通过>: **9**✓

选择要偏移的对象或 <退出>:（选择偏移生成的竖直中心线）

指定点以确定偏移所在一侧:（向左偏移）

选择要偏移的对象或 <退出>:✓

命令: ✓（连线）

_line 指定第一点:（捕捉左边竖直中心线与底板上边的交点）

指定下一点或 [放弃(U)]:（捕捉左边竖直中心线与底板下边的交点）

指定下一点或 [放弃(U)]:✓

命令: ✓（删除偏移的中心线）

_erase 选择对象:（选择偏移的中心线）

找到 1 个，总计 1 个

命令: **LEN**✓（✓，调整底板左边孔的中心线）

…

命令：（镜像所绘制的底板左边孔的轮廓线）

_mirror 选择对象:（选择绘制的轮廓线）

找到 1 个

指定镜像线的第一点:（捕捉底板孔中心线的上端点）

指定镜像线的第二点:（捕捉底板孔中心线的下端点）

是否删除源对象？[是(Y)/否(N)] <N>:↙

…（方法同上，选择底板左边孔的轮廓线及中心线，镜像生成底板右边孔）

命令：（偏移竖直中心线，绘制中间加强肋的左边）

_offset 指定偏移距离或 [通过(T)] <通过>: 6↙

选择要偏移的对象或 <退出>:（选择竖直中心线）

指定点以确定偏移所在一侧:（向左偏移）

选择要偏移的对象或 <退出>:↙

…（方法同前，将当前层设置为"LKX"，利用偏移的中心线绘制中间的加强肋）

命令：（偏移底板上边，绘制加强肋中间的粗实线）

_offset 指定偏移距离或 [通过(T)] <通过>: 20↙

选择要偏移的对象或 <退出>:（选择底板上边）

指定点以确定偏移所在一侧:（向上偏移）

选择要偏移的对象或 <退出>:↙

命令：（修剪偏移生成的线）

3）绘制俯视图。

命令：（绘制俯视图中底板轮廓线）

_line 指定第一点:（利用对象捕捉追踪功能，捕捉主视图中底板左下角点，向下拖动鼠标，在适当位置处单击鼠标，确定底板左上角点）

指定下一点或 [放弃(U)]:（向右拖动鼠标，到主视图中底板右下角点处，在该点出现小叉，向下拖动鼠标，当小叉出现在两条闪动虚线的交点处时，如图 9-16 所示，单击鼠标，即可绘制出一条与主视图底板"长对正"的直线）

指定下一点或 [放弃(U)]: @0,60↙

指定下一点或 [放弃(U)]:（方法同前，向右拖动鼠标，指定底板左下角）

指定下一点或 [放弃(U)]: C↙

命令: LA↙（将当前图层设置为"DHX"）

命令：（方法同前，绘制俯视图中竖直中心线）

…

命令：（偏移俯视图中底板后边，绘制支承板前端面）

_offset 指定偏移距离或 [通过(T)] <通过>: 12↙

选择要偏移的对象或 <退出>:（选择底板后边）

指定点以确定偏移所在一侧:（向下偏移）

选择要偏移的对象或 <退出>:↙

…（方法同上，利用偏移命令，生成俯视图中中间圆柱的前后端面）

命令: LA↙（将当前图层设置为"LKX"）

命令：（方法同前，利用对象捕捉追踪功能，绘制俯视图中圆柱的轮廓线，注意孔的轮廓线为虚线）

…（结果如图 9-17 所示）

命令：（修剪多余的线）

…（结果如图 9-18 所示）

命令：（绘制底板左边 R16 圆角）

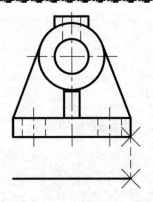

图 9-16　用对象追踪功能绘制底板图

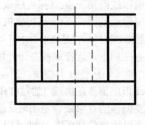

图 9-17　绘制的圆柱及支承板

_fillet 当前设置: 模式 = 修剪，半径 = 0.0000
选择第一个对象或 [多段线(P)/半径(R)/修剪(T)/多个(U)]: **R**✓
指定圆角半径 <0.0000>: **16**✓
选择第一个对象或 [多段线(P)/半径(R)/修剪(T)/多个(U)]: **U**✓
选择第一个对象或 [多段线(P)/半径(R)/修剪(T)/多个(U)]:（选择底板左边）
选择第二个对象:（选择底板下边）
选择第一个对象或 [多段线(P)/半径(R)/修剪(T)/多个(U)]:

…
（方法同前，绘制右边 R16 圆角）
命令: ◎（绘制俯视图中左边 ϕ18 圆）
_circle 指定圆的圆心或 [三点(3P)/两点(2P)/相切、相切、半径(T)]:（捕捉左边圆角的圆心）
指定圆的半径或 [直径(D)]: **D**✓
指定圆的直径: **18**✓
命令: ╪（修剪 ϕ18 圆）

…
命令: **LA**✓（将当前图层设置为"XX"）
命令: ╱（绘制俯视图中 ϕ18 圆的虚线）
_arc 指定圆弧的起点或 [圆心(C)]: **C**✓
指定圆弧的圆心:（捕捉 ϕ18 圆的圆心）
指定圆弧的起点:（捕捉 ϕ18 圆与轴承前端面的交点）
指定圆弧的端点或 [角度(A)/弦长(L)]:（捕捉 ϕ18 圆与轴承左边轮廓线的交点）
命令: ⚠（镜像所绘制的 ϕ18 圆）

…
命令: **LA**✓（将当前图层设置为"0"）
命令: ╱（在主视图切点处绘制作图辅助线）
指定点或 [水平(H)/垂直(V)/角度(A)/二等分(B)/偏移(O)]: **V**✓（绘制竖直构造线）
指定通过点:（捕捉主视图中左边切点）
指定通过点:（捕捉主视图中右边切点）
指定通过点:✓
命令: ╪（修剪支承板在辅助线中间的部分）
…（结果如图 9-19 所示）
命令: **LA**✓（将当前图层设置为"XX"）
命令: ╱（绘制支承板中的虚线）

…
命令: ╱（方法同前，利用对象捕捉追踪功能，绘制俯视图中加强肋的虚线）

…

命令: **LA**✓（将当前图层设置为"LKX"）

命令: ✍（绘制俯视图中加强肋的粗实线）

…（结果如图 9-20 所示）

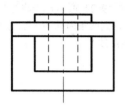

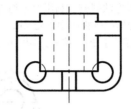

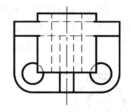

图 9-18　修剪圆柱结果图　　　　图 9-19　修剪支承板结果　　　　图 9-20　俯视图中的加强肋

命令: ▭（打断命令）

_break 选择对象:（选择支承板前边虚线）

指定第二个打断点或 [第一点(F)]: **F**✓

指定第一个打断点:（选择加强肋左边与支承板前边的交点）

指定第二个打断点: **@**

…（方法同上，将支承板前边虚线在右边打断）

命令: ✥（移动打断的虚线）

_move 选择对象:（选择中间打断的虚线）

找到 1 个

选择对象: ✓

指定基点或位移:（捕捉中间虚线与竖直中心线的交点）

指定位移的第二点或 <用第一点作位移>: **@0,−26**✓

命令: ◎（绘制俯视图中间φ26 圆）

_circle 指定圆的圆心或 [三点(3P)/两点(2P)/相切、相切、半径(T)]: _from 基点:（打开"捕捉自"功能，捕捉圆柱后边与中心线的交点）

<偏移>: **@0,−26**✓

指定圆的半径或 [直径(D)] <9.0000>: **D**✓

指定圆的直径 <19.0000>: **26**✓

…（方法同上，捕捉φ26 圆的圆心，绘制φ14 圆）

命令: **LA**✓（将当前图层设置为"DHX"）

命令: ✍（方法同前，绘制俯视图中圆的中心线）

4）绘制左视图。

命令: **LA**✓（将当前图层设置为"LKX"）

命令: ▦（复制绘制的俯视图）

_copy 选择对象:（用"窗口选择"方式，选择绘制的俯视图）

找到 35 个

选择对象:✓

指定基点或位移，或者 [重复(M)]:（指定基点）

指定位移的第二点或 <用第一点作位移>:（向右拖动鼠标，在适当位置处单击，确定复制的位置）

命令: ⟳（旋转复制的俯视图）

_rotate UCS 当前的正角方向: ANGDIR=逆时针　ANGBASE=0

选择对象:（用"窗口选择"方式，选择复制的俯视图）

找到 1 个，总计 35 个

选择对象：✓

指定基点：（捕捉ϕ26 圆的圆心作为旋转的基点）

指定旋转角度或 [参照(R)]：**90**✓ （结果如图 9-21 所示）

命令：☑（绘制左视图中底板。方法同前，利用对象追踪功能，如图 9-22 所示，先将光标移动到主视图中点 1 处，然后移动到复制并旋转的俯视图中点 2 处，向上移动光标到两条闪动的虚线的交点 3 处，单击鼠标，即确定左视图中底板的位置，同理，接着绘制完成底板的其他图线）

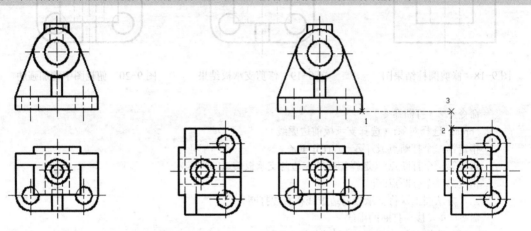

图 9-21 复制并旋转俯视图   图 9-22 用对象追踪功能绘制左视图

命令：✛（移动旋转的俯视图中的圆柱）

_move 选择对象：（分别选择ϕ50 圆柱及ϕ26 圆柱的内外轮廓线和中心线）

…

找到 1 个，总计 9 个

选择对象：✓

指定基点或位移：（如图 9-23 所示，捕捉圆柱左边与中心线的交点 1）

指定位移的第二点或 <用第一点作位移>：（首先拖动鼠标向上移动，利用对象追踪功能，如图 9-23 所示，将光标移动到主视图中水平中心线的右端点 2，拖动鼠标向右移动，在交点处单击鼠标）

命令：☑（方法同前，绘制左视图中支承板及加强肋，并补全ϕ50 圆柱上边）

命令：✂（修剪ϕ50 圆柱在支承板中间的部分）

命令：❀（方法同前，利用对象追踪功能，复制主视图中底板上的圆柱孔到左视图中）

命令：❀（方法同前，利用对象追踪功能，复制主视图中凸台到左视图中）

命令：✂

…（结果如图 9-24 所示）

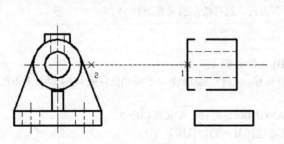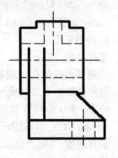

图 9-23 移动圆柱   图 9-24 修剪凸台及圆柱

命令: （绘制左视图中相贯线）

_arc 指定圆弧的起点或 [圆心(C)]：（捕捉凸台 $\phi26$ 圆柱左边与 $\phi50$ 圆柱上边的交点）

指定圆弧的第二个点或 [圆心(C)/端点(E)]: **E**✓

指定圆弧的端点：（捕捉凸台 $\phi26$ 圆柱右边与 $\phi50$ 圆柱上边的交点）

指定圆弧的圆心或 [角度(A)/方向(D)/半径(R)]: **R**✓

指定圆弧的半径: **25**✓

命令: **LA**✓（将当前图层设置为"XX"）

命令: （方法同前，绘制剩余的相贯线）

命令: （删除复制的俯视图）

…

（至此，轴承座三视图绘制完毕，如果三个视图的位置不理想，可以用"移动"（MOVE）命令对其进行移动，但仍要保证它们之间的投影关系）

5）标注尺寸。将当前层设置为"BZ"层，方法同前，标注轴承座零件图中的尺寸。

6）填写标题栏。将当前层设置为"WZ"层，方法同前，填写标题栏。

7）保存图形。

命令:

9.5 用 AutoCAD 绘制装配图

9.5.1 装配图的内容

一张完整的装配图，一般应包括下列内容：

1．一组视图

装配图由一组视图组成，用以表达各组成零件的相互位置和装配关系，部件或机器的工作原理和结构特点。

2．必要的尺寸

必要的尺寸包括部件或机器的规格（性能）尺寸、零件之间的装配尺寸、外形尺寸、部件或机器的安装尺寸和其他重要尺寸。

3．技术要求

说明部件或机器的装配、安装、检验和运转的技术要求，一般用文字写出。

4．零部件序号、明细栏和标题栏

在装配图中，应对每个不同的零部件编写序号，并在明细栏中依次填写序号、名称、件数、材料和备注等内容。标题栏与零件图中的标题栏基本相同。

9.5.2 用 AutoCAD 绘制装配图的一般过程

装配图的绘制方法和过程与零件图大致相同，但又有其特点。用 AutoCAD 绘制装配图的一般过程如下：

1）建立装配图模板。在绘制装配图之前，同样需要根据图纸幅面的不同，分别建立符合机械制图国标规定的若干机械装配图图样模板。模板中既包括图纸幅面、图层、文字样式、标注样式等基本设置，也包含图框、标题栏、明细栏基础框格等图块定义。这样，在绘制装配图时，就可以直接调用建立好的模板进行绘图，从而提高绘图效率。

2）绘制装配图。

3）对装配图进行尺寸标注。

4）编写零、部件序号。用"快速引线"（QLEADER）标注命令绘制序号指引线及注写序号。

5）绘制并填写标题栏、明细栏及技术要求。绘制或直接用"表格"（TABLE）命令生成明细栏，填写标题栏及明细栏中的文字，注写技术要求。

6）保存图形文件。

利用计算机绘制装配图时，也可完全按手工绘制装配图的方法，利用 AutoCAD 的基本绘图、编辑等命令并配合图块操作，在屏幕上直接绘制出装配图，此方法与绘制零件图并无明显的区别，这里不再详述。另外，还可由已有零件图直接拼画装配图，本节主要就此做更为详细的介绍。

9.5.3 由零件图拼画装配图的方法步骤

该画法是建立在已完成零件图绘制的基础上的，参与装配的零件可分为标准件和非标准件。对非标准件应有已绘制完成的零件图；对标准件则无须画零件图，可采用参数化的方法实现，即通过编程建立标准件库，也可将标准件做成图块或图块文件，随用随调。

零件在装配图中的表达与零件图中不尽相同，在拼画装配图前，应先对零件图进行以下修改：

1）统一各零件的绘图比例，删除零件图上标注的尺寸。

2）在每个零件图中选取画装配图时需要的若干视图，一般还会根据需要改变表达方法，如把零件图中的全剖视改为装配图中所需的局部剖视，而对被遮挡的部分则需要进行裁剪处理等。

3）将上述处理后的各零件图存为图块，并确定插入基点。也可将上述处理后的零件图存为图形文件，存盘前使用 BASE 命令确定文件作为块插入时的定位点。

通过以上对零件图的处理，即可按照装配图的绘制方法用计算机拼画出装配图。

9.5.4 拼画装配图示例

本节以绘制如图 9-25 所示的低速滑轮装置装配图为例，说明利用块功能由零件图拼画装配图的方法和步骤。

从明细栏中可以看出低速滑轮装置由 6 个零件组成，其中 5、6 号零件螺母和垫圈为标准件。该装配图的绘制方法和步骤如下：

1）根据原有的非标准件的零件图，选择所需要的视图生成图块。例如，分别选择如图 9-26 所示的轴、铜套、滑轮的主视图生成图块。定义图块时要根据装配图的需要对零件图的内容做一些选择和修改，例如，零件图中的尺寸一般不需要包括在图块中，有旋合的螺纹孔可以按大径画成光孔。另外要注意选择适当的插入基点，才能保证准确的装配。如图 9-26 所示，各图定义图块时选择的基点均用"×"注出。

2）由各图块拼装成装配图中的一个视图。其中若包含有标准件，可从标准件图库（也是用图块定义）中调出，如此例中的螺母和垫圈。

打开支架零件图，将其整理成如图 9-26 中所示图形，然后另存为"低速滑轮装置装配图.dwg"文件。将所定义轴的图块插入到如图 9-26 中所示支架图形标"×"的交点处，并在插入时分解图块。

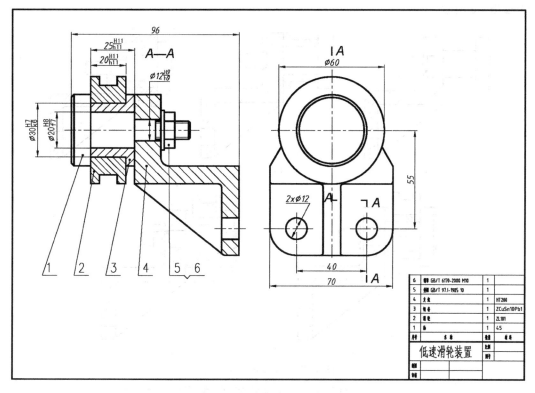

图 9-25　低速滑轮装置装配图

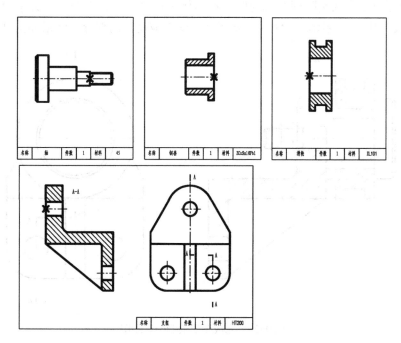

图 9-26　低速滑轮装置零件图图块

3）对拼装成的图形按需要进行修改整理，删去重复多余的图线，补画缺少的图线，如图 9-27a 所示。仿此依次插入铜套、滑轮、垫圈、螺母等图块，并做相应的修改，过程如图 9-27b～e 所示。

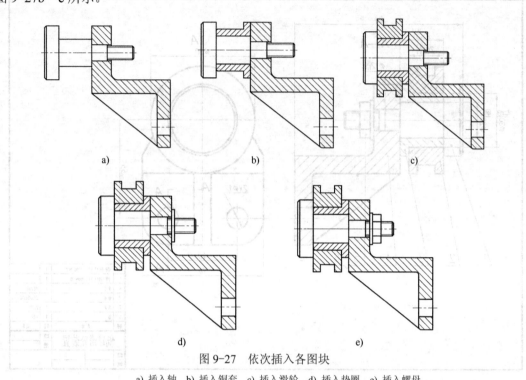

图 9-27 依次插入各图块

a) 插入轴　b) 插入铜套　c) 插入滑轮　d) 插入垫圈　e) 插入螺母

4）按类似方法完成装配图其他视图。在本例中按"高平齐"的投影关系由主视图对应补画出完整装配体的左视图，并修剪掉支架零件图中被遮挡的部分，结果如图 9-28 所示。

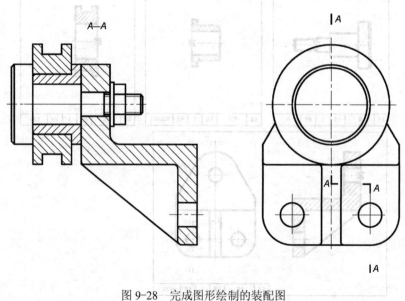

图 9-28 完成图形绘制的装配图

5）添加并填写标题栏和明细栏。绘制明细栏时，可按照这样的顺序：绘制明细栏中的第一行，并填好相关的内容；用矩形阵列的方式，阵列出需要的行数；双击每行中的文字修改内容。这样做的好处是每列的文字位置是自动对齐的。

6）编写并绘制零件序号。可用"直线"（LINE）命令画指引线，再用"圆环"（DONUT）命令配合目标捕捉，在指引线的端点画小黑圆点。也可在"标注样式管理器"对话框中，把"直线和箭头"选项卡中的"引线"选择项设置为"点"，然后在"标注"下拉菜单中单击"引线"命令，按命令提示操作，即可画出起点为黑圆点的指引线。用"引线"（LEADER）命令画指引线，首先按提示在零件轮廓线内指定一点，再给出第二点，画出倾斜线，而后单击绘图区状态栏中的"正交"按钮，画出一条水平线，然后按要求输入文本，可按〈Esc〉键结束命令。可用"文字"（DTEXT）命令书写零件序号。最后完成的装配图如图 9-25 所示。

用计算机绘制零件图和装配图主要有两种方法：一种是本章介绍的二维方法，即利用 AutoCAD 等软件提供的二维绘图和编辑命令直接绘制，特点是简单、直观，但效率较低；另一种是三维的方法，即利用软件提供的三维功能先创建三维模型，然后将模型经投射转换生成零件图和装配图并自动标注出所有尺寸，特点是复杂、综合，但效率较高，且三维模型与二维工程图为全关联，便于进行 CAD/CAM 的集成。

9.6　思考题

1．填空题

（1）在具体绘制机械图样之前，一般应先行建立包含图纸幅面、图框、标题栏、图层、颜色、线型、线宽、文字样式、尺寸样式、表面粗糙度符号定义等内容的基础图形文件，此后的绘图均可在此基础上开始，以实现"一劳永逸"，提高绘图效率之效果。该类文件称为_____文件，其文件扩展名为_____。

（2）用 AutoCAD 绘制机械图样时，保证视图之间"长对正、高平齐、宽相等"投影规律的方法主要有_____和_____两种。前者主要是利用_____命令绘制通过对应点的一系列水平和竖直辅助线以保证对应关系；后者是利用 AutoCAD 提供的_____功能来保证视图之间的投影关系，启用该功能一般通过单击状态栏中的_____和_____按钮来具体实现。

（3）零件图中表面粗糙度代号的标注通常通过块_____和块_____命令来实现。

（4）定义在不同图形文件中的图层设置、标注样式、文字样式、图块等均可通过 AutoCAD 设计中心以拖拽的方式方便地进行交换和重用，启动 AutoCAD 设计中心的命令是_____。

（5）在零件图中进行几何公差的标注时，几何公差代号通常使用_____命令来绘制，基准代号一般通过定义带_____的图块来实现。

（6）在机械图样中进行尺寸公差的标注主要可采用两种方式：一是使用_____命令定义一种带有公差标注的标注样式；二是在_____处用文字格式控制符对有公差的尺寸文字进行修改。

（7）零件图中的热处理和表面处理等文字性技术要求的内容可使用文字命令_____或_____在图中的适当位置直接书写。

（8）装配图中零件序号引线的绘制和书写一般使用_____命令。

（9）绘制装配图时，若已有各组成零件的零件图，可利用之通过定义_____的方法直接拼绘出装配图，而无须全部从零开始。

2．简答题

（1）对于定幅面（如 A3 幅面）的零件图来说，绘图过程中的哪些方面的内容是基本不变的，从而可以将其预先定义在样板图中？请以 A3 幅面为例具体细化其相关内容及参数。

（2）分析在 AutoCAD 环境下分别将图 9-2 所示表面粗糙度代号和图 9-3b 所示几何公差基准代号定义成带属性图块的方法和步骤。

（3）由零件图拼绘装配图时需注意哪些问题？

9.7　上机练习

1．根据上面的分析，上机完成 A3 幅面机械零件图模板的定义，最后以"A3 零件图.dwt"为文件名存盘；然后以该模板文件为基础，新建图形文件，从中练习模板中所定义相关内容的运用。

2．根据上面的分析，上机将图 9-2 所示表面粗糙度代号和图 9-3b 所示几何公差基准代号定义成带属性图块，并练习不同参数值（属性值）时的图块插入方法。

3．参考 9.4.1 节所述方法和步骤完成曲柄零件图的绘制。

4．参考 9.4.2 节所述方法和步骤完成轴承座零件图的绘制。

5*．根据提供的低速滑轮装置装配体各零件图电子图档（*.dwg），参考 9.5.4 节所述方法和步骤，由零件图完成"低速滑轮装置装"配图的拼绘。

6．按图 9-29 所示，以 1:1 比例抄画主、俯视图，标注尺寸，补画左视图。

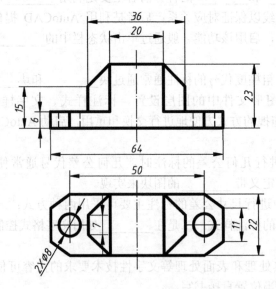

图 9-29　三视图的绘制及尺寸标注

7. 用 AutoCAD 按 1:1 绘制如图 9-30 所示零件图，并标注尺寸及技术要求。

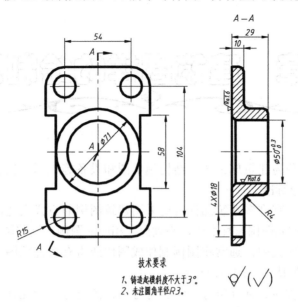

技术要求

1、铸造起模斜度不大于3°。
2、未注圆角半径R3。

图 9-30　"支座"零件图

第10章 建筑图样的绘制及示例

房屋建筑图可以分为建筑施工图、结构施工图和设备施工图，当然在绘制这些施工图时，要遵循相应的国家标准。

在建筑工程图中，有许多建筑部件需要采用建筑图例的方式表达，例如，门、窗、烟道、通风道等。在建筑制图国家标准中，都列出了相应的图例，这些图例在建筑设计与绘图时经常用到。在应用实践中，通常将图例制作成图块或带有属性的图块，从而提高绘图速度，便于修改设计并保持图例的协调一致。

本章将介绍定位轴线、标高符号、索引符号与详图符号、指北针、图框与标题栏、电梯等图例和建筑及室内布置部件的绘制方法。

10.1 建筑部件及基础图形的绘制

10.1.1 定位轴线及其编号

建筑制图标准规定，定位轴线的编号应当注写在轴线端部的圆内，圆应该用细实线绘制，直径为8～10mm。定位轴线的圆心应在定位轴线上或在定位轴线的延长线上。

1. 设置绘图环境

定义文字样式"轴线编号"，设置字体为"gbenor.shx"和"gbcbig.shx"，确认字高为0，宽度系数为1.0。并将之设置为当前文字样式。

新建"细实线"和"文字"图层，颜色分别为"蓝色"和"黄色"，线型都为"连续"，图线宽度都为"0.25mm"，并把"细实线"图层设置为当前图层。

2. 绘制定位轴线圆

用画"圆"命令绘制直径为8的圆。

3. 把编号定义为图块的属性

1）将"文字"图层设置为当前图层。

2）选择菜单"绘图"→"块"→"定义属性"，弹出"属性定义"对话框，在"标记"文本框中输入"BH"，在"提示"框中输入"轴线编号"，默认值设置为"1"；选择"对正"为"正中"，文字高度为"3.5"，文字样式为"轴线编号"，旋转"0°"。

3）单击"属性定义"对话框中的"拾取点"按钮，则对话框暂时隐藏，按住键盘上的〈Shift〉键不放，在绘图区右击鼠标，弹出快捷菜单，从中选择"圆心"，然后移动鼠标到所绘制的圆上，则在圆心处会显示出一个黄色的小圆标记，并且在鼠标所处位置显示文字提示"圆心"，表示已经捕捉到圆心。此时单击鼠标左键，返回到"属性定义"对话框，则在对话框的"插入点"中显示出刚才捕捉到的圆心点坐标。

4)单击"确定"按钮关闭对话框,在圆内显示出文字"BH",即定义的属性,如图 10-1 所示。

4. 定义带有属性的"轴线编号"图块

1)启动"块定义"命令,弹出"块定义"对话框。

2)在对话框的"名称"文本框中输入"轴线编号";然后单击"选择对象"按钮,在绘图区窗口中选择圆和属性"BH",按〈Enter〉键返回到对话框。可以看到在对话框中提示:"已选择 2 个对象"。

3)最后单击"拾取点"按钮,在绘图区捕捉圆心后,返回到"块定义"对话框。

4)单击"确定"按钮,带有属性的图块"轴线编号"定义完毕。

5. 块存盘

1)在命令行输入"WBLOCK"命令,弹出"写块"对话框,在"源"中选择"块",则文本框中显示"轴线编号",即刚才定义的图块"轴线编号"。

2)在"目标"的"文件名和路径"中,可以单击"浏览"按钮,选择图块存盘的位置。

3)最后单击"确定"按钮,完成块存盘。

6. 使用定义的图块

由于在实际绘图时,都是按照物体的实际尺寸绘制,而打印出图时,都是打印到国标规定的图纸幅面上,这样在打印出来的图形大小与物体的实际大小之间有一个比例,这个比例的选择应当符合国标中的比例系列。一般在开始绘图时,都要考虑选择一个合适的比例。插入图块时与所选择的这个比例有关。

定义图块时,是采用 1:1 的比例绘制的,当插入到图形中时,如果图形的绘制比例是 1:1,那么插入到图形时的 x, y 方向比例都为 1;如果绘制图形的比例是 1:100,则插入到图形中的 x、y 方向比例应当为 100。例如,给如图 10-2 所示的定位轴线插入轴线编号,该图形的绘制比例为 1:100。单击"绘图"工具栏的"插入块"按钮,在弹出的对话框中,选择刚定义的名称为"轴线编号"图块(可以通过"浏览"按钮,在存盘的位置获得),输入 x 方向比例"100",采用统一比例,旋转角度为 0°。

图 10-1 定义属性

图 10-2 定位轴线

单击"确定"按钮后,关闭对话框返回绘图窗口,设置捕捉为"端点",将光标移动到最左边的定位轴线的下端,捕捉该线段的下端点,命令行提示:

轴线编号<1>: **1** (输入该轴线的轴线编号 1)

则在左端轴线的下端插入了轴线编号。其他各条轴线可以采用同样的方法插入轴线编号,只是在提示要求输入轴线编号时,输入相应的轴线编号即可,如图 10-3 所示。

从图 10-3 所示可以看出，各条定位轴线都伸入到了编号圆内，此时可以使用"修剪"命令将伸入到圆内的线段裁切掉。修剪完成后的图形如图 10-4 所示。

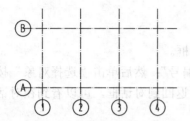 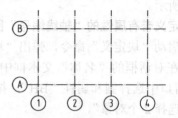

图 10-3　插入轴线编号后的图形　　　　　　图 10-4　修剪完成后的图形

10.1.2　标高符号

建筑制图标准规定，标高符号应以直角等腰三角形表示，按照图 10-5 所示的形式和尺寸用细实线绘制。

按照定义定位轴线及其编号的方法设置文字样式、图层、颜色和线型等绘图环境。

1. 绘制标高符号和定义高程

1）新建"建筑-符号"图层，并将其设置为当前图层。

2）绘制两条水平的平行直线，距离为 3，作为辅助线。

3）启动"直线"命令，捕捉下边一条辅助线的中点，向上画出两条与水平方向成 45° 角的直线，此时绘制的图形如图 10-6 所示。

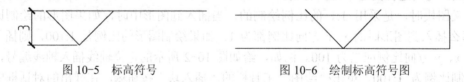

图 10-5　标高符号　　　　　　图 10-6　绘制标高符号图

4）使用"修剪"命令将超出部分裁剪掉，结果如图 10-7 所示。

5）捕捉直线的左上端点，用画"直线"命令向右绘制长度为"20"的水平直线。

6）利用与定义定位轴线编号相同的方法，定义高程值作为图块的属性。在"属性定义"对话框中，"标记"设为"BG"，"提示"设为"高程"，"值"设为"±0.000"，"对正"方式选择"左"对正，单击"拾取点"按钮，捕捉标高符号右 45° 斜线的上端点。属性定义完成后的图形如图 10-8 所示。

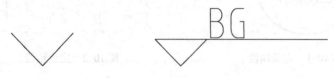

图 10-7　绘制标高符号　　　　　　图 10-8　带有属性的标高符号

2. 定义图块及块存盘

1）图块名称为"标高"，插入基点为两条 45° 斜线的交点（通过按住〈Shift〉键单击鼠标右键，在快捷菜单中选择"交点"，并将光标移动到两条 45° 斜线交点附近来捕捉交点）。

2）使用 WBLOCK 命令将定义的图块存储到磁盘的指定位置。

3．使用定义的标高

给图 10-9a 所示的图形标注标高，标注结果如图 10-9b 所示。

a)　　　　　　　　　　　　　　　　b)

图 10-9　标高符号插入举例

10.1.3　指北针

建筑制图标准规定，指北针应当画成如图 10-10 所示的形状。圆的直径宜为 24，用细实线绘制；指北针尾部的宽度为 3，指北针头部应注"北"或"N"字。

1）使用画"圆"命令绘制一个直径为 24 的圆，然后通过捕捉象限点画出竖直直径作为辅助线，再通过使用"偏移"命令生成另外两条平行线（偏移距离均为 1.5），此时，绘制出的图形如图 10-11 所示。

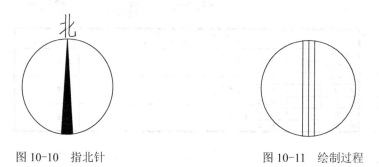

图 10-10　指北针　　　　　　　　　　图 10-11　绘制过程

2）启动"直线"命令，通过捕捉辅助线与圆的交点，绘制中间涂黑的三角形的外轮廓；然后，删除三条竖直辅助线。

3）启动"图案填充"命令，选择"SOLID"作为填充图案，则中间三角形部分被涂黑；使用 TEXT 命令书写文字"北"，文字高度为"5"；定义名称为"指北针"的图块，定位基点选择为圆心，最后使用 WBLOCK 命令以相同名称写入磁盘的指定位置。

10.1.4　索引符号与详图符号

建筑制图标准规定，索引符号是由 ϕ10 的圆和水平直径组成，圆及水平直径线均应以细实线绘制，在索引符号的上半个圆内用阿拉伯数字注明详图的编号，在下半圆中注明详图所在图样的编号，如图 10-12a 所示。详图的位置和编号，应以详图符号表示。详图符号中的圆应以直径为 14 的粗实线绘制，详图与被索引的图样不在同一张图样之内时，应用细实线在详图符号内绘制一水平直径线，在上半圆中注明详图编号，在下半圆中注明被索引的图样的编号，如图 10-12b 所示。

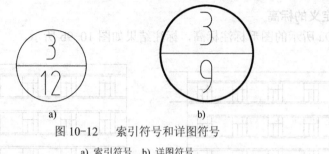

图 10-12　索引符号和详图符号

a) 索引符号　b) 详图符号

对于索引符号和详图符号的画法，与绘制定位轴线没有什么区别，可以参阅定位轴线的画法绘制出索引符号和详图符号。其中的水平直径的画法，可以通过捕捉圆的象限点来画出。把详图编号和索引编号都定义为图块的属性，采用"正中"对正，字高分别为"3.5mm"和"5mm"。

最后分别定义名称为"索引符号"和"详图符号"的图块，定位基点选择为圆心即可。使用 WBLOCK 命令以相同名称写入磁盘的指定位置。

10.1.5　标题栏、会签栏和绘图样板图

1. 标题栏

绘制如图 10-13 所示的标题栏。

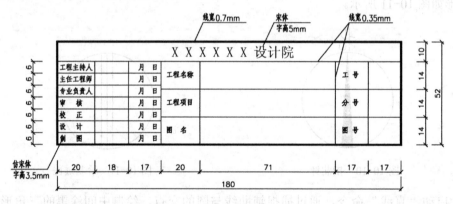

图 10-13　标题栏

（1）设置绘图环境

1）定义文字样式为"国标-文字"，设置字体为"GBENOR.SHX"和"GBCBIG.SHX"，字高为 0，宽度系数为 1.0。并将之设置为当前文字样式。

2）新建"表格外框线""表格内线"和"表格文字"图层，颜色分别为"绿色""蓝色"和"黄色"，线型都为"连续"，图线宽度分别为"0.7mm""0.35mm"和"0.25mm"，并把"表格外框线"图层设置为当前图层。

（2）绘制标题栏

1）用画矩形命令绘制标题栏外框线。将"表格内线"图层设置为当前图层，用"直线"命令绘制表格内线，此时绘制出的图形如图 10-14 所示。

图 10-14　绘制标题栏

2）用"复制"命令的"M"（多重复制）选项复制表格内的竖线；用"直线"命令绘制表格内的基础横线，用"矩形阵列"命令复制表格的其余横线。

3）表格内的固定文字使用 TEXT 命令书写。所谓固定文字，即为表格内不随图样改变的文字，如工程主持人、主任工程师、专业负责人、设计、绘图、审核、校正、工程名称、工程项目、图名、工号、分号、图号等字样。例如，书写"工程主持人"，首先在该方格内画出一条对角线，然后使用 TEXT 命令采用"正中"对正的方式捕捉斜线中点将文字写出，最后再把斜线删除。

其他的固定文字都可以按照上述方法将文字写出，也可以把刚才书写的文字复制到其他方格中，再使用 DDEDIT 命令修改文字，此处不再赘述。

4）对于标题栏中的可变文字（即随不同的图样而改变的文字，例如，工程名称、工程项目、图名、工号、分号、图号等应填写的具体内容），可采用属性定义的方法将其定义为图块的属性，在插入图块时，再给出属性值。

5）标题栏绘制完成后，定义成名称为"标题栏"的图块，插入基点选择在右下角，并存储到指定的位置，以备以后使用。

2．会签栏

1）按照建筑制图标准规定，会签栏应按图 10-15 所示的格式绘制，其尺寸为 100×20，栏内应填写会签人员所代表的专业、姓名、日期（年、月、日）。

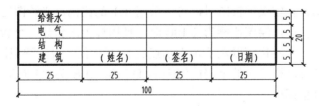

图 10-15　会签栏

2）绘制会签栏可参照标题栏的绘制方法，此处不再赘述。

3）会签栏绘制完成后，定义成名称为"会签栏"的图块，插入基点选择在右下角，并存储到指定的位置，以备以后使用。

3．定义绘图样板

在每次开始绘图时，如果都要设置绘图环境，包括文字样式、尺寸标注样式、图层、颜色和线型、图框、标题栏、会签栏等内容，则重复工作太多，工作效率不高。实际上 AutoCAD 在开始绘制一个新图形时，都要使用一个样板图，默认的样板图是 acadiso.dwt。在这个默认的样板图中，定义默认的图层是 0 层、白色、连续线型，当前颜色、当前线型、当前线宽都是 Bylayer；文字样式为 Standard，使用 TXT.SHX 字体；默认的尺寸标注样式为 ISO-

25，绘图界限为（0，0）-（420，297），为标准的 A3 图纸，没有图框、标题栏和会签栏。

AutoCAD 提供了自定义样板图的功能，因此只要事先定义了样板图，则每次开始绘制新图形时，使用自定义的样板图，会省去很多重复的工作量。

（1）自定义样板图的方法

启动 AutoCAD，设置好绘图环境后，选择菜单"文件"→"另存为"，则弹出"图形另存为"对话框。在对话框的"文件类型"下拉列表中选择"AutoCAD 图形样板（*.dwt）"，在"文件名"文本框中输入所定义的样板图的名称，如 A2，如图 10-16 所示。单击"确定"按钮后，关闭对话框，就会生成一个文件名为"A2.dwt"的绘图样板。

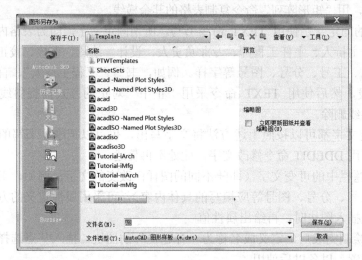

图 10-16　"图形另存为"对话框

（2）自定义样板图

在建筑制图中，常用的图纸幅面有 A3、A2、A1、A0 等标准幅面，可以对每一种图纸幅面定义一个样板图。在定义样板图时，可以采用 1:1 的比例，当绘图比例不是 1:1 时，只需进行很少的改动，例如，绘图比例为 1:100 时，使用样板图新建一个新图形，在绘图之前首先将图框、标题栏、会签栏等以左下角为基点放大 100 倍，设置线型比例因子 LTSCALE 为"100"，设置尺寸标注样式中的全局比例因子 DIMSCALE 为"100"，在图中书写文字的高度也为字号的 100 倍即可。

下面以 A3 图纸幅面为例，说明样板图的定义方法。对于其他各种幅面的图纸，可以参照 A3 图纸样板图定义的方法分别定义。启动 AutoCAD 后，按照下述步骤进行操作：

1）定义文字样式为"国标-文字"，设置字体为"GBENOR.SHX"和"GBCBIG.SHX"，字高为"0"，宽度系数为"1.0"。

2）设置图层。设置"建筑-轴线""建筑-墙线""建筑-图例""建筑-符号""建筑-文字"等图层，各个图层的颜色、线型、图线宽度等如图 10-17 所示，并把"建筑-轴线"图层设置为当前图层。

3）设置尺寸标注样式。应注意将"符号和箭头"选项卡中"箭头"选项组内的"第一个"和"第二个"均从下拉列表中选择为"建筑标记"。

4）绘制 A3 图幅的裁边线及图框线。

5）插入标题栏和会签栏。先将以前定义的图块"标题栏"插入到图形中，插入点选择在图框线的右下角点，插入比例为"1"，旋转角度为"0"。当提示输入工程名称、工程项目、图名、工号、分号、图号等属性值时，使用其默认值。然后把以前定义的图块"会签栏"插入到图形中，插入点选择在图框线的左上角点，插入比例为"1"，旋转角度为"90"。当提示输入各个姓名等属性值时，使用其默认值。

图 10-17　图层设置

6）存盘。选择菜单"文件"→"另存为"，在弹出的"图形另存为"对话框中选择"文件类型"为"AutoCAD 图形样板（*.dwt）"，输入"文件名"为"A3"，单击"保存"按钮弹出"样板说明"对话框，在该对话框中输入说明文字，单击"确定"按钮后，即可生成一个文件名为"A3.dwt"的样板图。

仿此可定义 A0、A1、A2、A4 等样板图形，此处不再赘述。

（3）使用自定义的样板图

要想在绘图时使用定义的样板图，可以选择"文件"下拉菜单中的"新建"拉菜项，或单击"标准"工具栏中的"新建"按钮 ，则弹出"选择样板"对话框，在其"名称"列表框中显示出了所有可以使用的样板图形文件。选中列表框的"A3.dwt"后，单击"确定"按钮，即可生成以刚才定义的 A3.dwt 为样板图的新图形，这个新图形的各项环境设置将继承样板图 A3.dwt 中的全部设置。

如果要对图形中标题栏和会签栏的内容进行修改，可以使用修改附着在块中的"属性编辑"命令 ATTEDIT。操作过程为：启动 ATTEDIT 命令，选择要修改的块，如选择"标题栏"，弹出"编辑属性"对话框，如图 10-18 所示。在"编辑属性"对话框中修改属性值，最后单击"确定"按钮，完成属性的修改。

10.1.6　平面门窗

平面门窗是建筑平面图中最基本的构成内容，属于交通及通风和采光系统。门窗的种类很多，如平开门（窗）、推拉门（窗）、旋转门等。本节以平开门、固定窗为例，介绍门窗的绘制方法。

1．平开门的绘制

图 10-18　"编辑属性"对话框

1）在墙体开门位置，使用 LINE、OFFSET 命令绘制门洞的宽度，如图 10-19 所示。

命令: **LINE**✓   （输入"直线"命令）
指定第一点：（直线起点）
指定下一点或 [放弃(U)]：（直线终点）
指定下一点或 [放弃(U)]：✓
命令: **OFFSET**✓   （偏移生成双线）
指定偏移距离或 [通过(T)] <通过>: **1500**✓   （输入偏移距离或指定通过点位置）
选择要偏移的对象或 <退出>：（选择要偏移的图形）
指定点以确定偏移所在一侧：（指定偏移位置）
选择要偏移的对象或 <退出>：✓   （结束）

2）进行剪切，形成门洞。如图 10-20 所示。

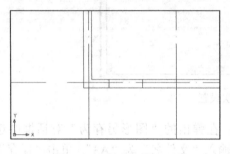 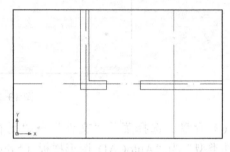

图 10-19   绘制门洞   图 10-20   形成门洞

3）使用 LINE、ARC 命令绘制门扇。也可以使用 LINE、CIRCLE、TRIM 进行绘制。注意门扇的大小与门洞大小应一致。如图 10-21 所示。

命令: **LINE**✓   （输入"直线"命令）
指定第一点：（直线起点）
指定下一点或 [放弃(U)]：（直线终点）
指定下一点或 [放弃(U)]：✓
命令: **ARC**✓   （绘制弧线）
指定圆弧的起点或 [圆心(C)]：（输入起始点）
指定圆弧的第二个点或 [圆心(C)/端点(E)]：（指定中间点）
指定圆弧的端点：（输入终点）

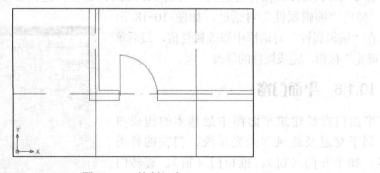

图 10-21   绘制门扇

2．窗户的绘制

1）窗户的绘制相对简单些，使用 LINE、OFFSET 命令绘制窗户洞口的宽度。如图 10-22 所示。

命令: **LINE**✓　　　（输入"直线"命令）

指定第一点：（直线起点）

指定下一点或 [放弃(U)]: **@0,360**✓　　（直线终点）

指定下一点或 [放弃(U)]: ✓

2）在窗户洞口之间绘制两条平面线，即可构成固定窗户。如图 10-23 所示。

命令: **PLINE**✓　（绘制窗户直线）

指定起点：（确定起点位置）

当前线宽为 0.0000

指定下一个点或 [圆弧(A)/半宽(H)/长度(L)/放弃(U)/宽度(W)]: **@0,1500**✓　　（依次输入图形形状尺寸或直接在屏幕上使用鼠标单击确定）

指定下一点或 [圆弧(A)/闭合(C)/半宽(H)/长度(L)/放弃(U)/宽度(W)]: ✓　　（结束操作）

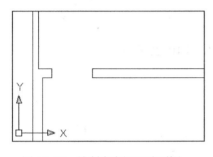

图 10-22　绘制窗户洞口造型图

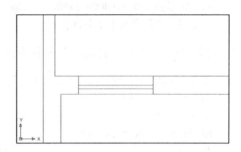

图 10-23　绘制窗户线

10.1.7　平面楼梯

楼梯是建筑平面图中最基本的构成内容之一，是交通系统的重要组成部分，常见的楼梯有单跑梯、双跑梯和旋转楼梯等。下面以双跑楼梯平面图为例，介绍建筑楼梯平面图的绘制方法。

1）按前面相关章节介绍的方法，完成楼梯间的墙体、门窗等绘制操作。如图 10-24 所示。

2）使用 LINE 和 OFFSET 或 COPY 命令绘制楼梯踏步。如图 10-25 所示。

命令: **LINE**✓　　　（输入"直线"命令）

指定第一点：（直线起点）

指定下一点或 [放弃(U)]: **@2700,0**✓　　（直线终点）

指定下一点或 [放弃(U)]: ✓

命令: **OFFSET** ✓　（偏移生成楼梯踏步）

指定偏移距离或 [通过(T)] <通过>: **300**✓　　（输入偏移距离或指定通过点位置）

选择要偏移的对象或 <退出>: （选择要偏移的图形）

指定点以确定偏移所在一侧：（指定偏移位置）

选择要偏移的对象或 <退出>:✓　　（结束）

3）通过 RECTANGLE 命令建立楼梯扶手。楼梯扶手位于楼梯中间位置，注意捕捉直线的中点。如图 10-26 所示。

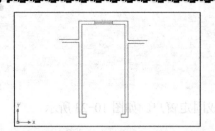

图 10-24　楼梯间的墙体与门窗

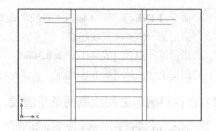

图 10-25　绘制楼梯踏步

命令: **RECTANG**↙　（绘制矩形楼梯扶手）
指定第一个角点或 [倒角(C)/标高(E)/圆角(F)/厚度(T)/宽度(W)]: （指定一点）
指定另一个角点或 [尺寸(D)]: **D**↙　（输入"D"指定尺寸）
指定矩形的长度 <0.0000>: **3000**↙　（输入长度）
指定矩形的宽度 <0.0000>: **150**↙　（输入宽度）
指定另一个角点或 [尺寸(D)]: ↙

4）将多余的线条进行剪切，并偏移生成扶手。如图 10-27 所示。

命令: **TRIM**↙　（进行多个图形同时剪切）
当前设置:投影=UCS，边=无
选择剪切边...
选择对象: （选择剪切边界）
找到 1 个
选择对象: ↙
选择要修剪的对象，或按住 Shift 键选择要延伸的对象，或 [投影(P)/边(E)/放弃(U)]: **E**↙　（输入"E"进行多个图形同时剪切）
第一栏选点: （指定起点位置）
指定直线的端点或 [放弃(U)]: （下一点位置）
指定直线的端点或 [放弃(U)]: ↙
选择要修剪的对象，或按住 Shift 键选择要延伸的对象，或 [投影(P)/边(E)/放弃(U)]: ↙
命令: **OFFSET**↙　（偏移生成楼梯扶手）
指定偏移距离或 [通过(T)] <通过>: **30**↙　（输入偏移距离或指定通过点位置）
选择要偏移的对象或 <退出>: （选择要偏移的图形）
指定点以确定偏移所在一侧: （指定偏移位置）
选择要偏移的对象或 <退出>:↙　（结束）

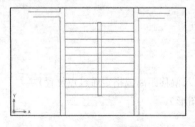

图 10-26　绘制矩形楼梯扶手

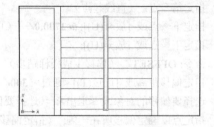

图 10-27　进行剪切

5）绘制指示箭头和标注文字。指示箭头可以先绘制一个小三角图形，再使用 HATCH 命令进行填充即可。其大小根据比例确定。如图 10-28 和图 10-29 所示。

命令: **PLINE**✓ （绘制指示箭头直线）

指定起点: （确定起点位置）

当前线宽为 0.0000

指定下一个点或 [圆弧(A)/半宽(H)/长度(L)/放弃(U)/宽度(W)]: **@0,2400**✓ （依次输入图形形状尺寸或直接在屏幕上使用鼠标单击确定）

指定下一点或 [圆弧(A)/闭合(C)/半宽(H)/长度(L)/放弃(U)/宽度(W)]: （下一点）

…

指定下一点或 [圆弧(A)/闭合(C)/半宽(H)/长度(L)/放弃(U)/宽度(W)]: ✓ （结束操作）

命令: **TEXT**✓ （标注文字）

当前文字样式: Standard　当前文字高度: 2.5000

指定文字的起点或 [对正(J)/样式(S)]: （指定文字的起点位置）

指定高度 <2.5000>:✓

指定文字的旋转角度 <0>:✓

输入文字: 下✓

输入文字: ✓

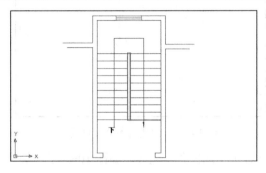

图 10-28　绘制指示箭头

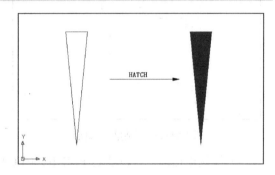

图 10-29　绘制箭头方法

10.1.8　平面电梯

在高层建筑，电梯是主要的交通工具，如图 10-30 所示。下面以其中一个电梯为例，介绍电梯平面图的绘制方法。

1）先完成电梯间的墙体及门洞绘制，绘制方法与前面的论述相同。如图 10-31 所示。

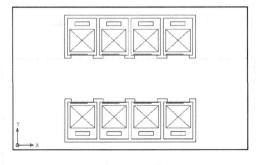

图 10-30　电梯间

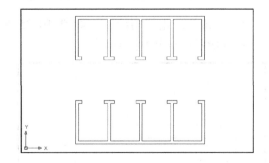

图 10-31　电梯间的墙体

2）使用 RECTANG 或 PLINE 命令绘制两个矩形，构成电梯轿厢造型。两个矩形的中心要保持上下对齐。如图 10-32 所示。

命令: **RECTANG**✓　（绘制矩形）
指定第一个角点或 [倒角(C)/标高(E)/圆角(F)/厚度(T)/宽度(W)]:（指定位置）
指定另一个角点或 [尺寸(D)]: **D**✓　（输入"D"指定尺寸）
指定矩形的长度 <0.0000>: **2500**✓　（输入长度）
指定矩形的宽度 <0.0000>: **2150**✓　（输入宽度）
指定另一个角点或 [尺寸(D)]: ✓

3）创建两条交叉直线作为电梯整体示意。如图 10-33 所示。

命令: **LINE**✓　（输入"直线"命令）
指定第一点:（直线起点）
指定下一点或 [放弃(U)]:（直线终点）
指定下一点或 [放弃(U)]: ✓

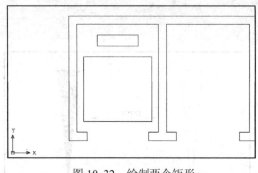

图 10-32　绘制两个矩形

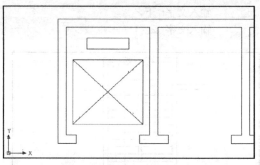

图 10-33　创建两条交叉直线

4）绘制电梯门，可以通过 PLINE、RECTANG 或 LINE 命令完成。如图 10-34 所示。

命令: **PLINE**✓　（绘制电梯门）
指定起点:（确定起点位置）
当前线宽为 0.0000
指定下一个点或 [圆弧(A)/半宽(H)/长度(L)/放弃(U)/宽度(W)]: **@1100，0**✓（依次输入图形形状尺寸或直接在屏幕上使用鼠标单击确定）
指定下一点或 [圆弧(A)/闭合(C)/半宽(H)/长度(L)/放弃(U)/宽度(W)]:（下一点）
…
指定下一点或 [圆弧(A)/闭合(C)/半宽(H)/长度(L)/放弃(U)/宽度(W)]: ✓　（结束操作）

5）完成单个电梯的绘制，如图 10-35 所示。可以复制生成其他的电梯，最后得到如图 10-30 所示的整个电梯平面图。

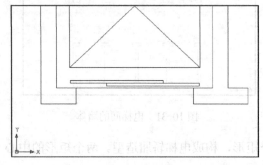

图 10-34　绘制电梯门

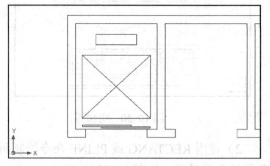

图 10-35　完成单个电梯

10.2 平面家具

平面家具包括椅子、桌子、沙发和衣柜等一些生活设施，还有电视、洗衣机、冰箱等家电设备。下面以一些常见的家具为例，说明如何绘制建筑平面图中的生活设施和家电设备等平面配景图。

10.2.1 沙发与椅子

以图 10-36 所示的休闲组合为例，介绍沙发、椅子等的绘制方法。

1）使用 LINE 命令绘制一条辅助线，然后使用 ARC 命令创建椅子的扶手和椅子面。如图 10-37 所示。

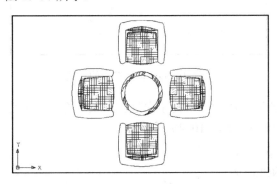

图 10-36　休闲椅子 　　　　　　　　　图 10-37　创建椅子面

命令:**LINE**✓　（绘制沙发或椅子等家具的直线部分）
指定第一点:（起点位置）
指定下一点或 [放弃(U)]:（下一点）
指定下一点或 [放弃(U)]:✓　（结束）
命令:**ARC**✓　（绘制弧线段部分）
指定圆弧的起点或 [圆心(C)]:（确定弧线的端点）
指定圆弧的第二个点或 [圆心(C)/端点(E)]:（确定弧线的中点）
指定圆弧的端点:（确定弧线的另一个端点）

2）勾画扶手与椅子面交接轮廓。如图 10-38 所示。

命令:**ARC**✓　（绘制弧线段部分）
指定圆弧的起点或 [圆心(C)]:（确定弧线的端点）
指定圆弧的第二个点或 [圆心(C)/端点(E)]:（确定弧线的中点）
指定圆弧的端点:（确定弧线的另一个端点）
命令:**LINE**✓　（绘制沙发或椅子等家具的直线部分）
指定第一点:（起点位置）
指定下一点或 [放弃(U)]:（下一点）
指定下一点或 [放弃(U)]:✓　（结束）

3）创建对应的一侧的沙发。如图 10-39 所示。

命令:**MIRROR**✓　（镜像创建对应一侧的椅子图形）

选择对象：（使用"窗口"方式选择对象）找到 31 个
选择对象：↙
指定镜像线的第一点：（指定镜像线第 1 位置点）
指定镜像线的第二点：（指定镜像线第 2 位置点）
是否删除源对象？[是(Y)/否(N)] <N>:↙　（保留原图形）

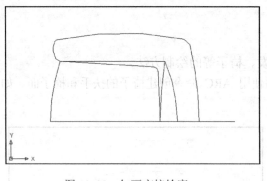

图 10-38　勾画交接轮廓

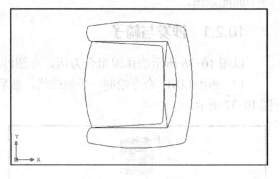

图 10-39　镜像对应的一侧

4）使用"填充"命令，选择合适的填充图案对所绘图形椅子面进行图案填充。需要进行两次填充，填充的比例、角度可以根据效果调整。如图 10-40 所示。

命令：**HATC0H**↙　（进行椅子面及靠背图案填充）
输入图案名或 [?/实体(S)/用户定义(U)] <ANGLE>:↙
指定图案缩放比例 <1.0000>:↙
指定图案角度 <0>:↙
选择定义填充边界的对象或 <直接填充>:↙
选择对象：

5）绘制两个同心圆作为茶几。如图 10-41 所示。

命令：**CIRCLE**↙　（绘制圆形）
指定圆的圆心或 [三点(3P)/两点(2P)/相切、相切、半径(T)]：（指定圆心点位置）
指定圆的半径或 [直径(D)]:**750**↙　（输入圆形半径）
命令：**OFFSET**↙　（偏移生成同心圆）
指定偏移距离或 [通过(T)] <通过>:**60**↙　（输入偏移距离或指定通过点位置）
选择要偏移的对象或 <退出>:（选择要偏移的图形）
指定点以确定偏移所在一侧：（指定偏移位置）
选择要偏移的对象或 <退出>:↙

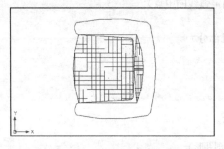

图 10-40　进行图案填充

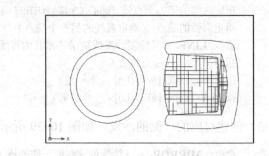

图 10-41　绘制茶几

6）使用 SPLINE 命令随机勾画两圆之间的填充效果。如图 10-42 所示。

命令: **SPLINE✓**　（绘制填充效果）
指定第一个点或 [对象(O)]:（在屏幕上指定起点）
指定下一点:（下一点）
指定下一点或 [闭合(C)/拟合公差(F)] <起点切向>:（依次绘制下一点）
…
指定下一点或 [闭合(C)/拟合公差(F)] <起点切向>:（绘制下一点）
指定起点切向:✓
指定端点切向:✓

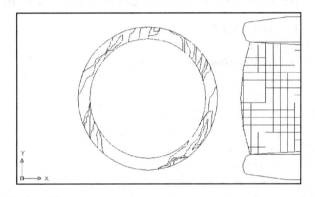

图 10-42　勾画填充效果

7）进行环形阵列，生成其他椅子。结果如图 10-36 所示。

命令: **ARRAYPOLAR✓**　　（对椅子进行环形圆周阵列）
选择对象:（选择椅子）
找到 16 个
选择对象:✓
类型 = 极轴　关联 = 是
指定阵列的中心点或 [基点(B)/旋转轴(A)]:（捕捉茶几的中心）
选择夹点以编辑阵列或 [关联(AS)/基点(B)/项目(I)/项目间角度(A)/填充角度(F)/行(ROW)/层(L)/旋转项目(ROT)/退出(X)] <退出>: **I✓**
输入阵列中的项目数或 [表达式(E)] <6>:**4✓**
选择夹点以编辑阵列或 [关联(AS)/基点(B)/项目(I)/项目间角度(A)/填充角度(F)/行(ROW)/层(L)/旋转项目(ROT)/退出(X)] <退出>: **F✓**（指定阵列的角度范围）
指定填充角度(+=逆时针、-=顺时针)或 [表达式(EX)] <360>:✓
选择夹点以编辑阵列或 [关联(AS)/基点(B)/项目(I)/项目间角度(A)/填充角度(F)/行(ROW)/层(L)/旋转项目(ROT)/退出(X)] <退出>:**ROT✓**
是否旋转阵列项目? [是(Y)/否(N)] <是>: **Y✓**
选择夹点以编辑阵列或 [关联(AS)/基点(B)/项目(I)/项目间角度(A)/填充角度(F)/行(ROW)/层(L)/旋转项目(ROT)/退出(X)] <退出>:✓

10.2.2　床和桌子

1）床的外轮廓绘制。如图 10-43 所示。

命令: **RECTANG✓**　　（绘制矩形作为床的外轮廓）

指定第一个角点或 [倒角(C)/标高(E)/圆角(F)/厚度(T)/宽度(W)]:（指定位置）
指定另一个角点或 [尺寸(D)]:**D**↙　（输入"D"指定尺寸）
指定矩形的长度 <0.0000>:**2500**↙　（输入长度）
指定矩形的宽度 <0.0000>:**2150**↙　（输入宽度）
指定另一个角点或 [尺寸(D)]:↙
命令: **LINE**↙　（绘制直线部分）
指定第一点:（起点位置）
指定下一点或 [放弃(U)]:**@0,-1000**↙　（下一点）
指定下一点或 [放弃(U)]:↙　（结束）

2）利用 ARC、LINE 和 FILLET 命令绘制床上的被子造型。如图 10-44 所示。

命令:**LINE**↙　（绘制直线部分）
指定第一点:（起点位置）
指定下一点或 [放弃(U)]: **@1000,0**↙　（下一点）
指定下一点或 [放弃(U)]:↙　（结束）
命令:**ARC**↙　（绘制弧线段部分）
指定圆弧的起点或 [圆心(C)]:（确定弧线的端点）
指定圆弧的第二个点或 [圆心(C)/端点(E)]:（确定弧线的中点）
指定圆弧的端点:（确定弧线的另一个端点）
命令: **FILLET**↙　（倒圆角）
当前设置: 模式 = 修剪，半径 = 0.0000
选择第一个对象或 [多段线(P)/半径(R)/修剪(T)/多个(U)]:**R**↙　（输入"R"设置倒角半径）
指定圆角半径 <0.0000>: **150**↙　（设置倒角半径）
选择第一个对象或 [多段线(P)/半径(R)/修剪(T)/多个(U)]:（依次选择各倒角边）
选择第二个对象:

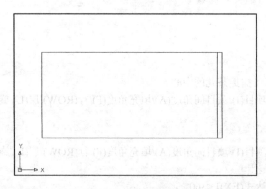

图 10-43　床的外轮廓绘制

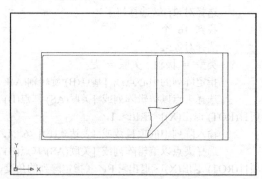

图 10-44　被子造型

3）利用 ARC、SPLINE 命令绘制靠垫、枕头造型。如图 10-45 所示。

命令:**ARC**↙　（绘制弧线段部分）
指定圆弧的起点或 [圆心(C)]:（确定弧线的端点）
指定圆弧的第二个点或 [圆心(C)/端点(E)]:（确定弧线的中点）
指定圆弧的端点:（确定弧线的另一个端点）
命令:**SPLINE**↙　（绘制靠垫、枕头造型）
指定第一个点或 [对象(O)]:（在屏幕上指定起点）
指定下一点:（下一点）

指定下一点或 [闭合(C)/拟合公差(F)] <起点切向>:（依次绘制下一点）

指定下一点或 [闭合(C)/拟合公差(F)] <起点切向>:（绘制下一点）

指定下一点或 [闭合(C)/拟合公差(F)] <起点切向>:（绘制下一点）

指定下一点或 [闭合(C)/拟合公差(F)] <起点切向>:（绘制下一点）

...

指定起点切向: ✓

指定端点切向: ✓

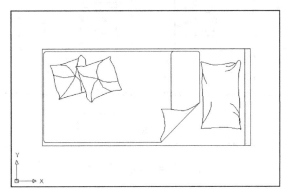

图 10-45　绘制枕头等造型

桌子和电视等的绘制可以参照上述方法进行，如图 10-46 所示。

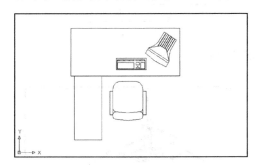
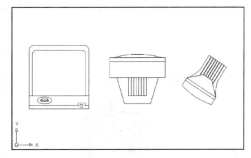

图 10-46　桌子与电视等

10.3　建筑工程图的绘制

本节将以图 10-47 和图 10-48 所示公寓建筑为例，介绍建筑工程平面图、剖面图、立面图和轴测图的绘制方法。

10.3.1　绘制建筑平面图

建筑平面图的绘制是建筑设计的第一步，然后再进行剖面图、立面图等的设计工作。

1）使用直线或多段线命令绘制轴线，其长度要大于建筑总长度尺寸。由于图 10-47 是左右对称的，所以绘制一半即可，如图 10-49 所示。

2）尺寸和轴线编号标注可以通过 CIRCLE、DIMLINEAR 与 TEXT 命令来完成两个方向（①\②\③\...，Ⓐ\Ⓑ\Ⓒ\...）的轴线编号，如图 10-50 所示。

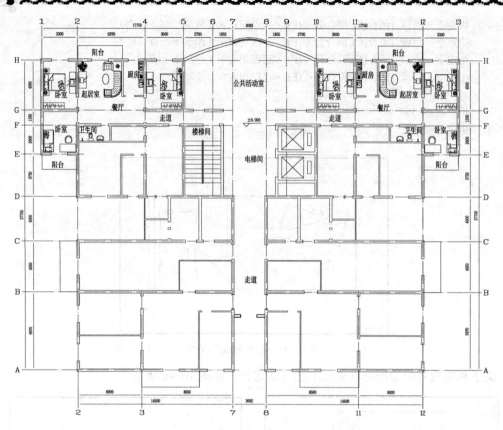

图 10-47 标准层平面图

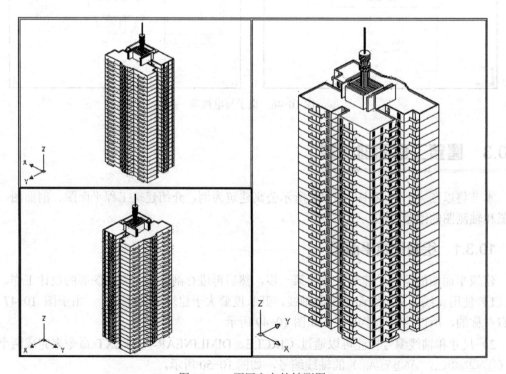

图 10-48 不同方向的轴测图

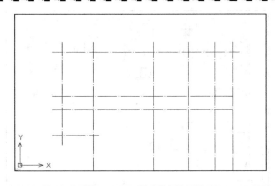

图 10-49　绘制轴线

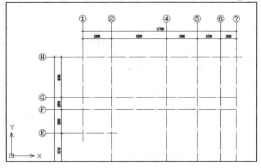

图 10-50　尺寸和轴线编号标注

3）使用 MLINE 或 PLINE、OFFSET 命令绘制墙体，如图 10-51 所示。

4）完成一半平面图绘制，如图 10-52 所示。

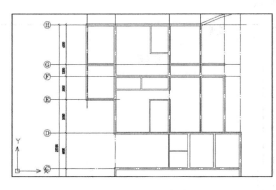

图 10-51　绘制墙体

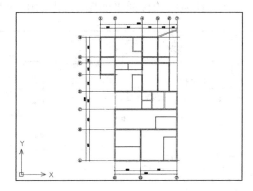

图 10-52　完成一半平面图

5）在墙体开门位置，使用 LINE 命令绘制窗户门洞的宽度，然后利用 TRIM 命令进行剪切，形成门洞。最后使用 LINE、ARC 命令绘制门扇，如图 10-53 所示。

6）按上述方法建立所有的窗户门洞，如图 10-54 所示。

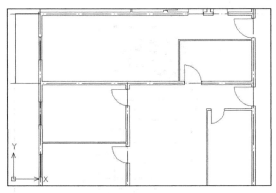

图 10-53　绘制窗户门洞

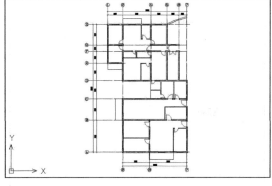

图 10-54　建立所有窗户门洞

7）布置家具。从图形库中插入沙发、床等进行家具布置（家具也可以自行设计绘制，具体方法参见 10.2 节，此处从略），如图 10-55 所示。

8）按上述方法完成一个户型单元的家具布置，如图 10-56 所示。

图 10-55 布置家具

图 10-56 完成户型家具布置

9）标注房间名称文字，如图 10-57 所示。

10）绘制中的楼梯平面图，如图 10-58 所示。

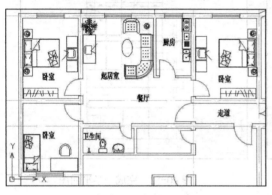

图 10-57 标注房间名称

图 10-58 绘制楼梯平面图

11）使用 PLINE 命令绘制电梯平面图，如图 10-59 所示。

12）创建轴线编号，标注尺寸，完成一半的平面图如图 10-60 所示。

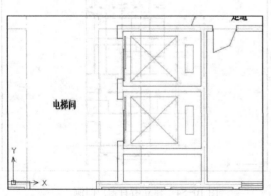

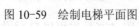

图 10-59 绘制电梯平面图

图 10-60 完成左侧平面图

13）对称的另一半平面图可以镜像得到，如图 10-61 所示。

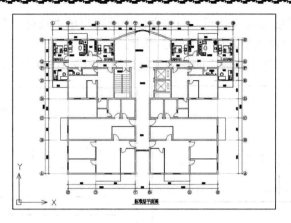

图 10-61　镜像得到完整的平面图

10.3.2　绘制建筑立面图

建筑立面图是表现其各个方向的空间组成效果的主要方法之一。立面图的绘制是基于其平面图的布局进行的。

1）在平面图下侧绘制一条直线，作为立面图的地平线，如图 10-62 所示。

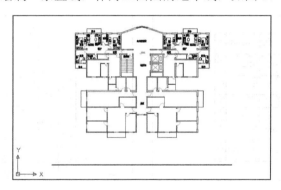

图 10-62　创建地平线

2）垂直于地平线方向，绘制建筑平面图的对应线，如图 10-63 所示。

3）平行于地平线方向，绘制右半部分建筑楼层高度的对应线。然后进行剪切，如图 10-64 所示。

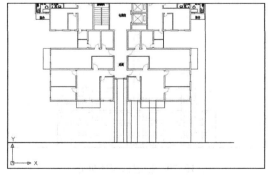

图 10-63　绘制对应线

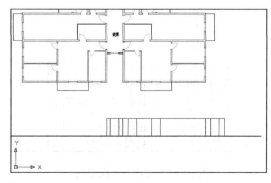

图 10-64　绘制楼层高度线

4）在地平线与楼层高度线之间，与平面图中的窗户呈"长对正"的区域，绘制右半部分立面图中各窗户的立面造型，如图10-65所示。

5）镜像生成左半部分，完成立面图的底层造型，如图10-66所示。

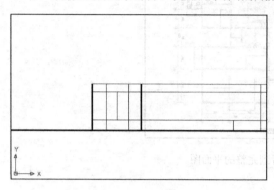

图 10-65　绘制窗户造型

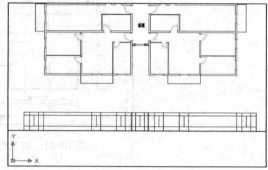

图 10-66　镜像生成对称造型

6）用矩形阵列命令向上复制底层楼层立面造型，得到整个楼的立面图，如图10-67所示。

7）创建顶层左半部分的外立面造型，如图10-68所示。

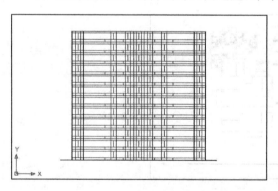

图 10-67　复制楼层造型

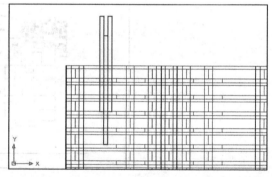

图 10-68　创建顶层外立面造型

8）复制或镜像得到右边对称部分的顶层外立面造型，如图10-69所示。

9）通过PLINE、COPY命令绘制顶层中间的立面造型，如图10-70所示。

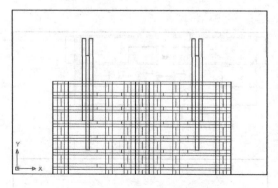

图 10-69　镜像外立面造型

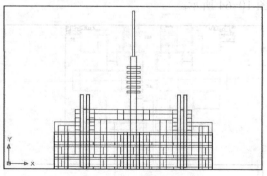

图 10-70　创建顶层中间造型

10）缩放立面造型视图进行观察，如图 10-71 所示。

11）标注标高和文字，如图 10-72 所示。

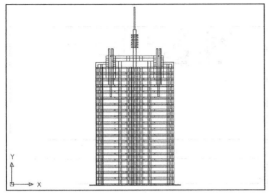

图 10-71　观察立面造型

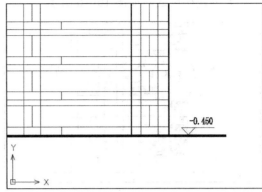

图 10-72　标注标高和文字

12）完成立面造型设计，如图 10-73 所示。

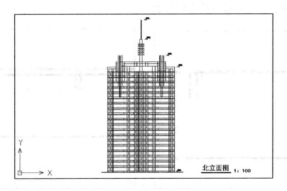

图 10-73　完成立面

10.3.3　创建建筑剖面图

建筑剖面图的绘制，与立面图的绘制类似，也必须根据平面图的布局，确定其剖切位置和剖切方向后再进行绘制。

1）确定建筑剖面图的剖切位置和方向（A-A 剖面），如图 10-74 所示。

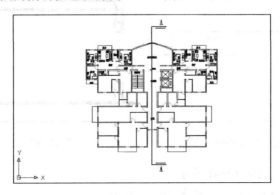

图 10-74　A-A 剖面位置

2）为便于绘制，先将平面图旋转 90°。然后绘制地平线和墙体对应线，如图 10-75 所示。

3）创建楼层线，如图 10-76 所示。

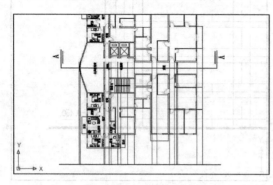

图 10-75　旋转 90°

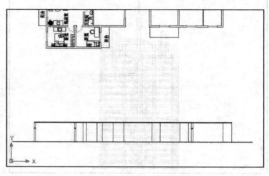

图 10-76　创建楼层线

4）使用 PEDIT、PLINE 或 LINE 命令绘制剖面图中的窗户，如图 10-77 所示。

5）创建剖面图中的门，如图 10-78 所示。

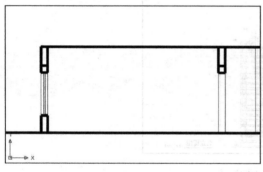

图 10-77　绘制窗户剖面

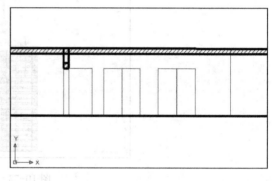

图 10-78　创建门

6）创建整个楼层剖面图，如图 10-79 所示。

7）绘制楼板剖面线，如图 10-80 所示。

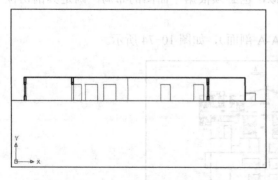

图 10-79　创建整层剖面图

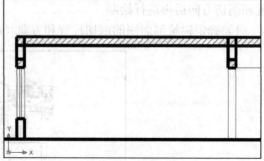

图 10-80　绘制楼板剖面线

8）进行楼层复制，如图 10-81 所示。

9）绘制未剖切到的顶部造型，如图 10-82 所示。

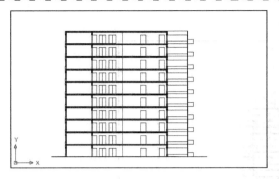

图 10-81　进行楼层复制

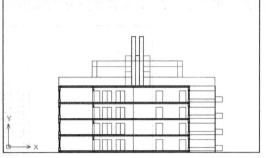

图 10-82　绘制未剖切造型

10）同理建立最高处的造型，如图 10-83 所示。

11）观察剖面图，如图 10-84 所示。

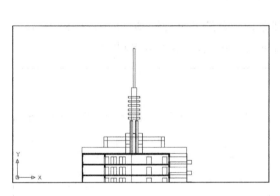

图 10-83　建立最高处的造型

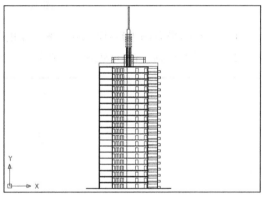

图 10-84　观察剖面图

12）标注标高及文字，如图 10-85 所示。

13）标注尺寸，如图 10-86 所示。

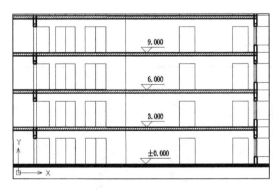

图 10-85　标注标高及文字

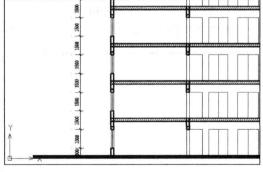

图 10-86　标注尺寸

14）完成剖面图绘制，观察剖面图，如图 10-87 所示。

10.3.4　绘制三维外观轴测图

建筑三维外观轴测图能够表现建筑的外观整体效果。但其绘制过程要比绘制平面图、剖面图和立面图复杂，也需要更为熟练的技能。

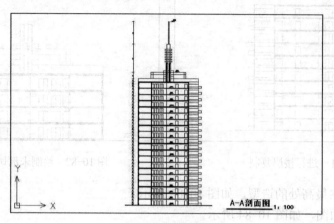

图 10-87　完成剖面图

1）沿着的平面图外轮廓绘制一条封闭的线条，阳台造型单独绘制，如图 10-88 所示。

2）将图形复制一份作为备用。在绘制屋面时可使用到，如图 10-89 所示。

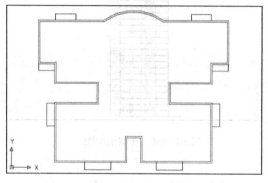

图 10-88　绘制平面外轮廓

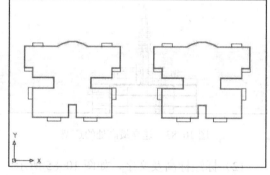

图 10-89　将图形复制一份

3）改变视点，如图 10-90 所示。

4）将平面图形拉伸为三维实体，如图 10-91 所示。

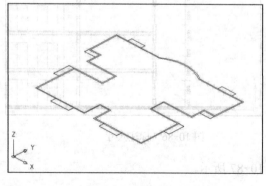

图 10-90　改变视点

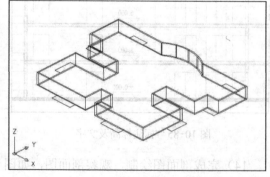

图 10-91　拉伸为三维实体

5）将图形消隐，如图 10-92 所示。

6）　对图形进行求差运算，如图 10-93 所示。

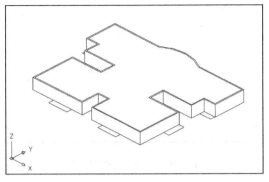
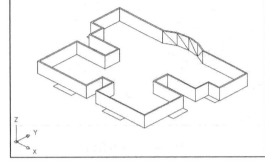

图 10-92　将图形消隐　　　　　　　　　图 10-93　进行求差运算

7）改变坐标系，在外墙体面建立新坐标系，如图 10-94 所示。

8）设置平面视图，绘制门和窗户造型，如图 10-95 所示。

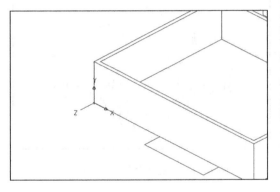

图 10-94　改变坐标系　　　　　　　　　图 10-95　绘制门窗造型

9）　将门和窗户拉伸为三维实体。注意拉伸厚度比墙体厚度小些，如图 10-96 所示。

10）进行求差运算生成门和窗户，如图 10-97 所示。

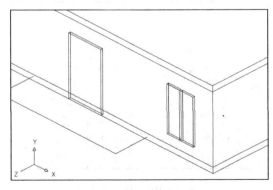
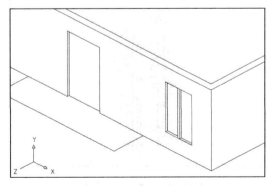

图 10-96　将门窗拉伸　　　　　　　　　图 10-97　运算生成门窗

11）按上述方法完成所有门窗的绘制。如图 10-98 所示。

12）使用 PLINE 命令绘制阳台地面轮廓线，利用 LINE 绘制一条三维直线，如图 10-99 所示。

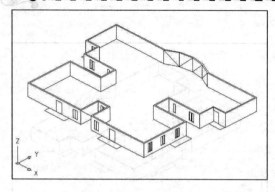

图 10-98   完成所有门窗

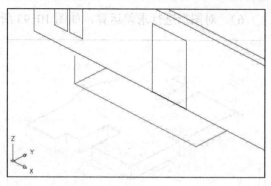

图 10-99   绘制阳台地面

13）生成三维阳台造型，如图 10-100 所示。

14）按上述方法完成全部三维阳台造型，如图 10-101 所示。

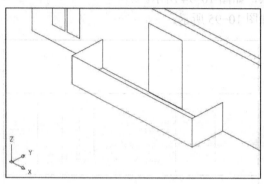

图 10-100   生成三维阳台

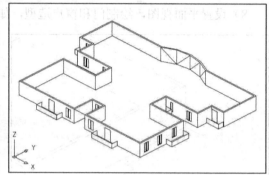

图 10-101   建立全部三维阳台

15）进行楼层复制，如图 10-102 所示。

16）将前面备份的外墙体轮廓线平面图形移动或复制至顶层，并应低于顶层上端面，如图 10-103 所示。

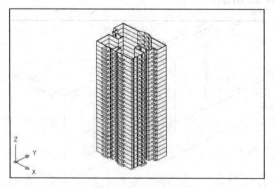

图 10-102   进行楼层复制

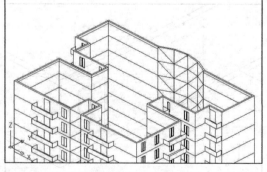

图 10-103   移动至顶层

17）将外墙体轮廓线平面图形拉伸为很薄的屋面造型，如图 10-104 所示。

18）在屋面上表面建立新的坐标系，如图 10-105 所示。

19）设置平面视图，绘制屋面造型，如图 10-106 所示。

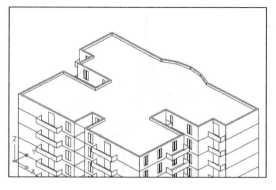

图 10-104　拉伸为很薄的屋面

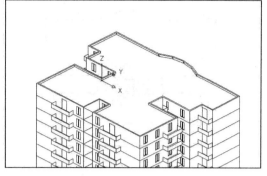

图 10-105　建立新的坐标系

20）改变视点，绘制一条三维直线，如图 10-107 所示。

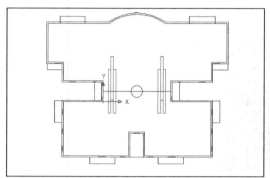

图 10-106　绘制屋面造型

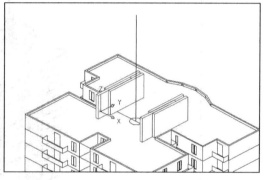

图 10-107　绘制一条三维直线

21）生成三维柱子，如图 10-108 所示。

22）使用 CYLINDER 命令绘制其上部的三维柱子。注意捕捉圆心作为绘制基点，如图 10-109 所示。

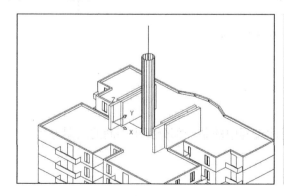

图 10-108　生成三维柱子

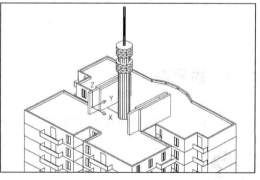

图 10-109　绘制上部三维柱子

23）设置屋面的平面视图，绘制屋面电梯机房造型，如图 10-110 所示。

24）改变视图视点，观察机房造型视图，如图 10-111 所示。

25）完成轴测图绘制，观察其视图，如图 10-112 所示。

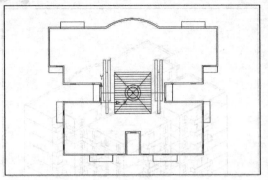

图 10-110 绘制电梯机房

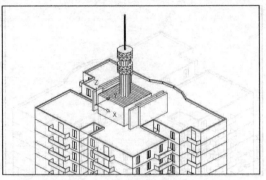

图 10-111 观察机房视图

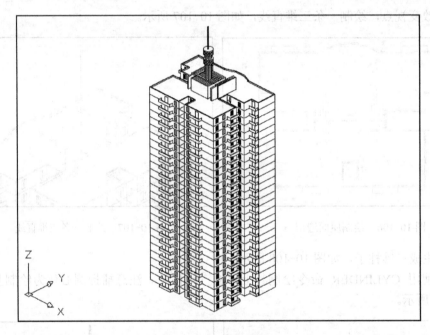

图 10-112 观察轴测图

10.4 思考题

分析本章中各图例的具体绘图过程，并对此过程中的某一部分提出不同的绘图方案。

10.5 上机练习

1. 墙线、轴线、柱子和编号等图形绘制练习，如图 10-113 所示。
2. 楼梯图形的绘制练习，包括墙线和柱子等，如图 10-114 所示。
3. 椅子和桌子等图形绘制练习，如图 10-115 所示。

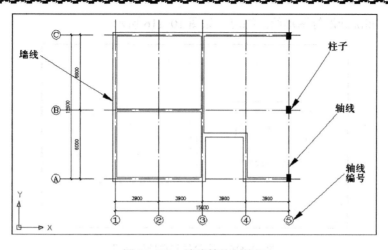

图 10-113　墙线等绘制练习

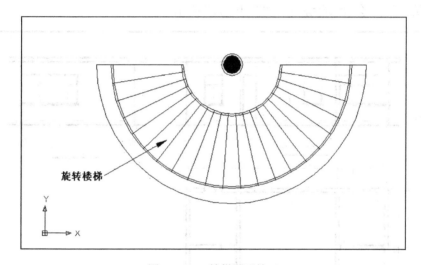

图 10-114　楼梯图形练习

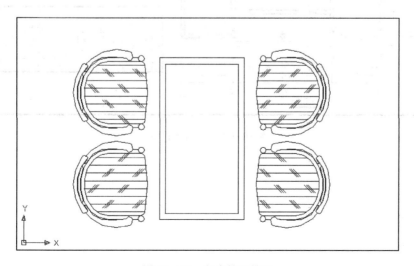

图 10-115　餐桌椅子练习

4. 洗脸盆和洗碗池等图形绘制练习，如图 10-116 所示。

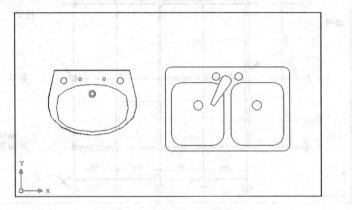

图 10-116   洗脸盆和洗碗池练习

5. 建筑工程图绘制综合练习，如图 10-117 所示。

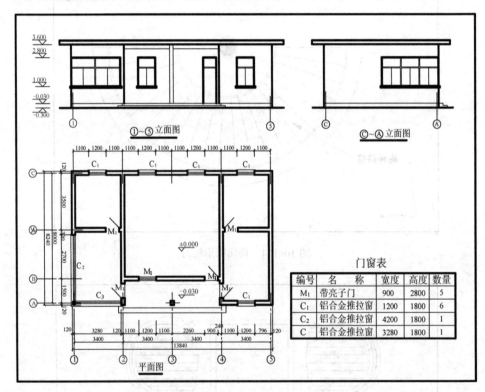

编号	名　　称	宽度	高度	数量
M₁	带亮子门	900	2800	5
C₁	铝合金推拉窗	1200	1800	6
C₂	铝合金推拉窗	4200	1800	1
C	铝合金推拉窗	3280	1800	1

图 10-117   建筑工程图

附录 期末考试自测试题

本自测试题中的题目源自国家有关考试的全真试题，包括："全国 CAD 技能考试"一级（计算机绘图师）工业产品类试题、国家职业技能鉴定统一考试"制图员"（机械类）计算机绘图试题以及"全国计算机信息高新技术考试"（中高级绘图员）试题，直接反映了工程设计和生产中对 AutoCAD 应用方面的要求。其中的部分题目需用到工程制图的有关知识。

1．AutoCAD 基础绘图

（1）建立新文件，完成以下操作

1）绘制图形。绘制外接圆半径为 50 的正三角形。使用捕捉中点的方法在其内部绘制另外两个相互内接的三角形，如图 A-1a 所示，绘制大三角形的三条中线。

2）复制图形。使用"复制"命令向其下方复制一个已经绘制的图形（图 A-1b），使用"阵列"命令阵列复制图形。

3）编辑图形。绘制圆形，并使用"分解""删除""修剪"命令修改图形，完成作图。如图 A-1c 所示。

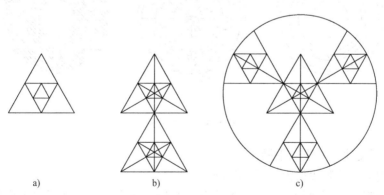

a)   b)   c)

图 A-1 第 1 题图

（2）建立新文件，完成以下操作

1）绘制图形。绘制两个正三角形，第一个正三角形的中心点设置为（190，160），外接圆半径为 100；另一个正三角形的中心点为第一个三角形的任意一个角点，其外接圆半径为 70。如图 A-2a 所示。

2）复制图形。将大三角形向其外侧偏移复制，偏移距离 10；将小三角形向其内侧偏移复制，偏移距离 5，使用"复制"命令复制两个小三角形。

3）编辑图形。使用"修剪"命令将图形中多余的部分修剪掉，如图 A-2b 所示。再使用"图案填充"命令填充图形。对外圈图线进行多段线合并编辑，并将其线宽修改为 2，如图 A-2c 所示。

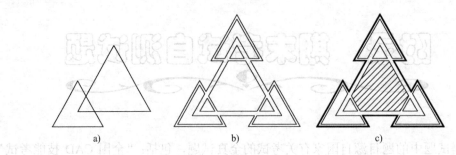

图 A-2　第 2 题图

（3）建立新文件，完成以下操作

1）绘制图形。绘制 6 个半径分别为 120、110、90、80、70、40 的同心圆。绘制一条一个端点为圆心，另一端点在大圆上的垂线，并以该直线与半径为 80 的圆的交点为圆心绘制一个半径为 10 的小圆，如图 A-3a 所示。

2）复制图形。使用"阵列"命令阵列复制垂线，数量为 20；绘制斜线 AB，并使用"阵列"命令阵列复制该直线，如图 A-3b 所示；阵列复制 10 个小圆。

3）编辑图形。将半径分别为 120、110、80 的圆删除掉；使用"修剪"命令修剪图形中多余的部分；使用"图案填充"命令填充图形完成作图。如图 A-3c 所示。

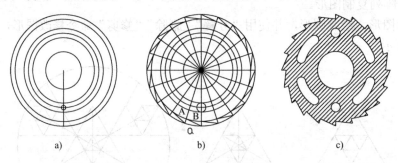

图 A-3　第 3 题图

（4）建立新文件，完成以下操作

1）绘制图形。绘制边长为 30 的正方形。

2）复制图形。使用"矩形阵列"命令阵列复制为四个矩形，然后将矩形分解，最后使用"定数等分"命令将小正方形外侧任意一条边分为四等份，如图 A-4a 所示。

3）编辑图形。利用捕捉功能绘制同心圆，再使用"修剪"命令修剪圆，如图 A-4b 所示。

阵列复制圆弧，利用捕捉功能，"直线"命令连接相对各圆弧的端点，如图 A-4c 所示；使用"修剪"命令修剪图形；使用改变图层的方法调整线宽为 0.30mm，完成作图。如图 A-4d 所示。

（5）建立新文件，完成以下操作

1）绘制图形。绘制一条长度为 550 的水平直线，并阵列复制该直线；利用捕捉功能绘制直径分别为 1100、900、600、160 的同心圆，如图 A-5a 所示。使用"直线""圆"命令绘制如图 A-5b 所示直线和圆弧，其中两圆弧之间的距离为 20。

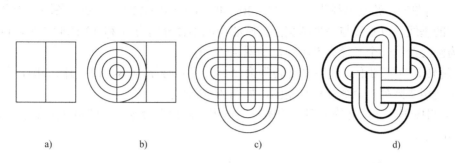

图 A-4　第 4 题图

2）编辑图形。使用"修剪"命令修剪图形，使用改变图层的方法调整图形线宽为 0.30mm，如图 A-5c 所示。

3）复制图形。使用"阵列"命令阵列复制图形，最后绘制一个圆形，完成作图，如图 A-5d 所示。

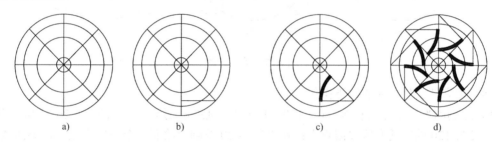

图 A-5　第 5 题图

（6）建立新文件，完成以下操作

1）绘制图形。绘制两条相互垂直的直线；绘制以直线交点为圆心，直径分别为 260、180、80 的同心圆；绘制两条以圆心为端点，长度为 130，角度分别为 210°、300° 的直线，如图 A-6a 所示。利用捕捉功能绘制两个直径为 50 的圆和一个直径为 30 的圆。作与两个直径为 30 的圆相切的两公切圆，如图 A-6b 所示。

2）复制图形。使用"阵列""镜像"命令复制小圆，两小圆之间的角度为 30°，如图 A-6c 所示。

3）编辑图形。使用"修剪"命令编辑图形。调整图形线宽为 0.30mm，完成作图。如图 A-6d 所示。

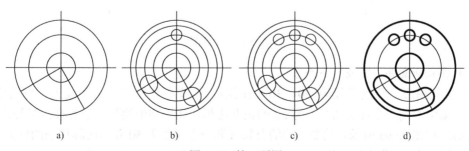

图 A-6　第 6 题图

（7）建立新文件，完成以下操作

1）绘制图形。绘制半径为 10、20、30、40、60 的同心圆。绘制一条端点为圆心且穿过同心圆的垂线，以垂线与最外圆交点为圆心绘制半径分别为 8 和 12 的同心圆，以与中间圆交点为圆心绘制一个半径为 5 的圆，如图 A-7a 所示。

2）旋转、复制图形。使用"旋转"命令旋转半径分别为 8、12 的同心圆，其角度为 45°，再使用"阵列"命令阵列复制圆，如图 A-7b 所示。

3）编辑图形。删除并修剪多余的图形，再用"圆角"命令绘制圆角（圆角半径为 3），如图 A-7c 所示。

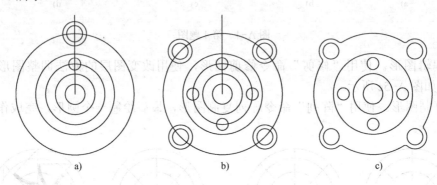

a)　　　　　　　　　b)　　　　　　　　　c)

图 A-7　第 7 题图

（8）建立新文件，完成以下操作

1）绘制图形。绘制直径为 80、120、160 的同心圆。绘制一个直径为 20 的圆，其圆心在直径为 120 的圆的左侧象限点上；在直径为 20 的圆上绘制一个外切六边形，如图 A-8a 所示。

2）复制图形。阵列复制六边形以及内切圆为 10 个，如图 A-8b 所示。

3）编辑图形。在图形中注释文字，字体为宋体，字高为 15。删除图形中多余的部分，再使用"图案填充"命令填充图形，填充图案的比例设置为 1，完成作图，如图 A-8c 所示。

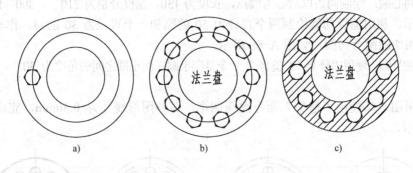

a)　　　　　　　　　b)　　　　　　　　　c)

图 A-8　第 8 题图

（9）建立新文件，完成以下操作

1）绘制图形。绘制半径为 20、30 的两圆，其圆心处在同一水平线上，圆心距离为 80；在大圆中绘制一个内切圆半径为 20 的正八边形，在小圆中绘制一个外接圆半径为 15 的正六边形，如图 A-9a 所示。绘制两圆的公切线和一条半径为 50 并与两圆相切的圆弧。

2）编辑图形。将六边形旋转 40°。使用改变图层的方法调整图形的线宽为 0.30mm，如图 A-9b 所示。

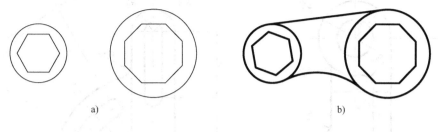

图 A-9 第 9 题图

2．用 AutoCAD 绘制平面图形

根据所给尺寸按 1:1 比例，用 AutoCAD 抄绘如图 A-10～图 A-16 所示各平面图形，不标注尺寸。

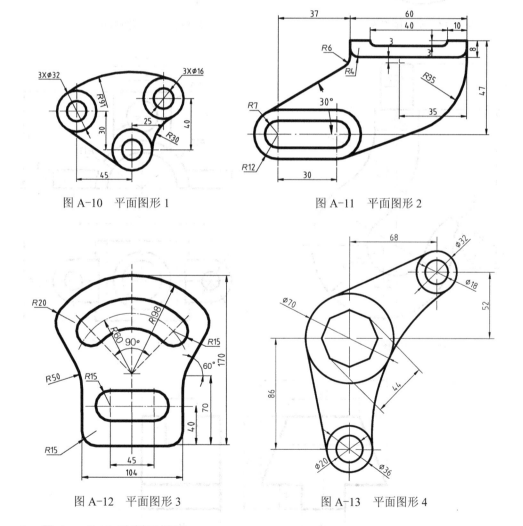

图 A-10 平面图形 1   图 A-11 平面图形 2

图 A-12 平面图形 3   图 A-13 平面图形 4

3．用 AutoCAD 绘制三视图

按标注尺寸用 AutoCAD 抄画如图 A-17～图 A-19 所示各立体的两个视图，并补画其第三视图，不注尺寸。

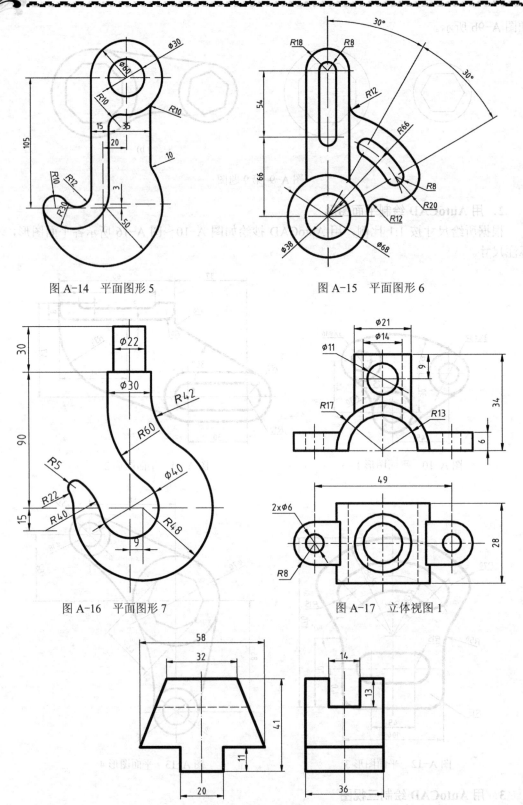

图 A-14 平面图形 5

图 A-15 平面图形 6

图 A-16 平面图形 7

图 A-17 立体视图 1

图 A-18 立体视图 2

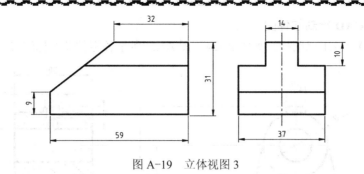

图 A-19　立体视图 3

4．用 AutoCAD 绘制剖视图

根据已知立体的两个视图，按 1:1 比例用 AutoCAD 绘制如图 A-20～图 A-23 所示各组图形的第三视图，并在主、左视图上选取适当的剖视，不注尺寸。

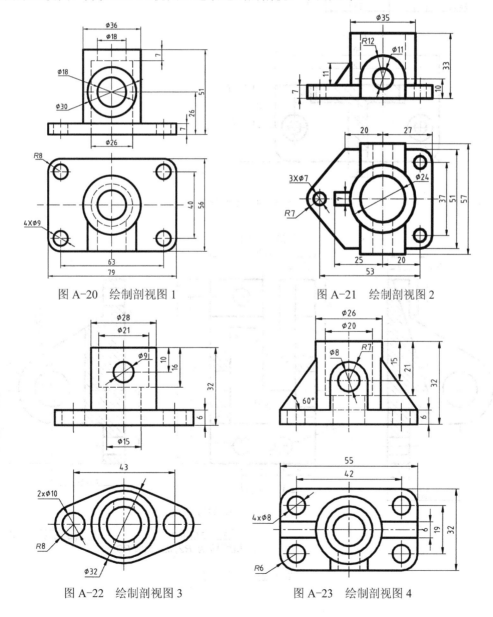

图 A-20　绘制剖视图 1　　　　　　图 A-21　绘制剖视图 2

图 A-22　绘制剖视图 3　　　　　　图 A-23　绘制剖视图 4

5．用 AutoCAD 绘制零件图

用 AutoCAD 按 1:1 比例抄绘如图 A-24～图 A-27 所示各零件图并标注尺寸及技术要求。

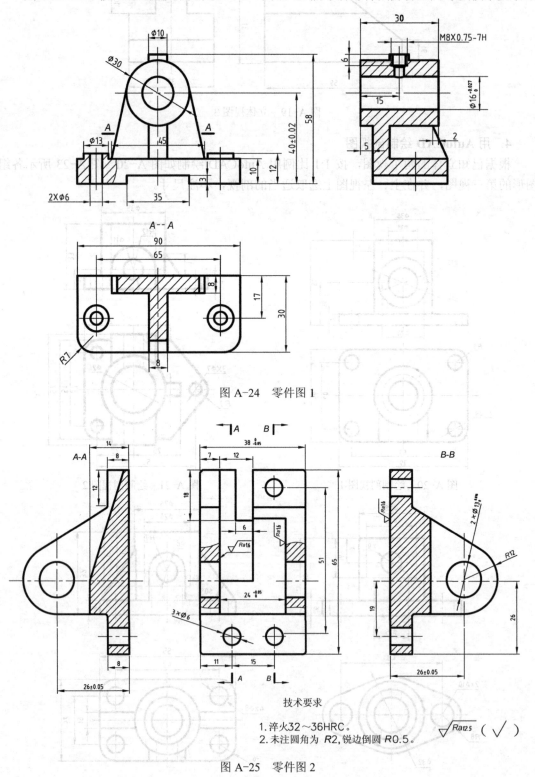

图 A-24 零件图 1

图 A-25 零件图 2

技术要求

1．淬火32～36HRC。
2．未注圆角为 R2, 锐边倒圆 R0.5。

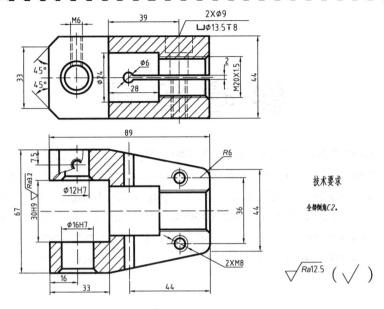

图 A-26　零件图 3

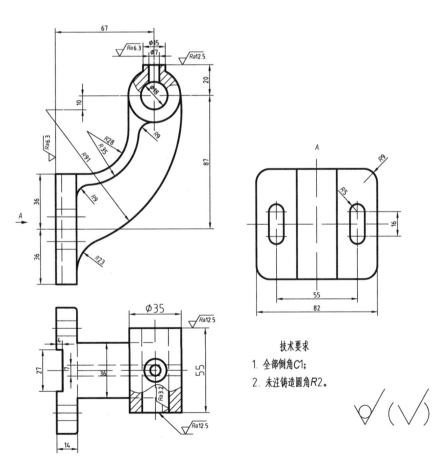

图 A-27　零件图 4

参考文献

[1] 郭朝勇. AutoCAD 2014（中文版）基础与应用教程 [M]. 北京：清华大学出版社，2015.

[2] 郭朝勇. AutoCAD 2008（中文版）机械应用实例教程 [M]. 北京：清华大学出版社，2008.

[3] 郭朝勇. AutoCAD 2005 中文版建筑施工图快易通 [M]. 北京：中国建筑工业出版社，2005.

[4] 郭朝勇，等. 工程制图软件应用（AutoCAD 2014）[M]. 北京：电子工业出版社，2017.

[5] 郭朝勇. AutoCAD 2008 中文版应用基础 [M]. 北京：电子工业出版社，2008.

[6] 郭朝勇. AutoCAD 2004 上机指导与练习 [M]. 北京：电子工业出版社，2004.